"十三五"江苏省高等学校重点教材(编号：2018－1－047)
应用型本科机械类专业系列教材

控制工程基础

(第二版)

主　编　张　磊　王荣林　张建化
副主编　冯　钧　张　骐　张宏艳　朱雷平

西安电子科技大学出版社

内容简介

本书主要讲述线性控制系统的经典控制理论及其应用，主要内容包括绪论、控制系统的数学模型、控制系统的时域分析方法、控制系统的根轨迹法、控制系统的频域分析方法、控制系统的设计与校正方法以及线性离散系统分析方法。

本书结合编者十年来的教学和工程实践，突出基础性和实用性，注重应用型人才培养。书中的例题都是经过精心安排的，在介绍各部分内容时还适时插入了MATLAB仿真，便于对理论知识进行验证，使读者可以深刻理解所学的相关内容。每章后面都配有习题，便于读者巩固所学知识。

本书适合作为机械工程及自动化、机械电子工程和自动化等相关专业的本科生教材，亦可供有关工程技术人员学习参考。

图书在版编目(CIP)数据

控制工程基础/张磊，王荣林，张建化主编. —2版. —西安：
西安电子科技大学出版社，2021.12(2023.5重印)
ISBN 978-7-5606-5947-3

Ⅰ. ①控… Ⅱ. ①张… ②王… ③张… Ⅲ. ①自动控制理论—高等学校—教材
Ⅳ. ①TP13

中国版本图书馆CIP数据核字(2021)第246038号

策　　划　高　樱
责任编辑　于文平
出版发行　西安电子科技大学出版社(西安市太白南路2号)
电　　话　(029)88202421　88201467　　邮　　编　710071
网　　址　www.xduph.com　　电子邮箱　xdupfxb001@163.com
经　　销　新华书店
印刷单位　陕西精工印务有限公司
版　　次　2021年12月第2版　2023年5月第3次印刷
开　　本　787毫米×1092毫米　1/16　印张　14.5
字　　数　335千字
印　　数　1101～3100册
定　　价　41.00元
ISBN 978-7-5606-5947-3/TP
XDUP　6249002-3

西安电子科技大学出版社

应用型本科机械类专业系列教材

编审专家委员名单

前　言

编写一本适合应用型本科人才培养、供机电类专业学生使用的控制工程基础教材一直是编者的夙愿，适逢初版教材使用四年后获“十三五”江苏省高等学校重点教材立项，借此良机，编者整理一线教师使用初版教材后的意见和建议，继教材“立体化”建设之后，修订完善了本书，以期再上台阶！

全书共7章，主要内容包括绪论、控制系统的数学模型、控制系统的时域分析方法、控制系统的根轨迹法、控制系统的频域分析方法、控制系统的设计与校正方法以及线性离散系统分析方法。

本书再版时仍沿袭了初版教材的特点，即知识讲述力求复杂问题简单化，简单问题程序化，强调基础性和实用性，注意知识的前后串联呼应，充分照顾到了应用型本科学生的学习基础。本次再版较初版教材在控制系统的时域分析方法和频域分析方法这两章进行了大刀阔斧的内容修订，其他章节的内容也进行了调整和增删。全书在MATLAB应用方面增加了部分例题和习题，辅以编者精心挑选的课外阅读材料，使得读者可以更加深刻地理解控制理论的相关内容。

本书第1章、第2章、第3章、第5章和第6章由徐州工程学院张磊、张建化、张骐、张宏艳、朱雷平老师修订；第4章和第7章由南京理工大学泰州科技学院王荣林、冯钧修订。张磊、王荣林、张建化担任主编，冯钧、张骐、张宏艳、朱雷平担任副主编。本书在编写过程中，得到了南京理工大学机械工程学院陈机林副研究员、高强副研究员、王力讲师，常熟理工学院周自强副教授，以及江苏科技大学刘芳华教授的悉心指导和帮助，在此表示感谢！

由于编者水平有限，书中如有不妥之处，恳请读者批评指正。

编　者

2021年9月

第一版前言

本书以应用型本科教育为背景，以配合培养卓越工程师为目的，结合编者近年来的教学实践，主要讲述有关经典控制理论方面的内容。书中力图简明扼要地论述自动控制理论的基本概念、基本理论以及分析与设计方法。

全书共7章，主要讲述了自动控制理论的基本概念、控制系统的数学模型、控制系统的时域分析方法、控制系统的根轨迹法、控制系统的频域分析方法、控制系统的综合与校正方法以及线性离散系统分析方法。

本书在讲述时力图使复杂问题简单化，简单问题程序化，强调基础性和实用性。在讲述基本概念的基础上，对知识的介绍使用简单、通俗的数学论证，使得读者对自动控制理论有一个全面、基本的理解。书中的例题经过精心安排，在介绍各部分内容时还适时地插入 MATLAB 仿真，以对理论知识进行验证，使得读者可以深刻理解所学的相关内容。每章后面都配有习题，以便读者巩固所学知识。

本书第1章、第3章、第5章由徐州工程学院张磊、张建化、肖理庆编写，第2章、第4章、第6章、第7章由南京理工大学泰州科技学院王荣林、冯钧编写。张磊、王荣林担任主编，冯钧、张建化、肖理庆担任副主编。本书在编写过程中，得到了南京理工大学机械工程学院陈机林副研究员、高强副研究员、王力讲师，常熟理工学院周自强副教授，以及江苏科技大学刘芳华教授的悉心指导和帮助，在此表示感谢。

由于编者水平有限，书中可能还有不妥之处，恳请读者批评指正。

编　者

2015年11月

目　录

第 1 章　绪　论

内容提要

本课程主要讲述基于传递函数的经典控制理论，研究对象为单输入单输出的闭环控制系统，该类系统一般可以用常系数线性微分方程描述。

本章介绍自动控制的相关概念，控制理论的发展及其在机械制造业中的应用，阐明了自动控制系统的基本要求及课程任务。

引　言

自动控制在现代科学技术的发展进程中起着极为重要的作用。在工农业生产、交通运输、国防建设、科学研究及日常生活的各个领域，自动控制技术都有非常普遍的应用。以机械制造业为例，从工艺过程中对压力、温度、湿度、黏度和流量等参数的控制到机械零件的加工、后续处理和装配，自动控制技术渗透于其中各个环节。在航空航天、人造卫星和导弹制导等高新技术中，更展现了自动控制技术发展的辉煌成果。

自动控制理论与实践的不断发展，为人们提供了设计最佳系统的方法，大大提高了生产率，同时促进了技术的进步。目前，工程技术人员和科学工作者都十分重视自动控制理论的学习。在大学里，“自动控制原理”已成为许多专业的必修课程。

1.1　自动控制的相关概念

1.1.1　自动控制系统及其组成

所谓自动控制，是指在没有人直接参与的情况下，利用外加的设备或装置（称控制装置或控制器），使机器、设备或生产过程（统称被控对象）的某个工作状态或参数（被控量）自动地按照预定的规律运行。例如，无人驾驶飞机飞行，室内温度控制，数控机床按照给定的加工指令进行自动化加工，导弹的制导过程等都采用了自动控制技术。

下面以恒温箱的温度控制为例，说明自动控制与人工控制的不同。

图 1-1 所示为人工控制的恒温箱简图。其调节过程如下：

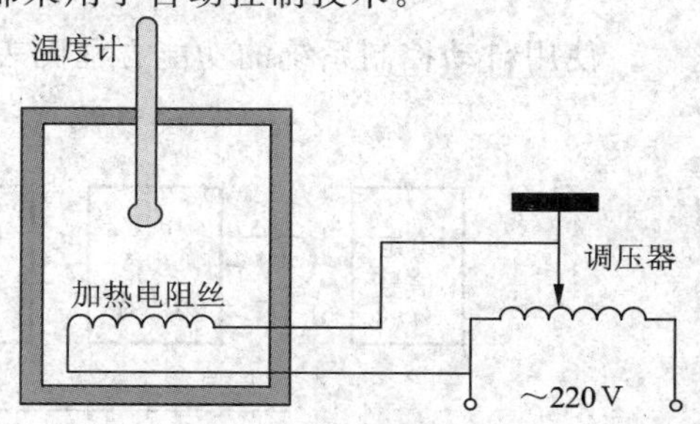

图 1-1　人工控制的恒温箱

(1) 观测恒温箱内的温度（被控量）。

(2) 与要求的温度（给定值）进行比较，得到温度偏差的大小和方向。

(3) 根据偏差的大小和方向调节调压器，控制加热电阻丝的电流以调节温度达到要求值。当恒温箱内的温度高于给定值时，调整调压器使电流减小，温度降低；若恒温箱内的温度低于给定值，则调整调压器使电流增加，温度升高到正常范围。

因此，人工控制的过程就是测量、求偏差和再控制以纠正偏差的过程，简单地说就是“检测偏差再纠正偏差”的过程。为简化控制过程的表述，可用如图 1-2 所示的控制系统的功能方框图表示上述恒温箱的人工控制过程。

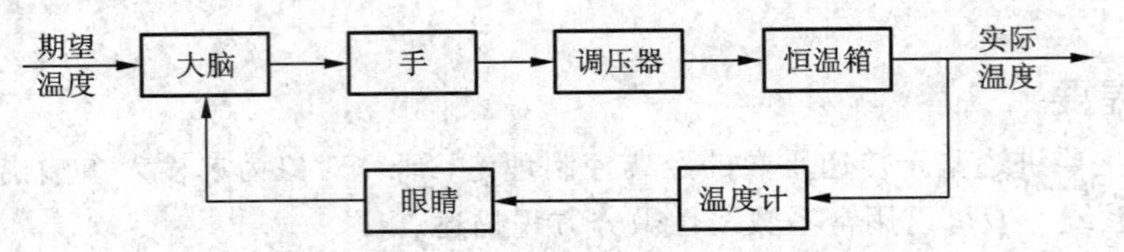

图 1-2　人工控制恒温箱系统功能方框图

上述控制过程要求操作者随时观察恒温箱内温度的变化情况，并随时进行调节。对于这种控制要求，利用机电控制知识，也可以用一个控制器来代替人的职能，把人工控制系统变成自动控制系统。

图 1-3 所示为自动控制的恒温箱示意图。与图 1-1 相比，其控制过程的主要变化在于：

(1) 恒温箱的实际温度由热电偶转换为对应的电压 u_2。

(2) 恒温箱的期望温度由电压 u_1 给定，并与实际温度对应的电压 u_2 比较，得到温度偏差信号 $\Delta u = u_1 - u_2$。

(3) 温度偏差信号的电压和功率经放大后，用以驱动执行电机，并通过传动机构(减速器等)拖动调压器动触头。当温度偏高时，动触头向减小电流的方向运动，反之向加大电流的方向运动，直到温度达到给定值为止，此时，偏差 $\Delta u = 0$，电机停止转动。

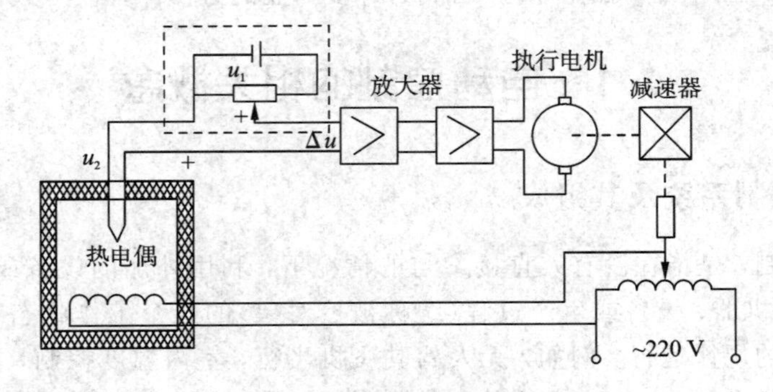

图 1-3　自动控制的恒温箱

使用自动控制系统的功能方框图表示上述控制过程如图 1-4 所示。

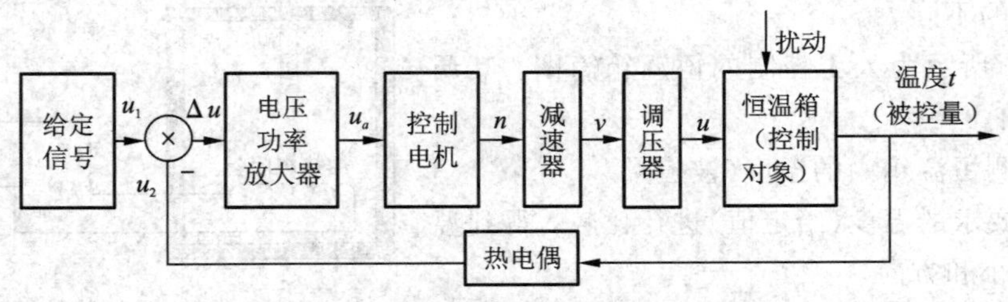

图 1-4　自动控制的恒温箱系统功能方框图

图1-4中的扰动又称扰动值，是指对恒温箱恒温控制起干扰作用的因素，如环境温度等。×代表比较元件，箭头代表作用的方向。比较恒温箱的人工控制过程和自动控制过程，发现二者非常相似。自动控制系统中，测量装置相当于人的眼睛和温度计，控制器类似于人脑，执行机构好比人手。它们的共同特点是都要检测偏差，并根据检测到的偏差去纠正偏差。因此，没有偏差就没有控制调节过程。

在控制系统中，给定量位于系统的输入端，称为系统输入量，也称为参考输入量(信号)；被控制量位于系统的输出端，称为系统输出量；输出量(全部或一部分)通过测量装置返回系统的输入端，使之与输入量进行比较，产生偏差信号(给定信号与返回的输出信号之差)；输出量的返回过程称为反馈；返回的全部或部分输出信号称为反馈信号。

将恒温箱的控制系统方框图(图1-2和图1-4)中的具体元器件推广到一般情况，就得到了典型的带反馈控制的控制系统方框图，如图1-5所示。

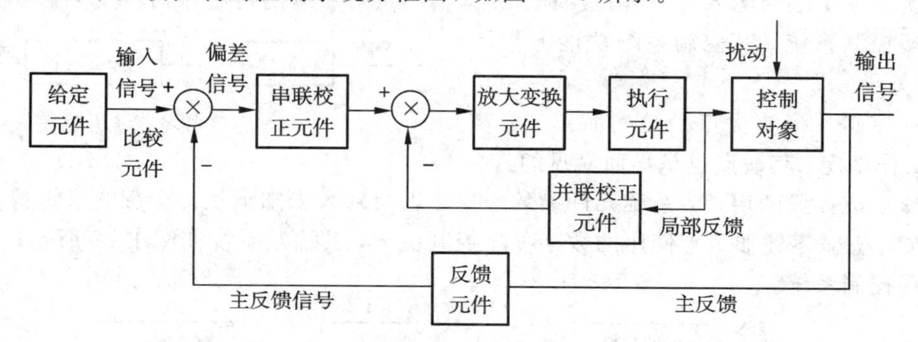

图1-5　典型的反馈控制系统方框图

图1-5中，组成控制系统的各基本元件的解释如下：

(1) 给定元件：主要用于产生给定信号或输入信号。

(2) 反馈元件：测量被控量或输出量。

(3) 比较元件：比较输入信号和反馈信号之间的偏差。

(4) 放大变换元件：对偏差信号进行放大和功率放大。

(5) 执行元件：直接对控制对象进行操作。

(6) 校正元件：或称校正装置，用于改善系统的控制性能，分为并联校正元件和串联校正元件。

(7) 控制对象：控制系统所要操纵的对象，它的输出量即为系统的被控量。

反馈控制系统具备测量、比较和执行三个基本功能。

在反馈控制系统中，反馈信号与给定信号相减，使偏差越来越小，称为负反馈。负反馈控制是实现自动控制最基本的方法。

正反馈和负反馈调节

1.1.2　自动控制系统的分类

自动控制系统多种多样，可以从不同的角度进行分类。例如，按照系统输入信号的变化规律不同，自动控制系统可以分为恒值控制系统、随动控制系统和过程控制系统。恒值控制系统的输入信号是一个恒定的数值，例如，恒温、恒压等控制系统就是恒值控制系统。随动控制系统的输入信号是一个未知函数，要求输出量跟随给定量变化，例如，火炮瞄准系统、工业自动化仪表中的显示记录仪、跟踪卫星的雷达天线控制系统等均属于随动控制系统。过程控制系统与随动控制系统的区别在于过程控制系统的输入信号是一个已知的时间函数，系统的控制过程按预定的程序进行。恒值控制系统也可以认为是过程控制系统的特例。

按照系统传输信号的不同，自动控制系统可以分为连续系统和离散系统。连续系统即系统各部分的信号都是模拟的连续函数。离散系统则是指系统某一处或几处的信号以脉冲序列或数码的形式传递的控制系统。

按照系统的数学描述不同，自动控制系统还可分为线性系统和非线性系统等。

下面要介绍的自动控制系统分类是机械工程控制系统中常用的分类方法。

1. 按照系统的反馈回路分类

1) 开环控制系统

系统的输出端与输入端不存在反馈回路，输出量对系统的控制作用不发生影响的系统叫作开环控制系统。其控制系统功能方框图如图 1-6 所示。

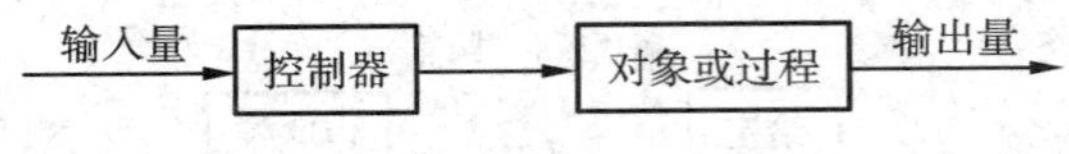

图 1-6 开环控制系统方框图

开环控制系统的优点是结构简单，成本低廉，工作稳定。其缺点也是显而易见的：不能自动修正被控量的误差，系统元件参数的变化以及外来未知干扰都会影响系统精度。

例如，机械零件加工上使用的数字程序控制机床，其控制系统如图 1-7 所示，该系统就是开环控制系统。

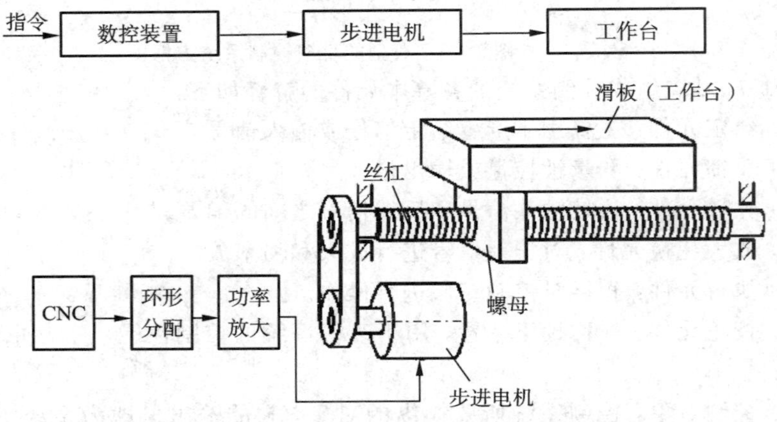

图 1-7 数控机床开环进给系统示意图

2) 闭环控制系统

系统输出端与输入端之间存在反馈回路的系统叫作闭环控制系统。闭环控制系统也叫反馈控制系统。“闭环”这个术语的含义，就是应用反馈作用来减小系统误差。其控制系统功能方框图如图 1-8 所示。

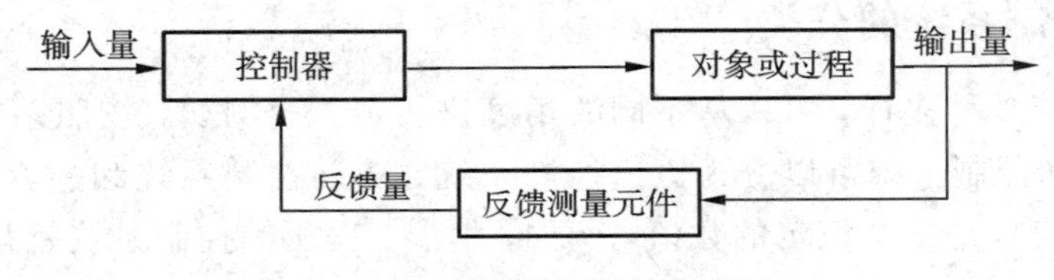

图 1-8 闭环控制系统方框图

图 1-8 中引入了反馈测量元件，闭环控制系统由于有“反馈”作用存在，具有自动修正被控量的偏差的能力，可以修正元件参数变化及外界扰动引起的误差，所以其控制效果好、精度高。闭环控制系统除了结构复杂、成本较高外，主要的问题是由于反馈的存在，控制系统可能出现“振荡”。

图 1-9 所示为数控机床闭环进给系统的功能方框图和示意图。

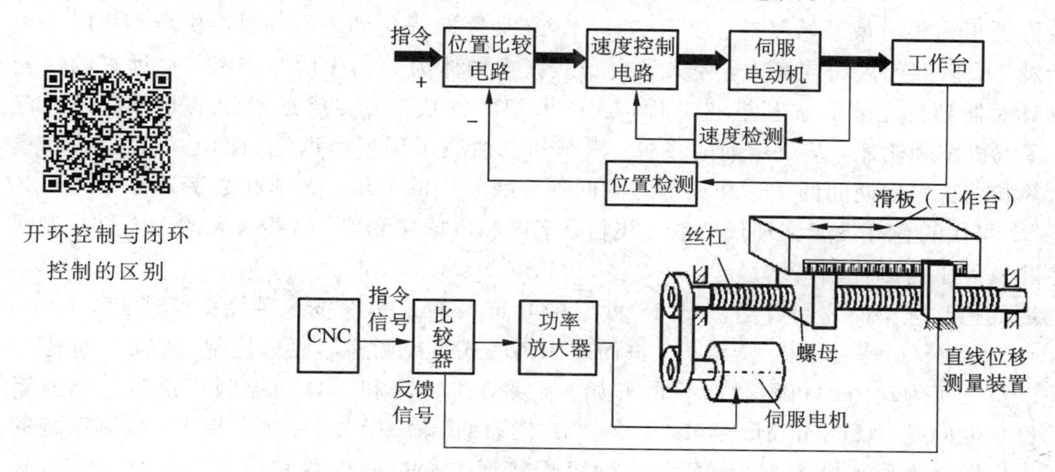

图 1-9　数控机床闭环进给系统的功能方框图和示意图

在图 1-9 中，控制系统的输出量是位移量，反馈信号直接从位移输出端取得。而在工业控制中，考虑到测量的经济性与技术实施的难易程度，常常不直接从系统输出量取反馈信号，而是从系统中间环节取得反馈信号，再由测量的中间量与输出量的数学关系推导出输出量的大小，此类控制系统常称为半闭环控制系统。例如，图 1-9 中的反馈信号若为丝杠的角位移信号，该系统就可称为半闭环控制系统。本书将半闭环控制系统归为闭环控制系统。

2. 按照系统的输入与输出信号的数量分类

1）单输入单输出系统

单输入单输出(Single Input Single Output，SISO)系统又称单变量系统，是指从系统外部变量来描述，系统只有一个输入量和一个输出量，而不考虑系统内部的通道与结构。系统内部的结构回路可以是多回路的，内部变量也可以是多种形式的。内部变量又称为中间变量，输入量与输出量称为外部变量。对于此系统，只研究外部变量之间的关系。

单输入单输出系统是经典控制理论的主要研究对象，它以传递函数作为基本数学工具，讨论线性定常系统的分析和设计问题，这也是本课程讲述的主要内容。

2）多输入多输出系统

多输入多输出(Multiple Input Multiple Output，MIMO)系统又称多变量系统，是指具有多个输入量和多个输出量的系统。一般来说，当系统的输入量或输出量多于一个时，就称为多变量系统。多变量系统的特点是变量多、回路也多，而且相互之间常存在多路耦合，研究起来比单变量系统复杂得多。多变量系统是现代控制理论的主要研究对象。在数学上以状态空间法为基础，讨论多变量、变参数、非线性、高精度、高效能等控制系统的分析和设计。

本书讲述的是单输入单输出的闭环控制系统的研究和分析方法。

1.2 控制理论的发展及其在机械制造业中的应用

1.2.1 控制理论的发展

人类祖先很早就开始制造、使用工具，后来又逐渐进化到发明、制造机器，并用于生产活动中，以取代人力或畜力，使人类自身从繁重的体力劳动中解放出来。从远古的铜壶滴漏计时器到公元前的水利枢纽工程，从中世纪的钟摆、天文望远镜到工业革命的蒸汽机、蒸汽机车和轮船，从百年前的飞机、汽车和电话通讯到半个世纪前的电子放大镜和模拟计算机，从二战期间的雷达和火炮防空网到冷战时代的卫星、导弹和数字计算机，从20世纪60年代的登月飞船到现代的航天飞机、宇宙和星球探测器，这些著名的人类科技发明催生和发展了自动控制技术。

近代控制理论的发展可追溯到18世纪中叶英国的第一次技术革命。1765年，James Watt(詹姆斯·瓦特)发明了蒸汽机，进而应用离心式飞锤调速器原理控制蒸汽机，标志着人类以蒸汽机为动力的机械化时代的开始。后来，工程界利用自动控制理论讨论调速系统的稳定性问题。1868年Maxwell(麦克斯韦)发表的《论调节器》一文中指出，控制系统的品质可用微分方程来描述，系统的稳定性可用特征方程根的位置和形式来研究。1872年E. J. Routh(劳斯)和1895年Hurwitz(霍尔维茨)先后找到了系统稳定性的代数判据，即系统特征方程根具有负实部的充分必要条件。1892年俄国学者Lyapunov(李雅普诺夫)发表了名为《论运动稳定性的一般问题》的博士论文，提出了用适当的能量函数——Lyapunov函数的正定性及其倒数的负定性来鉴别系统的稳定性准则，从而总结和发展了系统的经典时域分析法。

随着通信及信息处理技术的迅速发展，电气工程师们发展了以实验为基础的频率响应分析法。1932年，美国Bell实验室工程师Nyquist(奈奎斯特)发表了关于反馈放大器稳定性的著名论文，给出了系统稳定性的Nyquist稳定判据。在第二次世界大战期间，由于军事上的需要，雷达及火力控制系统有了较大发展，频率法被推广到离散系统、随机过程和非线性系统中。美国著名的控制论创始人N. Wiener(维纳)教授系统地总结了前人的成果，1948年出版了《控制论》一书，书中论述了控制理论的一般方法，推广了反馈的概念，为控制理论这门学科的产生奠定了基础。而经典控制理论中的频域分析技术是在Nyquist(奈奎斯特)、Bode(伯德)等早期关于通信学科的频域研究工作的基础上建立起来的。Harris(哈里斯)于1942年提出了传递函数的概念，首先将通信科学的频域技术移植到了控制领域，构成了控制系统频域分析技术的理论基础。Evens(埃文斯)等在1946年提出的线性反馈系统的根轨迹分析技术是那个时代的另一个里程碑。至此，控制理论发展的第一阶段基本完成。建立在频域法和根轨迹法基础上的控制理论称为经典控制理论。

20世纪60年代以后，控制理论又出现了一个迅猛发展时期，这个时期由于导弹制导、数控加工、空间技术的发展需要和计算机技术的成熟，控制理论发展到了一个新阶段。苏联学者Pontryagin(庞特里亚金)于1956年提出的极大值原理、Bellman(贝尔曼)的动态规划和Kalman(卡尔曼)的状态空间分析技术开创了控制理论研究的新时代，它是以状态空间法为基础，主要分析和研究多输入多输出、时变和非线性等系统的最优控制问题。近年来，在计算机技术和现代应用数学高速发展的推动下，现代控制理论在最优滤波、系统辨识、自适应控制、智能控制等方面又有了重大发展，并逐渐形成了一套完整的理论，这就是有别于“经典控制理论”的“现代控制理论”。

纵观控制理论的发展历程，它是与计算机技术、现代应用数学的发展息息相关的。目前控制理论正在与模糊数学、分形几何、混沌理论、灰色理论、人工智能、神经网络、遗传基因等学科的交叉、渗透和结合中不断发展。

本书讲解的是经典控制理论的主要内容。

1.2.2 控制理论在机械制造业中的应用

随着控制理论的发展，其在机械制造业中的应用越来越广泛，下面仅介绍几个典型的应用实例。

1. 蒸汽机离心调速器

1788年瓦特发明的蒸汽机离心调速器是一个纯机械式的速度自动调节系统。如图1-10所示，其工作原理是：当蒸汽机带动车轮转动的同时，通过驱动杆、圆锥齿轮等带动与轴杆固连的一对金属球做水平旋转；金属球旋转的离心力拉动调节器沿轴杆上下滑动，调节器上下滑动时可拨动杠杆，杠杆另一端通过连杆调节供汽阀门的开度。车轮转速通过位于调节器内的弹簧机械装置设定(图中未绘出)。在蒸汽机正常运行时，金属球旋转所产生的离心力与弹簧的反弹力相平衡，调节器保持某个高度，使阀门处于一个平衡位置。如果由于负载增大使蒸汽机的转速减小，则金属球因离心力减小而使调节器向下滑动，并通过杠杆增大供气阀门的开度，从而使蒸汽机的转速回升。同理，如果由于负载减小使蒸汽机的转速增加，则金属球因离心力增加而使调节器向上滑动，并通过杠杆减小供气阀门的开度，迫使蒸汽机转速回落。这样离心调速器就能自动地抵制负载变化对转速的影响，使蒸汽机的转速保持在某个期望值附近。

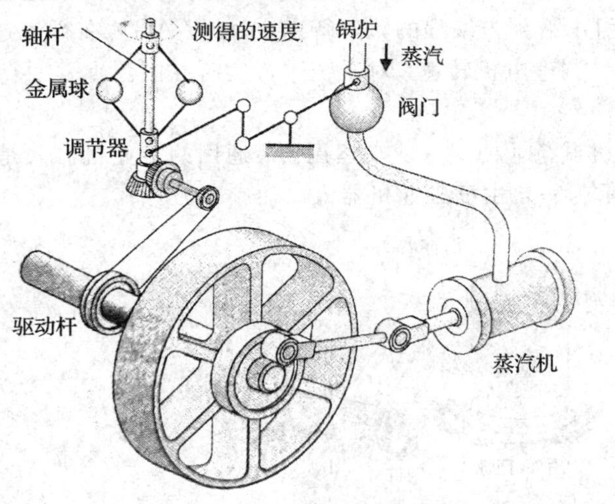

案例分析_飞球调速系统方框图的建立

图1-10 蒸汽机转速自动控制系统原理图

2. 自动导引车

自动导引车(Automated Guided Vehicle，AGV)是指具有磁条、轨道或者激光等自动导引设备，沿规划好的路径行驶，以电池为动力，并且具有装备安全保护以及各种辅助机构(如移载、装配机构)的无人驾驶的自动化车辆，如图 1-11 所示。通常多台 AGV 与控制计算机(控制台)、导航设备、充电设备以及周边附属设备组成 AGV 系统。其主要工作原理为：在控制计算机的监控及任务调度下，AGV 可以准确地按照规定的路径行走，到达任务指定位置后，完成一系列的作业任务，控制计算机可根据 AGV 的自身电量决定是否到充电区进行自动充电。

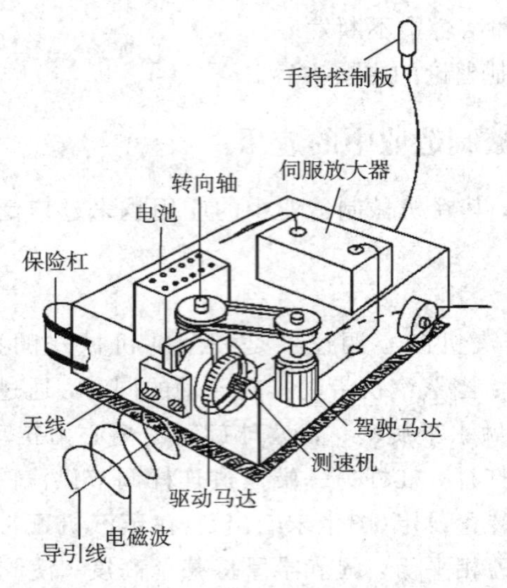

图 1-11　自动导引车(AGV)

AGV 是融合了电子技术和机械技术的典型的机电一体化产品。它由车体、蓄电池和充电系统、驱动装置、转向装置、精确停车装置、运动控制器、通信装置、移载系统和导航系统等组成。AGV 的引导原理是根据自动导引车行走的轨迹进行编程，数字编码器检测出的电压信号判断其与预先编程的轨迹的位置偏差，控制器根据位置偏差调整电机转速对偏差进行纠正，从而使自动导引车沿预先编程的轨迹行走。因此，AGV 在行走过程中，需不断地根据输入的位置偏差信号调整电机转速，对系统进行实时控制。

3. 工业机器人

工业机器人是控制理论在机械行业的又一成功运用。最通用的工业机器人是具有多个自由度的机械手，图 1-12 所示为六自由度工业机器人。

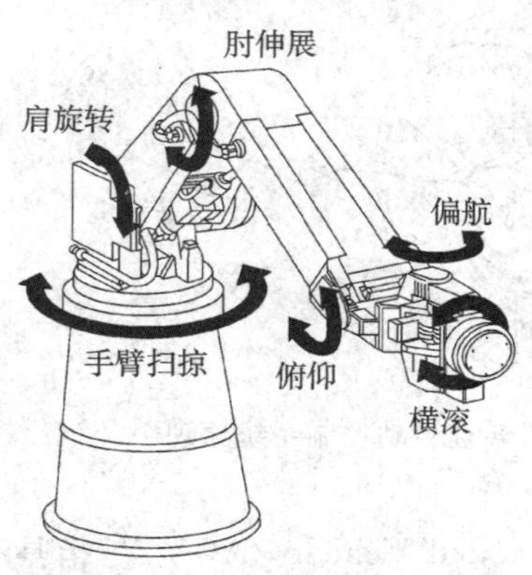

图 1-12　六自由度工业机器人

每一个运动轴都是一路伺服控制。机器人伺服控制系统利用位置和速度反馈信号控制机械手运动。智能机器人除伺服回路以外，控制器还包括视觉、触觉以及语音识别等其他传感器。控制器利用这些信号检测目标形貌、目标尺寸以及目标个性。

4. 计算机集成制造系统(CIMS)

计算机集成制造是随着计算机控制技术在制造领域中广泛应用而产生的一种生产模式，计算机集成制造系统如图1－13所示。它借助于计算机的硬件、软件技术，综合运用现代企业管理技术、制造技术、信息技术、自动化技术和系统工程技术，对企业的生产作业、管理计划、调度经营、销售等整个生产过程中的信息进行统一处理，并对分散在产品设计制造过程中各种孤立的自动化子系统的功能进行有机集成，优化运行，从而缩短产品开发周期、提高质量和降低成本。这是工厂自动化的发展方向，未来制造业工厂的模式，也是自动控制理论在机械制造领域的集大成，代表了当今机械制造领域的前沿水平。

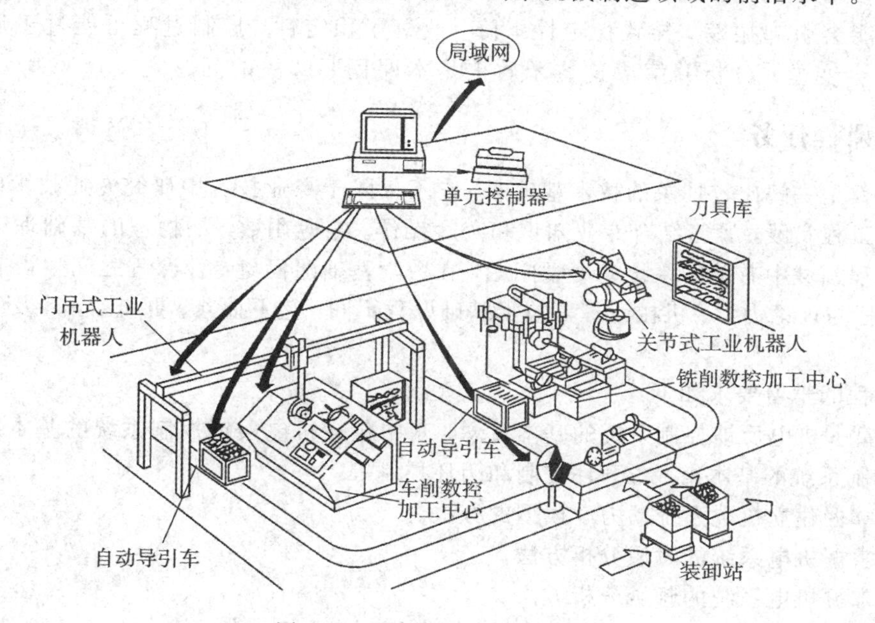

图1－13　计算机集成制造系统

1.3　自动控制系统的基本要求及课程任务

1.3.1　自动控制系统的基本要求

评价一个控制系统的好坏，其指标是多种多样的，但对控制系统的基本要求一般可归纳为“稳、快、准”三点，即稳定性(稳)、快速性(快)和准确性(准)。

1. 稳定性

稳定性是指自动控制系统动态过程的振荡倾向及其恢复平衡状态的能力。对于稳定的系统，当输出量偏离平衡状态时，其输出能够随时间的增长收敛并回到初始平衡状态。稳定性是控制系统正常工作的先决条件，同时系统还应有一定的稳定裕量，以确保当系统工作参数发生变化时，系统仍然具有稳定性。

2. 快速性

快速性是指当自动控制系统的输出量和输入量产生偏差时，系统消除这种偏差的快慢程度。快速性表征系统的动态性能。快速性好的系统消除偏差的过渡过程时间短，能快速跟踪变化的输入信号，因而具有较好的动态特性。

3. 准确性

准确性是指控制系统的控制精度，用稳态误差来表示。稳态误差是指在参考输入信号的作用下，当系统达到稳态后，其稳态输出与参考输入所要求的期望输出之差。显然，这种误差越小，表示系统的输出跟随参考输入的精度越高。

由于被控对象的具体情况不同，各种系统对稳定性、快速性和准确性这三方面的要求各有侧重。例如，调试系统对稳定性的要求较高，而随动系统对快速性的要求较严格。即使对于同一个系统，其稳定性、快速性和准确性也有可能相互制约。提高快速性，可能会引起振荡，导致稳定性下降；改善了稳定性，控制过程可能过于迟缓，甚至精度也会变差。分析并解决这些矛盾也是本课程要解决的问题之一。

1.3.2　课程任务

本课程是一门比较抽象的技术基础课，它不仅限于专业技术中研究专业技术问题，还必须包括工程实践，紧密结合专业知识和实际操作。它应用数学、物理的基础理论来抽象与概括工程领域中有关的系统动力学问题，在数学基础课程与专业课程之间架设起一道桥梁。本课程与理论力学、机械原理等技术基础课程不同，它更抽象、更概括，涉及的范围更广泛。

本课程的学习要求如下：

(1) 掌握机电反馈控制系统的基本概念，其中包括机电反馈控制系统的基本原理、机电反馈控制系统的基本组成、开环控制和闭环控制等。

(2) 掌握建立机电系统动力学模型的方法。

(3) 掌握机电系统的时域分析方法。

(4) 掌握机电系统的频域分析方法。

(5) 掌握模拟机电控制系统的分析及设计综合方法。

学习本课程既要有抽象思维，又要注意联系专业，结合实际，重视实践环节。控制理论不仅是一门学科，而且是一种卓越的方法论。它思考、分析与解决问题的思想方法是符合唯物辩证法的，它承认所研究的对象是一个“系统”，承认系统在不断地“运动”，而产生运动的根据是“内因”，条件是“外因”。正因为如此，在学习本课程时，既要十分重视抽象思维，了解一般规律，又要充分注意结合实际，联系专业，努力实践；既要善于从个性中概括出共性，又要善于从共性出发深刻理解个性。努力学习用广义系统动力学的方法去抽象与解决实际问题，去开拓提出、分析与解决问题的思路。

习　题

第1章知识点

1-1　什么是开环控制和闭环控制？试比较开环控制与闭环控制的优缺点。

1-2　试列举生活中开环控制和闭环控制的实例，并说明其工作原理。

1-3　试说明自动控制系统的基本性能要求。

1-4　绘制出图 1-14 所示两个系统的职能方框图。试分析哪一种能够实现液面的自动控制，为什么？

1-5　图 1-15 为带钢连轧机架轧辊转速控制系统原理图，试分别指出被控对象、被控量、测量元件、比较元件和执行元件，并画出系统的方框图。

1-6　图 1-16 为仓库大门自动控制系统原理图，试说明该系统的工作原理，并画出系统的方框图。

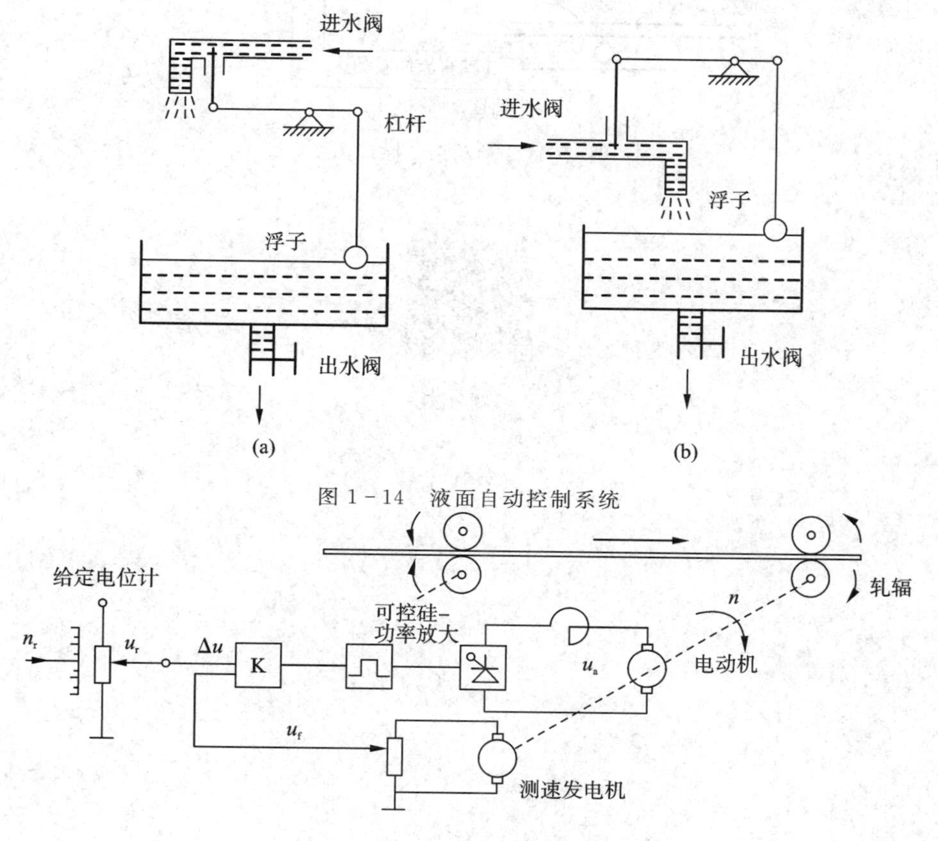

图 1-14　液面自动控制系统

图 1-15　轧辊转速控制系统原理图

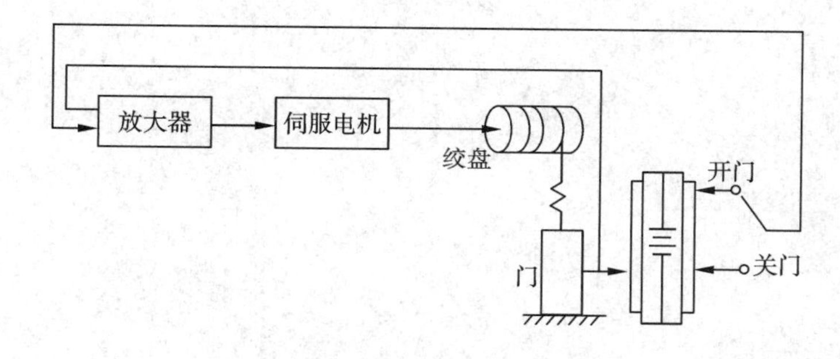

图 1-16　仓库大门自动控制系统原理图

1－7　图1－17为模板外形复原随动系统原理图，试说明该系统的工作原理，并画出系统的方框图。

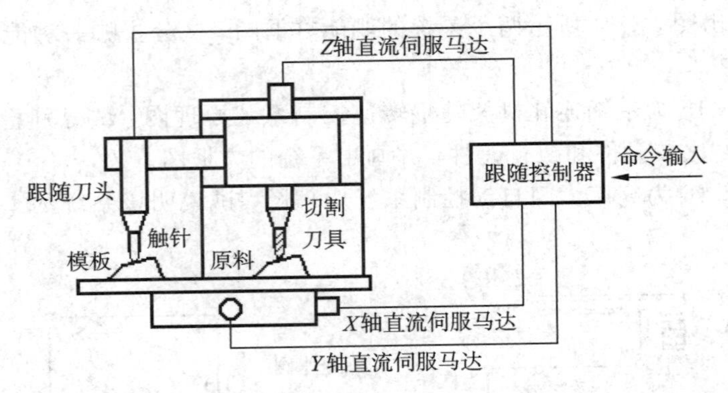

图1－17　随动系统原理图

习题答案

第2章　控制系统的数学模型

内容提要

控制系统分析的基本方法就是建立控制系统的数学模型，并在此基础上对其进行分析和综合。本章首先介绍控制系统数学模型的建立方法，简要给出线性系统传递函数分析方法的数学基础——拉普拉斯变换；其次引出传递函数的定义，介绍典型环节的传递函数以及通过系统方框图对复杂系统进行简化的方法，并给出了几个机电控制系统传递函数建立的实例；最后简单介绍控制系统数学模型的 MATLAB 实现方法。

引　言

控制理论研究的是控制系统的分析与设计方法。为了设计出一个性能优良的控制系统，不仅要定性地了解系统的工作原理，还要定量地描述系统的动态性能，揭示系统的结构、参数与动态性能之间的关系。为了能够对控制系统进行理论的定性分析和定量计算，就必须用数学表达式把控制系统的运动规律描述出来。描述系统输入、输出以及内部各参量之间关系的数学表达式就称为数学模型。

在静态条件下(变量各阶导数为零)，描述变量之间关系的代数方程称为静态数学模型，而描述变量各阶导数之间关系的微分方程称为动态数学模型。对于实际存在的系统，不管是机械的、电气的，还是气动的、液压的、热力的，甚至是生物学的、经济学的等，它们的动态性能都可以通过动态数学模型来描述。

在控制工程中，系统的动态数学模型有多种形式。时域中常用的系统动态数学模型有微分方程、差分方程和状态方程，复数域中常用的有传递函数、方框图，频域中有频率特性等。随着具体系统和条件的不同，一种数学模型可能比其他种更合适。例如，在单输入-单输出系统的瞬态响应分析或频率响应分析中，采用的是传递函数表达式的数学模型；而在现代控制理论中，数学模型则采用状态空间表达式。本章只研究微分方程、传递函数和方框图等数学模型的建立和应用，对于其余几种数学模型不做介绍。

建立数学模型的方法主要有解析法和实验法两种。解析法是依据系统及其组成元件的各变量所遵循的物理、化学及电学定律，列写出各变量之间的数学表达式，从而求出系统数学模型的方法。实验法则是人为地给系统施加某种测试信号，记录其输出信号，并用适当的数学模型去逼近、描述系统的方法，该方法主要用于解决未知、机理比较复杂的系统建模问题。实验法又称为系统辨识，已经发展成为一门独立的学科分支。工程上通常采用半解析、半实验的方法，即能推导就用解析法，否则用实验法。本章介绍的是解析法。

2.1　系统的微分方程

控制系统是由各种功能不同的元件按照一定的方式连接而成的，要正确建立控制系统的微分方程，就必须首先研究各类典型元件的微分方程。下面先由机电控制系统常用元件所遵循的物理定律介绍入手，引出列写微分方程的一般步骤。

2.1.1　机电控制系统常用元件的物理定律

1. 机械系统

1) 质量块

质量块(见图 2-1)所受的力为惯性力，具有阻止起动和阻止停止运动的性质。根据牛顿第二定律可知式(2.1-1)。质量块可以看作系统中的储能元件，储存平均动能。

$$f_m(t)=m\frac{\mathrm{d}}{\mathrm{d}t}v(t)=m\frac{\mathrm{d}^2}{\mathrm{d}t^2}x(t) \qquad (2.1-1)$$

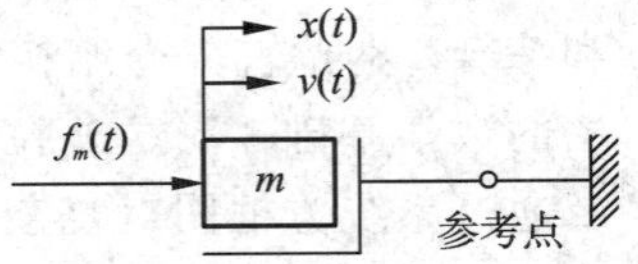

图 2-1　质量块

2) 弹簧

弹簧(见图 2-2)属于储能元件，储存弹性势能。弹簧所受的力在形变范围内满足胡克定律，如式(2.1-2)所示。其中，k 为弹簧刚度，$x(t)$为弹簧的变形量。

$$\begin{aligned}f_k(t)&=k[x_1(t)-x_2(t)]=kx(t)\\&=k\int_{-\infty}^{t}[v_1(t)-v_2(t)]\mathrm{d}t\\&=k\int_{-\infty}^{t}v(t)\mathrm{d}t\end{aligned} \qquad (2.1-2)$$

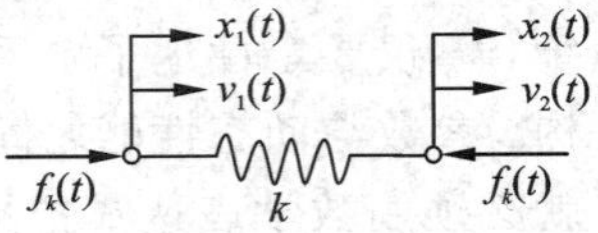

图 2-2　弹簧

3) 阻尼器

阻尼器(见图 2-3)中产生的黏性摩擦阻力的大小与阻尼器中活塞和缸体的相对运动速度成正比，如式(2.1-3)所示。其中，D 为阻尼器的阻尼系数，它是系统固有的参数。阻尼器本身不储存任何动能和势能，主要用来吸收系统的能量，并将其转换成热能耗散掉。

$$\begin{aligned}f_D(t)&=D[v_1(t)-v_2(t)]=Dv(t)\\&=D\left[\frac{\mathrm{d}x_1(t)}{\mathrm{d}t}-\frac{\mathrm{d}x_2(t)}{\mathrm{d}t}\right]\\&=D\frac{\mathrm{d}x(t)}{\mathrm{d}t}\end{aligned} \qquad (2.1-3)$$

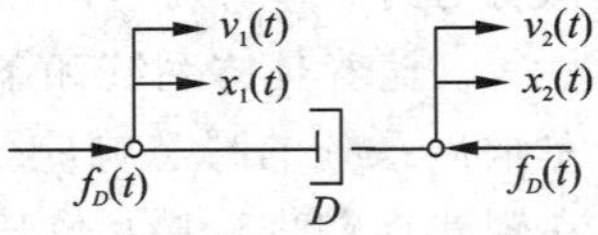

图 2-3　阻尼器

例 2-1　已知机械平移系统的组成如图 2-4 所示，试列出以外力 $f_i(t)$为输入量、以质量块的位移 $y(t)$为输出量的运动方程式。

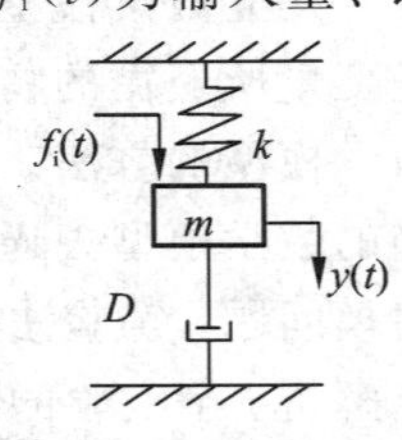

图 2-4　机械平移系统

解　(1) 确定系统的输入量 $f_i(t)$、输出量 $y(t)$。

(2) 从输入端开始，按照信号的传递顺序，依据各变量所遵循的物理定律，列写各变量之间的动态方程为

$$f_i(t)-ky(t)-D\frac{\mathrm{d}y(t)}{\mathrm{d}t}=m\frac{\mathrm{d}^2y(t)}{\mathrm{d}t^2}$$

(3) 标准化：

$$m\frac{\mathrm{d}^2y(t)}{\mathrm{d}t^2}+D\frac{\mathrm{d}y(t)}{\mathrm{d}t}+ky(t)=f_i(t)$$

其中，m、D、k 通常均为常数，故机械平移系统可以由二阶常系数微分方程描述。

2. 电路系统

1）电阻

电阻（见图 2-5）不是储能元件，而是一种耗能元件，它将电能转换成热能耗散掉，且有

$$u(t)=i(t)R \tag{2.1-4}$$

2）电容

电容（见图 2-6）是一种储存电能的元件，且有

$$i(t)=C\frac{\mathrm{d}}{\mathrm{d}t}u(t) \tag{2.1-5}$$

3）电感

电感（见图 2-7）是一种储存磁能的元件，且有

$$u(t)=L\frac{\mathrm{d}i(t)}{\mathrm{d}t} \tag{2.1-6}$$

图 2-5　电阻　　图 2-6　电容　　图 2-7　电感

例 2-2　已知 RLC 无源电路网络如图 2-8 所示，试列写出以 $u_{\mathrm{i}}(t)$ 为输入量、以 $u_{\mathrm{o}}(t)$ 为输出量的能量变换方程式。

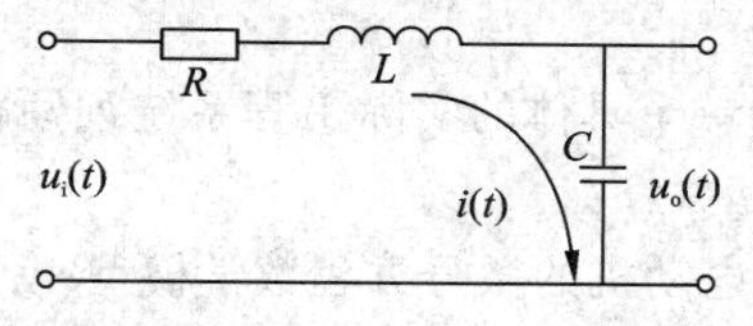

图 2-8　RLC 无源电路网络

有源元件和无源元件的区别

解　（1）确定系统的输入量 $u_{\mathrm{i}}(t)$、输出量 $u_{\mathrm{o}}(t)$。

（2）从输入端开始，按照信号的传递顺序，依据各变量所遵循的物理定律，列写各变量之间的动态方程：

$$u_{\mathrm{i}}(t)=i(t)R+L\frac{\mathrm{d}i(t)}{\mathrm{d}t}+u_{\mathrm{o}}(t) \qquad ①$$

$$u_{\mathrm{o}}(t)=\frac{\int i(t)\mathrm{d}t}{C} \qquad ②$$

（3）消去中间变量：由②式可知，$i(t)=C\dfrac{\mathrm{d}u_{\mathrm{o}}(t)}{\mathrm{d}t}$，$i'(t)=C\dfrac{\mathrm{d}^2u_{\mathrm{o}}(t)}{\mathrm{d}t^2}$，代入①式得

$$u_{\mathrm{i}}(t)=RC\frac{\mathrm{d}}{\mathrm{d}t}u_{\mathrm{o}}(t)+LC\frac{\mathrm{d}^2}{\mathrm{d}t^2}u_{\mathrm{o}}(t)+u_{\mathrm{o}}(t) \qquad ③$$

（4）标准化：

$$LC\frac{\mathrm{d}^2}{\mathrm{d}t^2}u_{\mathrm{o}}(t)+RC\frac{\mathrm{d}}{\mathrm{d}t}u_{\mathrm{o}}(t)+u_{\mathrm{o}}(t)=u_{\mathrm{i}}(t)$$

其中，R、L、C 通常均为常数，故 RLC 无源电路网络也可以由二阶常系数微分方程描述。

从例 2-1、例 2-2 可知：

(1) 数学模型可由系统各组成元件所遵循的物理规律按照系统的能量交换规律列写而成。

(2) 所得到的数学模型揭示了系统结构及其参数与性能之间的内在关系。

(3) 不同类型的元件或系统可以有形式相同的数学模型。

综合例 2-1、例 2-2，可将列写系统微分方程的一般步骤归纳如下：

(1) 确定系统的输入量、输出量。

(2) 从输入端开始，按照信号的传递顺序，依据各变量所遵循的物理、化学等定律，列写各变量之间的动态方程(一般为微分方程组)。

(3) 消去中间变量，得到输入量、输出量的微分方程。

(4) 标准化：将与输入有关的各项放在等号右边，与输出有关的各项放在等号左边，并且分别按降幂排列，最后将系数归化为反映系统动态特性的参数，如时间常数等。

2.1.2 列写微分方程的一般方法

例 2-1、例 2-2 是由动力学模型或电学模型直接列写微分方程的，只要掌握元件和系统所遵循的物理规律，列写出系统微分方程的难度并不大。然而，对于实际的工程系统而言，动力学模型或电学模型必须要经过对实际系统的抽象和简化获得，这种抽象和简化直接决定了所列写微分方程的工程适用程度，需要较为扎实的理论基础和一定的工程经验才能进行，对研究者的要求较高。对于本书的读者而言，可先行掌握由动力学模型或电学模型列写微分方程的方法和步骤，培养分析解决工程问题的框架思路，对由实际工程系统到动力学模型和电学模型的抽象简化暂不做要求。

下面以电动机系统的微分方程列写为例，介绍由一个具体的实际工程系统列写微分方程的一般过程。

例 2-3　试列写图 2-9 所示的直流电枢控制式电动机的微分方程数学模型。

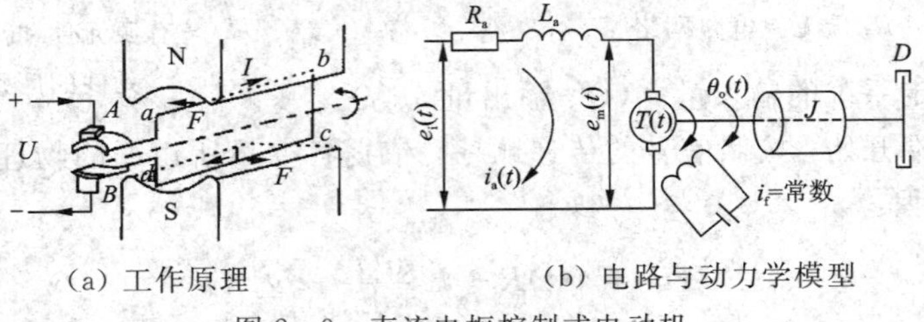

(a) 工作原理　　　　(b) 电路与动力学模型

图 2-9　直流电枢控制式电动机

解　直流电动机的工作原理如图 2-9(a)所示，由该工作原理，结合理论知识和工程经验将电动机的电路和力学模型简化如图 2-9(b)所示，输入量为 $e_i(t)$，输出量为转角 $\theta_o(t)$。

由牛顿第二定律得

$$T(t) - D\frac{d\theta_o(t)}{dt} = J\frac{d^2\theta_o(t)}{dt^2} \quad ①$$

其中，D 为黏性阻尼系数。

而由磁场对载流线圈作用的定律得

$$T(t)=K_{T}i_{a}(t) \quad ②$$

其中，K_T为常数，它与电枢结构有关。

由基尔霍夫定律得

$$e_{i}(t)=R_{a}i_{a}(t)+L_{a}\frac{di_{a}(t)}{dt}+e_{m}(t) \quad ③$$

再由电磁感应定律得

$$e_{m}(t)=K_{e}\frac{d\theta_{o}(t)}{dt} \quad ④$$

其中，K_e为常数，它与电路结构有关。

联立上述四式，消去中间变量，并标准化，可得

$$L_{a}J\dddot{\theta}_{o}(t)+(L_{a}D+R_{a}J)\ddot{\theta}_{o}(t)+(R_{a}D+K_{T}K_{e})\dot{\theta}_{o}(t)=K_{T}e_{i}(t)$$

此即为直流电枢控制式电动机的控制系统的动态数学模型。当电枢电感较小时，通常可忽略不计，系统微分方程可简化为

$$R_{a}J\ddot{\theta}_{o}(t)+(R_{a}D+K_{T}K_{e})\dot{\theta}_{o}(t)=K_{T}e_{i}(t)$$

例 2－3 阐明了由一个具体的实际工程系统列写微分方程的一般过程，读者可仔细体会。对实际工程系统进行抽象和简化的方法不同，所得数学模型的形式与准确度也不同。实际应用中，工程技术人员需要建立一个既简化又有一定准确度的适用模型，而模型是否适用只能通过实验来验证。因此，对于比较复杂的系统，往往需要将理论与实验结合起来，以获得适用的模型。

如果已经掌握了由动力学或电学模型列写系统微分方程的步骤，则可由系统的能量转化规律直接列写数学模型，下面再举两例。

例 2－4　图 2－10 所示为有源运算放大器网络，试列写该电路系统的数学模型。

解　由虚短可知 $u_{-}=u_{+}=0$，因此

$$i_{1}=\frac{u_{i}-u_{-}}{R_{1}},\ i_{F}=C_{F}\frac{du_{C}}{dt}=-C_{F}\frac{du_{o}}{dt}$$

又由虚短可知 $i_{1}=i_{F}$，故据此可得

$$R_{1}C_{F}\frac{du_{o}}{dt}=-u_{i}$$

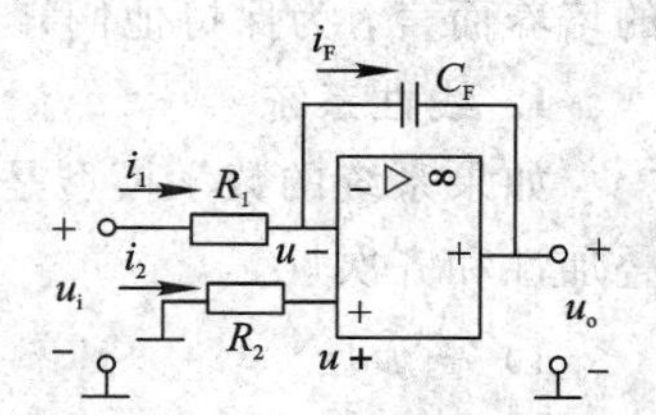

图 2－10　有源运算放大器网络

例 2－5　图 2－11 所示为机械旋转系统，已知 $\theta_i(t)$为输入转角，$\theta_o(t)$为输出转角，J为旋转体转动惯量，k 为扭转刚度系数，D 为黏性阻尼系数，试求该系统的微分方程模型。

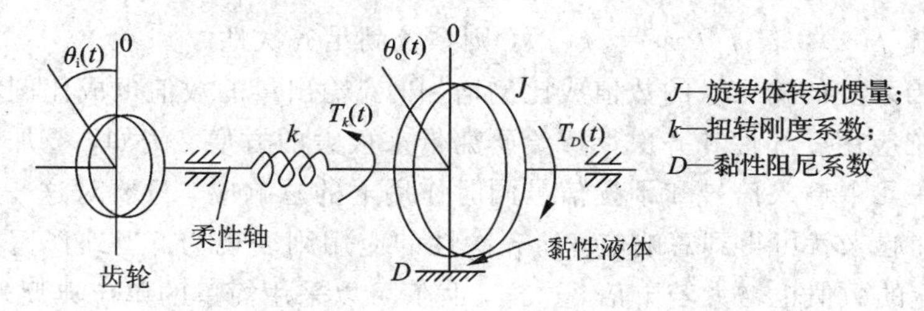

图 2－11　机械旋转系统

解　由扭矩定义可知

$$T_k(t)=k[\theta_i(t)-\theta_o(t)] \quad ①$$

$$T_D(t)=D\frac{d}{dt}\theta_o(t) \quad ②$$

由旋转物体的牛顿定律可知

$$J\frac{d^2}{dt^2}\theta_o(t)=T_k(t)-T_D(t) \quad ③$$

状态空间方程

上述三式联立，消去中间变量，再标准化，可得

$$J\frac{d^2}{dt^2}\theta_o(t)+D\frac{d}{dt}\theta_o(t)+k\theta_o(t)=k\theta_i(t)$$

当系统的数学模型建立起来以后，就可以使用各种分析方法或通过计算机来对系统进行分析与综合了。

2.2　非线性微分方程的线性化

非线性系统数学模型的线性化

2.1节所举系统的运动方程都是线性常系数微分方程，它们的一个重要性质是具有齐次性和叠加性。严格地说，实际的物理系统都包含着不同程度的非线性因素，它们的系统运动方程都应是非线性的。非线性微分方程的求解一般较为困难，其分析方法也远比线性系统要复杂。因此，在进行理论研究时，总是力图将非线性问题在合理与可能的条件下简化成线性问题，即所谓的非线性微分方程的线性化。虽然这种处理方法是近似的，但在一定范围内能够反映系统动态过程的本质，在工程设计中具有一定的实践意义。对于应用型本科生的培养而言，为保持他们知识体系的完整性，本节对线性化做简单介绍。

1. 线性系统

如果系统的数学模型是线性微分方程，那么这样的系统就是线性系统。线性系统满足叠加性和齐次性。

1）叠加性

已知某系统 $f(x)$，若 $f(x_1+x_2)=f(x_1)+f(x_2)$，则系统满足叠加性。

叠加性可描述为当系统同时有多个输入时，可以对每个输入分别考虑、单独处理以得到相应的每个响应，然后将这些响应叠加起来，就得到系统的响应。

2）齐次性

已知某系统 $f(x)$，若 $f(kx)=kf(x)$，则系统满足齐次性。

齐次性即当系统的输入量的数值成比例增加时，输出量的数值也成比例增加。

对线性系统应用叠加性和齐次性可给研究带来极大的方便。例如，叠加性的应用表现为：欲求系统在几个输入信号和干扰信号同时作用下的总响应，只要对这几个外作用单独求响应，然后加起来就可得到总响应。而齐次性的应用则表现为：当外作用的数值增大若干倍时，其响应的数值也增大若干倍，这样，我们可以采用简单的单位典型外作用信号(单位阶跃、单位脉冲、单位斜坡等)对系统进行分析。综上所述，对于非线性系统而言，在适当的条件下将其线性化，将大大简化问题的分析。因此，非线性系统的线性化是十分必要的。

2. 微分方程的线性化

工程控制系统通常都有一个预定工作点，即系统处于某一平衡位置。例如，对于自动调节系统或随动系统，只要系统的工作状态稍一偏离此平衡位置，整个系统就会立即做出反应，并力图恢复到原来的位置。系统各变量偏离预定工作点的偏差一般很小，因此，如果非线性系统的各变量在预定工作点附近连续且各阶偏导数均存在，那么就可在预定工作点处将系统的非线性函数以其自变量偏差的形式展成泰勒级数。若此偏差很小，则级数中此偏差的高次项可以忽略，只剩下一次项，最终获得以此偏差为变量的一次函数。

例 2-6　图 2-12 为单摆系统，已知 $T_i(t)$为输入力矩，$\theta_o(t)$为输出摆角，m 为单摆质量，l 为单摆摆长，试求该系统的微分方程模型。

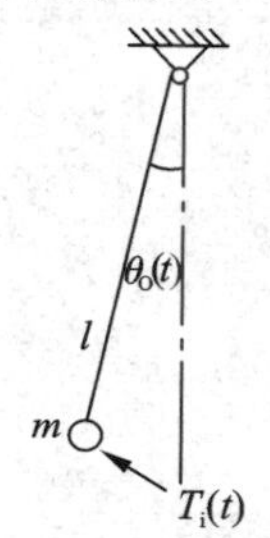

图 2-12　单摆系统

解　由牛顿第二定律可知

$$T_i(t)-mgl\sin\theta_o(t)=ml^2\frac{d^2\theta_o(t)}{dt^2}$$

这是一个非线性微分方程，但当 θ_o在平衡工作点 $\theta_o(t)=0°$取得很小的偏差变化时，可以将非线性项 $\sin\theta_o(t)$在 $\theta_o(t)=0°$处用泰勒级数展开：

$$\sin\theta_o(t)\big|_{\theta_o(t)=0°}=\sin0°+\cos0°[\theta_o(t)-0°]-\frac{1}{2!}\sin0°[\theta_o(t)-0°]^2\cdots$$

忽略高阶小量，则可得到如下的线性方程：

$$ml^2\frac{d^2\theta_o(t)}{dt^2}+mgl\theta_o(t)=T_i(t)$$

上式即为单摆系统线性化后得到的数学模型。

当对系统做线性化处理时，应注意以下几点：

(1) 线性化是针对某一预定工作点的，工作点不同，则所得的方程系数往往也不同。

(2) 增量方程中可认为其初始条件为零，即系统广义坐标的原点移到额定工作点处。

(3) 增量越小，精度越高；当增量(工作范围)较大时，为了验证容许的误差值，需要分析泰勒级数中的余项。

(4) 线性化只适用于非本质非线性系统，即在额定工作点周围的工作范围内没有间断点、折断点的单值函数。

2.3　拉普拉斯变换

对于使用微分方程式表达系统数学模型的形式，手算求解是非常烦琐的。利用拉普拉斯变换可将微分方程转化为代数方程，使其求解过程大为简化。故拉普拉斯变换成为分析机电控制系统的基本数学方法之一，并在此基础上，进一步得到系统的传递函数。又由于拉普拉斯变换是以复变量为自变量的线性数学变换，故首先介绍复变函数的概念。

傅里叶变换、拉普拉斯变换和Z变换的意义

2.3.1　复变函数的概念

1. 复常量、复变量和复变函数

复常量：有实部和虚部两个部分，两个部分都是常量，如 $C=a+\mathrm{j}b$，式中 $\mathrm{j}=\sqrt{-1}$。

复变量：实部和虚部都是变量。在拉普拉斯变换中，s 表示为 $s=\sigma+\mathrm{j}\omega$，见图 2-13。

复变函数：自变量是复变量的函数，即以 s 为自变量的函数。

2. 复变量的表达

(1) 平面点：$(\sigma,\ \omega)$

(2) 向量表示：

模：

$$|s|=r=\sqrt{\sigma^2+\omega^2}$$

辐角：

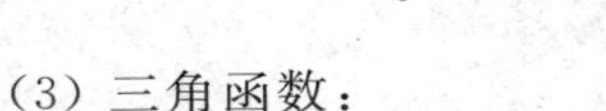

$$\theta=\arctan\frac{\omega}{\sigma}\ (r\neq 0)$$

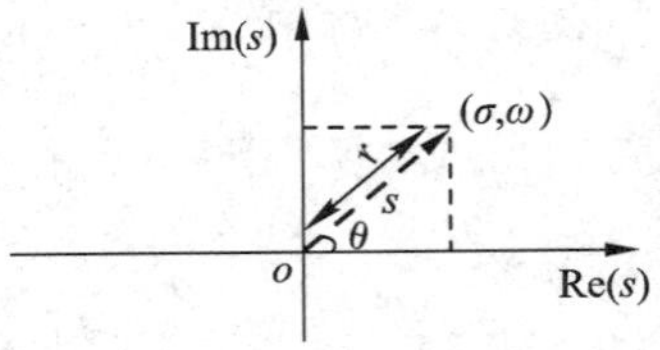

图 2-13　s 平面

(3) 三角函数：

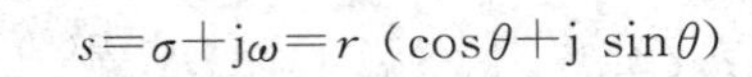

$$s=\sigma+\mathrm{j}\omega=r\ (\cos\theta+\mathrm{j}\ \sin\theta)$$

(4) 指数函数：

$$s=\sigma+\mathrm{j}\omega=r\mathrm{e}^{\mathrm{j}\theta}$$

(5) 欧拉公式：

$$\mathrm{e}^{\mathrm{j}\theta}=\cos\theta+\mathrm{j}\ \sin\theta,\ \mathrm{e}^{-\mathrm{j}\theta}=\cos\theta-\mathrm{j}\ \sin\theta$$

$$\cos\theta=\frac{\mathrm{e}^{\mathrm{j}\theta}+\mathrm{e}^{-\mathrm{j}\theta}}{2},\ \sin\theta=\frac{\mathrm{e}^{\mathrm{j}\theta}-\mathrm{e}^{-\mathrm{j}\theta}}{2\mathrm{j}}$$

复数欧拉公式的证明和应用

2.3.2　拉普拉斯变换

1. 拉普拉斯变换的定义

时间函数 $f(t)$在 $t\geqslant 0$ 时有定义，则 $f(t)$的拉普拉斯变换$L[f(t)]$(简称拉氏变换)或 $F(s)$定义为

$$F(s)=L[f(t)]=\int_0^{\infty}f(t)\mathrm{e}^{-st}\,\mathrm{d}t \tag{2.3-1}$$

其中，$f(t)$为原函数，$F(s)$为象函数。函数能够进行拉氏变换的充要条件是：

(1) 在 $t<0$ 时，$f(t)=0$。

(2) 在 $t\geqslant 0$ 的任一有限区间内，$f(t)$是分段连续的。

(3) $\int_0^{\infty}f(t)\mathrm{e}^{-st}\,\mathrm{d}t<\infty$。

2. 简单函数的拉氏变换

(1) 单位阶跃函数 $1(t)$：

$$f(t)=1\cdot 1(t)=\begin{cases}0 & (t<0)\\ 1 & (t\geqslant 0)\end{cases}$$

$$\begin{aligned}F(s) &= L[f(t)] = \int_0^\infty f(t)\mathrm{e}^{-st}\mathrm{d}t = \int_0^\infty \mathrm{e}^{-st}\mathrm{d}t\\ &= -\frac{1}{s}\mathrm{e}^{-st}\Big|_0^\infty\\ &= \frac{1}{s}\end{aligned}$$

(2) 指数函数 $\mathrm{e}^{-at}\cdot 1(t)$：

$$F(s) = L[\mathrm{e}^{-at}\cdot 1(t)] = \int_0^\infty \mathrm{e}^{-at}\mathrm{e}^{-st}\mathrm{d}t = \int_0^\infty \mathrm{e}^{-(s+a)t}\mathrm{d}t = \frac{1}{s+a}$$

(3) 正弦函数 $\sin\omega t\cdot 1(t)$和余弦函数 $\cos\omega t\cdot 1(t)$：

根据欧拉公式，有

$$\begin{aligned}L[\sin\omega t\cdot 1(t)] &= \int_0^\infty \frac{\mathrm{e}^{\mathrm{j}\omega t}-\mathrm{e}^{-\mathrm{j}\omega t}}{2}\mathrm{e}^{-st}\mathrm{d}t\\ &= \frac{1}{2\mathrm{j}}\left(\frac{1}{s-\mathrm{j}\omega}-\frac{1}{s+\mathrm{j}\omega}\right) = \frac{\omega}{s^2+\omega^2}\end{aligned}$$

$$\begin{aligned}L[\cos\omega t\cdot 1(t)] &= \int_0^\infty \frac{\mathrm{e}^{\mathrm{j}\omega t}+\mathrm{e}^{-\mathrm{j}\omega t}}{2}\mathrm{e}^{-st}\mathrm{d}t\\ &= \frac{1}{2}\left(\frac{1}{s-\mathrm{j}\omega}+\frac{1}{s+\mathrm{j}\omega}\right) = \frac{s}{s^2+\omega^2}\end{aligned}$$

(4) 幂函数 $t^n\cdot 1(t)$：

$$L[t^n\cdot 1(t)] = \int_0^\infty t^n\mathrm{e}^{-st}\mathrm{d}t = \frac{n!}{s^{n+1}}$$

常用函数的拉氏变换表见本书附录。

2.3.3　拉氏变换的性质

拉氏变换具有几个重要性质。通过这些性质，不需要每次去推导函数的拉氏变换，结合常用函数的拉氏变换，可以灵活地得到各种函数的拉氏变换的结果。这些性质如下所述，证明过程从略，读者若感兴趣可参考其他参考书的证明过程。

1. 叠加原理

$$L[af_1(t)+bf_2(t)]=aF_1(s)+bF_2(s)$$

原函数之和的拉氏变换等于各原函数的拉氏变换之和，即拉氏变换满足齐次性和叠加性，是线性变换。

2. 微分定理

$$L\left[\frac{\mathrm{d}}{\mathrm{d}t}f(t)\right]=sF(s)-f(0)$$

函数求导的拉氏变换等于该函数的拉氏变换与复变量 s 之积，再减去其初值。

由该性质可得到下述重要推论：

(1) $L\left[\dfrac{\mathrm{d}^n}{\mathrm{d}t^n}f(t)\right]=s^nF(s)-s^{n-1}f(0)-s^{n-2}f'(0)-\cdots-sf^{(n-2)}(0)-f^{(n-1)}(0)$。

(2) 在零初始状态的情况下，即 $f(0)=f'(0)=\cdots=f^{(n-1)}(0)=0$，则

$$L\left[\frac{\mathrm{d}^n}{\mathrm{d}t^n}f(t)\right]=s^nF(s)$$

据此可将微分方程变换为代数方程。

3. 积分定理

$$L\left[\int f(t)\mathrm{d}t\right]=\frac{F(s)}{s}+\frac{f^{-1}(0)}{s}$$

其中，$f^{-1}(t)=\int f(t)\mathrm{d}t$。

由该性质也可得到两个重要推论：

(1) $L\left[\int\cdots\iint f(t)(\mathrm{d}t)^n\right]=\frac{F(s)}{s^n}+\frac{f^{-1}(0)}{s^n}+\frac{f^{-2}(0)}{s^{n-1}}+\cdots+\frac{f^{-n}(0)}{s}$。

(2) 在零初始状态的情况下，$L\left[\int\cdots\iint f(t)(\mathrm{d}t)^n\right]=\frac{F(s)}{s^n}$。

4. 衰减定理

$$L[\mathrm{e}^{-at}f(t)]=\int_0^\infty f(t)\mathrm{e}^{-at}\mathrm{e}^{-st}\mathrm{d}t=\int_0^\infty f(t)\mathrm{e}^{-(s+a)t}\mathrm{d}t=F(s+a)$$

5. 延时定理

$$\begin{aligned}L[f(t-T)\cdot 1(t-T)]&=\int_T^\infty f(t-T)\mathrm{e}^{-st}\mathrm{d}t\overset{\tau=t-T}{=\!=\!=}\mathrm{e}^{-Ts}\int_0^\infty f(\tau)\mathrm{e}^{-s\tau}\mathrm{d}\tau\\&=\mathrm{e}^{-Ts}F(s)\end{aligned}$$

该定理与衰减定理对偶存在。

6. 初值定理

$$\lim_{t\to 0}f(t)=\lim_{s\to\infty}sF(s)$$

7. 终值定理

$$\lim_{t\to\infty}f(t)=\lim_{s\to 0}sF(s)$$

8. 时间比例尺改变函数的象函数

$$L\left[f\left(\frac{t}{k}\right)\right]\overset{\tau=\frac{t}{k}}{=\!=\!=}k\int_0^\infty f(\tau)\mathrm{e}^{-ks\tau}\mathrm{d}\tau=kF(ks)$$

9. $tf(t)$ 的象函数

$$L[tf(t)]=-\frac{\mathrm{d}F(s)}{\mathrm{d}s}$$

10. $\frac{f(t)}{t}$ 的象函数

$$L\left[\frac{f(t)}{t}\right]=\int_s^\infty F(s)\mathrm{d}s$$

11. 周期函数的象函数

设函数 $f(t)$ 是以 T 为周期的周期函数，即 $f(t+T)=f(t)$，则

$$L[f(t)]=\frac{1}{1-\mathrm{e}^{-sT}}\int_0^T f(t)\mathrm{e}^{-st}\mathrm{d}t$$

12. 卷积分的象函数

$$L[f_1(t)*f_2(t)]=\int_0^\infty f_1(t)*f_2(t)\mathrm{e}^{-st}\mathrm{d}t=F_1(s)F_2(s)$$

即两个原函数的卷积的拉氏变换等于两个象函数的乘积。其中，$f_1(t)*f_2(t)$为卷积的数学表示，定义为

$$f_1(t)*f_2(t)=\int_0^t f_1(t-\tau)f_2(\tau)\mathrm{d}\tau=f_2(t)*f_1(t)$$

例 2-7　已知$\delta(t)$函数如图 2-14 所示，$t_0\to 0$，求$F(s)$。

解

$$f(t)=\delta(t)=\begin{cases}0 & (t<0,t>t_0)\\ \lim\limits_{t_0\to 0}\dfrac{1}{t_0} & (0<t<t_0)\end{cases}$$

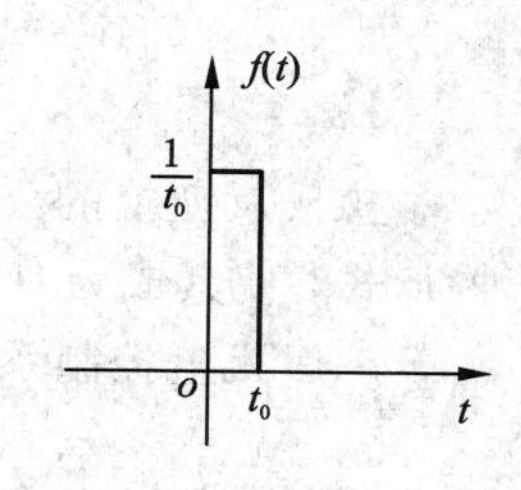

图 2-14　$\delta(t)$函数

$$L[\delta(t)]=\int_0^\infty \lim_{t_0\to 0}\frac{1}{t_0}\mathrm{e}^{-st}\,\mathrm{d}t=\lim_{t_0\to 0}\frac{1}{t_0}\int_0^{t_0}\mathrm{e}^{-st}\,\mathrm{d}t$$

$$=\lim_{t_0\to 0}\frac{1}{t_0}\left[-\frac{1}{s}(\mathrm{e}^{-st_0}-1)\right]=\lim_{t_0\to 0}\frac{1-\mathrm{e}^{-st_0}}{t_0 s}$$

$$\xlongequal{\frac{0}{0}}\lim_{t_0\to 0}\frac{s\mathrm{e}^{-t_0 s}}{s}\quad\text{（洛必达法则）}$$

$$=1$$

例 2-8　已知$f(t)=t\mathrm{e}^{-3t}\cdot 1(t)$，求$F(s)$。

解　$L[t\cdot 1(t)]=\dfrac{1}{s^2}$

衰减定理：

$$L[\mathrm{e}^{-at}f(t)]=F(s+a)$$

$$L[f(t)]=L[t\mathrm{e}^{-3t}\cdot 1(t)]=\frac{1}{(s+3)^2}$$

例 2-9　已知$f(t)=\sin(\omega t+\beta)\cdot 1(t)$，求$F(s)$。

解

$$\sin(\omega t+\beta)=\sin\omega t\cos\beta+\cos\omega t\sin\beta$$

$$L[\sin(\omega t+\beta)\cdot 1(t)]=\frac{\omega\cos\beta+s\sin\beta}{s^2+\omega^2}$$

例 2-10　已知$f(t)$如图 2-15 所示，求$F(s)$。

解　$f(t)$的时域表达式如下：

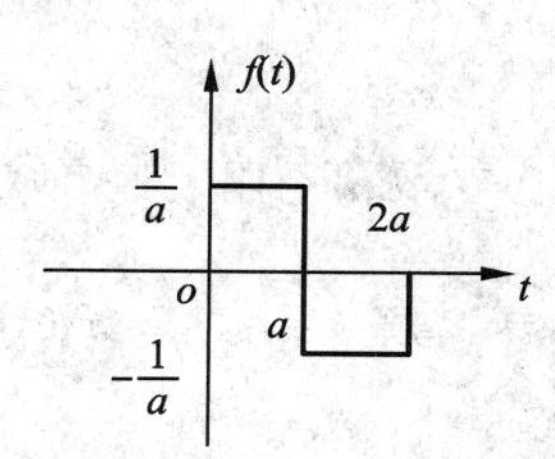

图 2-15　方波图

$$f(t)=\frac{1}{a}[1(t)-1(t-a)]-\frac{1}{a}[1(t-a)-1(t-2a)]$$

$$=\frac{1}{a}[1(t)-2(t-a)+1(t-2a)]$$

$$F(s)=L[f(t)]=\int_0^\infty f(t)\mathrm{e}^{-st}\mathrm{d}t$$

$$=\frac{1}{as}(1-2\mathrm{e}^{-as}+\mathrm{e}^{-2as})$$

$$=\frac{1}{as}(1-\mathrm{e}^{-as})^2$$

例 2-11　已知$f(t)=\sin\omega t\cdot 1(t-2)$，求$F(s)$。

解

$$f(t)=\sin\omega(t-2+2)=\sin[2\omega+\omega(t-2)]$$

$$=\sin 2\omega\cdot\cos[\omega(t-2)]+\cos 2\omega\cdot\sin[\omega(t-2)]$$

$$F(s)=L[f(t)]=\sin 2\omega\cdot e^{-2s}\cdot\frac{s}{s^2+\omega^2}+\cos 2\omega\cdot e^{-2s}\cdot\frac{\omega}{s^2+\omega^2}=e^{-2s}\cdot\frac{s\sin 2\omega+\omega\cos 2\omega}{s^2+\omega^2}$$

2.3.4 拉普拉斯反变换

从象函数中找出原函数就是拉氏反变换。拉氏反变换的公式为

$$f(t)=L^{-1}[F(s)]=\frac{1}{2\pi j}\int_{\sigma-j\infty}^{\sigma+j\infty}F(s)e^{st}ds \qquad (2.3-2)$$

拉氏反变换的公式太复杂，一般不用具体公式求原函数 $f(t)$，而是采用变换 $F(s)$ 的结构形式，使其成为典型函数的组合，根据拉氏变换表反查，即可写出相应的原函数。

一般机电控制系统中，线性系统的象函数是 s 的有理分式：

$$F(s)=\frac{B(s)}{A(s)}=\frac{b_0s^m+b_1s^{m-1}+\cdots+b_{m-1}s+b_m}{a_0s^n+a_1s^{n-1}+\cdots+a_{n-1}s+a_n}\ (n\geqslant m) \qquad (2.3-3)$$

其中，使分母为零的 s 值称为极点，使分子为零的 s 值称为零点。显然，对于分母最高阶数为 n 的多项式，相应地有 n 个根，因此可以将上式表示为

$$F(s)=\frac{B(s)}{A(s)}=\frac{c_0s^m+c_1s^{m-1}+\cdots+c_{m-1}s+c_m}{(s+p_1)(s+p_2)\cdots(s+p_n)} \qquad (2.3-4)$$

其极点 $-p_1$，$-p_2$，…，$-p_n$ 可能是实数，也可能是复数，若其中有相等的，意味着分母方程有重根。下面分几种情况来讨论。

1. 只含不同实数单极点的情况

此时，式(2.3-4)可以写成部分分式的形式，即

$$F(s)=\frac{B(s)}{A(s)}=\frac{A_1}{s+p_1}+\frac{A_2}{s+p_2}+\cdots+\frac{A_n}{s+p_n}=\sum_{i=1}^{n}\frac{A_i}{s+p_i} \qquad (2.3-5)$$

其中，A_i 为待定系数，称为 $s=-p_i$ 极点处的留数，可以用下式求解：

$$A_i=[F(s)\cdot(s+p_i)]|_{s=-p_i} \qquad (2.3-6)$$

于是

$$L^{-1}[F(s)]=L^{-1}\left[\sum_{i=1}^{n}\frac{A_i}{s+p_i}\right]=\sum_{i=1}^{n}A_ie^{-p_it} \qquad (2.3-7)$$

例 2-12 求 $F(s)=\dfrac{s^2-s+2}{s(s^2-s-6)}$ 的原函数。

解

$$F(s)=\frac{s^2-s+2}{s(s^2-s-6)}=\frac{s^2-s+2}{s(s-3)(s+2)}=\frac{A_1}{s}+\frac{A_2}{s-3}+\frac{A_3}{s+2}$$

$$A_1=[sF(s)]|_{s=0}=\left[\frac{s^2-s+2}{(s-3)(s+2)}\right]\Bigg|_{s=0}=-\frac{1}{3}$$

$$A_2=[(s-3)F(s)]|_{s=3}=\left[\frac{s^2-s+2}{s(s+2)}\right]\Bigg|_{s=3}=\frac{8}{15}$$

$$A_3=[(s+2)F(s)]|_{s=-2}=\left[\frac{s^2-s+2}{s(s-3)}\right]\Bigg|_{s=-2}=\frac{4}{5}$$

即

$$F(s)=-\frac{1}{3}\cdot\frac{1}{s}+\frac{8}{15}\cdot\frac{1}{s-3}+\frac{4}{5}\cdot\frac{1}{s+2}$$

$$f(t)=L^{-1}[F(s)]=-\frac{1}{3}+\frac{8}{15}e^{3t}+\frac{4}{5}e^{-2t}\quad(t\geqslant 0)$$

2. 含共轭复数极点的情况

假设 $F(s)$ 含有一对共轭复数极点 $-p_1$、$-p_2$，其余极点均为各不相同的实数极点，则

$$F(s)=\frac{B(s)}{A(s)}=\frac{A_1 s+A_2}{(s+p_1)(s+p_2)}+\frac{A_3}{s+p_3}+\cdots+\frac{A_n}{s+p_n} \tag{2.3-8}$$

其中，A_1 和 A_2 的值由下式求解：

$$[F(s)(s+p_1)(s+p_2)]\big|_{s=-p_1\text{或}s=-p_2}=(A_1 s+A_2)\big|_{s=-p_1\text{或}s=-p_2} \tag{2.3-9}$$

上式为复数方程，令方程两端实部、虚部分别相等即可确定 A_1 和 A_2 的值。

例 2-13　求 $F(s)=\dfrac{s+1}{s(s^2+s+1)}$ 的原函数。

解　$F(s)=\dfrac{s+1}{s\left(s+\dfrac{1}{2}+\mathrm{j}\dfrac{\sqrt{3}}{2}\right)\left(s+\dfrac{1}{2}-\mathrm{j}\dfrac{\sqrt{3}}{2}\right)}=\dfrac{A_0}{s}+\dfrac{A_1 s+A_2}{s^2+s+1}$

$$A_0=sF(s)\big|_{s=0}=1$$

$$(s^2+s+1)F(s)\big|_{s=-\frac{1}{2}-\mathrm{j}\frac{\sqrt{3}}{2}}=(A_1 s+A_2)\big|_{s=-\frac{1}{2}-\mathrm{j}\frac{\sqrt{3}}{2}}$$

即

$$\begin{cases}-\dfrac{1}{2}A_1+A_2=\dfrac{1}{2}\\[2mm] -\dfrac{\sqrt{3}}{2}A_1=\dfrac{\sqrt{3}}{2}\end{cases}\Rightarrow A_1=-1,\ A_2=0$$

故

$$F(s)=\frac{1}{s}-\frac{s}{s^2+s+1}=\frac{1}{s}-\frac{s}{\left(s+\dfrac{1}{2}\right)^2+\left(\dfrac{\sqrt{3}}{2}\right)^2}$$

$$=\frac{1}{s}-\frac{s+\dfrac{1}{2}}{\left(s+\dfrac{1}{2}\right)^2+\left(\dfrac{\sqrt{3}}{2}\right)^2}+\frac{\dfrac{1}{2}}{\left(s+\dfrac{1}{2}\right)^2+\left(\dfrac{\sqrt{3}}{2}\right)^2}$$

$$=\frac{1}{s}-\frac{s+\dfrac{1}{2}}{\left(s+\dfrac{1}{2}\right)^2+\left(\dfrac{\sqrt{3}}{2}\right)^2}+\frac{1}{\sqrt{3}}\frac{\dfrac{\sqrt{3}}{2}}{\left(s+\dfrac{1}{2}\right)^2+\left(\dfrac{\sqrt{3}}{2}\right)^2}$$

$$f(t)=1-\mathrm{e}^{-\frac{t}{2}}\cos\frac{\sqrt{3}}{2}t+\frac{1}{\sqrt{3}}\mathrm{e}^{-\frac{t}{2}}\sin\frac{\sqrt{3}}{2}t$$

对于含共轭复根的情况，也可用第一种情况的方法。此时，$F(s)$ 仍然可分解成式(2.3-5)的形式，值得注意的是，此时共轭复根相应的两个分式的分子 A_i 和 A_{i+1} 是共轭复数，只要求出其中一个值，另一个即可得到。

例 2-14　使用第一种情况的方法求 $F(s)=\dfrac{s+1}{s(s^2+s+1)}$ 的原函数。

解　$F(s)=\dfrac{s+1}{s^3+s^2+s}=\dfrac{a_1}{s+\dfrac{1}{2}+\mathrm{j}\dfrac{\sqrt{3}}{2}}+\dfrac{a_2}{s+\dfrac{1}{2}-\mathrm{j}\dfrac{\sqrt{3}}{2}}+\dfrac{a_3}{s}$

$$a_1=\left[\frac{s+1}{s^3+s^2+s}\cdot\left(s+\frac{1}{2}+\mathrm{j}\frac{\sqrt{3}}{2}\right)\right]\bigg|_{s=-\frac{1}{2}-\mathrm{j}\frac{\sqrt{3}}{2}}=-\frac{1}{2}+\mathrm{j}\frac{\sqrt{3}}{6}$$

$$a_2=-\frac{1}{2}-\mathrm{j}\frac{\sqrt{3}}{6}$$

$$a_3=\left(\frac{s+1}{s^3+s^2+s}\cdot s\right)\bigg|_{s=0}=1$$

$$F(s)=\frac{s+1}{s^3+s^2+s}=\frac{-\frac{1}{2}+\mathrm{j}\frac{\sqrt{3}}{6}}{s+\frac{1}{2}+\mathrm{j}\frac{\sqrt{3}}{2}}+\frac{-\frac{1}{2}-\mathrm{j}\frac{\sqrt{3}}{6}}{s+\frac{1}{2}-\mathrm{j}\frac{\sqrt{3}}{2}}+\frac{1}{s}$$

$$\begin{aligned}f(t)&=\left[\left(-\frac{1}{2}+\mathrm{j}\frac{\sqrt{3}}{6}\right)\mathrm{e}^{-\left(\frac{1}{2}+\mathrm{j}\frac{\sqrt{3}}{2}\right)t}+\left(-\frac{1}{2}-\mathrm{j}\frac{\sqrt{3}}{6}\right)\mathrm{e}^{-\left(\frac{1}{2}-\mathrm{j}\frac{\sqrt{3}}{2}\right)t}+1\right]\cdot 1(t)\\&=\left[\mathrm{e}^{-\frac{1}{2}t}\left(\frac{\sqrt{3}}{3}\sin\frac{\sqrt{3}}{2}t-\cos\frac{\sqrt{3}}{2}t\right)+1\right]\cdot 1(t)\end{aligned}$$

3. 含多重极点的情况

假设 $F(s)$存在 r 重极点$-p_0$，其余极点均不同，则

$$\begin{aligned}F(s)&=\frac{B(s)}{A(s)}=\frac{b_0s^m+b_1s^{m-1}+\cdots+b_{m-1}s+b_m}{(s+p_0)^r(s+p_{r+1})\cdots(s+p_n)}\\&=\frac{A_{01}}{(s+p_0)^r}+\frac{A_{02}}{(s+p_0)^{r-1}}+\cdots+\frac{A_{0r}}{(s+p_0)}+\frac{A_{r+1}}{(s+p_{r+1})}+\cdots+\frac{A_n}{(s+p_n)}\end{aligned}\tag{2.3-10}$$

其中，A_{r+1}，…，A_n的值用前面的方法求解。

$$A_{01}=[F(s)(s+p_0)^r]|_{s=-p_0}$$

$$A_{02}=\left\{\frac{\mathrm{d}}{\mathrm{d}s}[F(s)(s+p_0)^r]\right\}\bigg|_{s=-p_0}$$

$$A_{03}=\frac{1}{2!}\left\{\frac{\mathrm{d}^2}{\mathrm{d}s^2}[F(s)(s+p_0)^r]\right\}\bigg|_{s=-p_0}$$

$$\cdots$$

$$A_{0r}=\frac{1}{(r-1)!}\left\{\frac{\mathrm{d}^{r-1}}{\mathrm{d}s^{r-1}}[F(s)(s+p_0)^r]\right\}\bigg|_{s=-p_0}$$

注意到

$$L^{-1}\left[\frac{1}{(s+p_0)^n}\right]=\frac{t^{n-1}}{(n-1)!}\mathrm{e}^{-p_0t}$$

所以

$$\begin{aligned}f(t)&=L^{-1}[F(s)]\\&=\left[\frac{A_{01}}{(r-1)!}t^{r-1}+\frac{A_{02}}{(r-2)!}t^{r-2}+\cdots+A_{0r}\right]\mathrm{e}^{-p_0t}\\&\quad+A_{r+1}\mathrm{e}^{-p_{r+1}t}+\cdots+A_n\mathrm{e}^{-p_nt}\quad(t\geqslant 0)\end{aligned}\tag{2.3-11}$$

例 2-15 求 $F(s)=\dfrac{s+3}{(s+2)^2(s+1)}$的原函数。

解 $F(s)=\dfrac{A_{01}}{(s+2)^2}+\dfrac{A_{02}}{s+2}+\dfrac{A_{03}}{s+1}$

$$A_{01}=[F(s)(s+2)^2]|_{s=-2}=\left(\frac{s+3}{s+1}\right)\bigg|_{s=-2}=-1$$

$$A_{02}=\left\{\frac{\mathrm{d}}{\mathrm{d}s}[F(s)(s+2)^2]\right\}\bigg|_{s=-2}=\left[\frac{\mathrm{d}}{\mathrm{d}s}\left(\frac{s+3}{s+1}\right)\right]\bigg|_{s=-2}$$

$$=\left[\frac{(s+3)'(s+1)-(s+3)(s+1)'}{(s+1)^2}\right]\bigg|_{s=-2}=-2$$

$$A_3=[F(s)(s+1)]|_{s=-1}=2$$

$$F(s)=\frac{-1}{(s+2)^2}-\frac{2}{s+2}+\frac{2}{s+1}$$

于是

$$f(t)=L^{-1}[F(s)]=-(t+2)\mathrm{e}^{-2t}+2\mathrm{e}^{-t}\quad(t\geqslant 0)$$

2.3.5　拉普拉斯变换解微分方程

拉氏变换可用于求解常系数线性微分方程，其求解步骤如下：

(1) 对方程两边同时进行拉氏变换，得函数的代数方程。

(2) 由代数方程解象函数。

(3) 取拉氏反变换，得微分方程解。

上述求解过程可用图 2-16 表示。

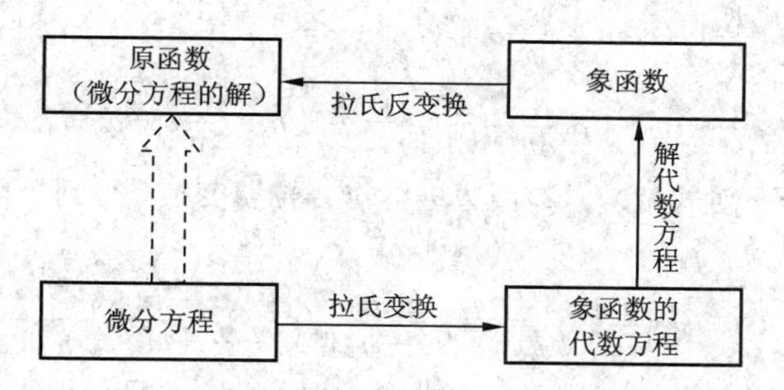

图 2-16　拉氏变换法求解线性微分方程的过程

例 2-16　已知 $y''(t)+5y'(t)+6y(t)=6$，其中 $y(0)=y'(0)=2$，求 $y(t)$。

解　对微分方程两边进行拉普拉斯变换，得

$$s^2Y(s)-sy(0)-y'(0)+5sY(s)-5y(0)+6Y(s)=\frac{6}{s}$$

代入初值，得

$$Y(s)=\frac{2s^2+12s+6}{s(s+2)(s+3)}=\frac{k_1}{s}+\frac{k_2}{s+2}+\frac{k_3}{s+3}$$

用上述求解留数的方法，解得

$$k_1=1,\ k_2=5,\ k_3=-4$$

故

$$Y(s)=\frac{1}{s}+\frac{5}{s+2}+\frac{-4}{s+3}$$

$$y(t)=L^{-1}[Y(s)]=1+5\mathrm{e}^{-2t}-4\mathrm{e}^{-3t}$$

2.4 传递函数

传递函数是自动控制系统动态数学模型之一，也是分析与设计自动控制系统最重要的数学工具。一方面，通过它可以绕过直接求解微分方程时域解的困难，而导出工程上最感兴趣的输出量动态过程的若干特征值及稳态误差值；另一方面，目前在经典控制理论中广泛使用的分析设计方法——频率法和根轨迹法，不是直接求解微分方程，而是通过传递函数，十分方便地分析系统结构参数对响应的影响。因此，传递函数是经典控制理论的基础，也是一个重要的基本概念。

2.4.1 传递函数的定义与求取方法

1. 传递函数的定义

线性定常系统的传递函数的定义为：在零初始条件下，系统输出量的拉氏变换与输入量的拉氏变换之比。

$$G(s)=\frac{X_{o}(s)}{X_{i}(s)} \tag{2.4-1}$$

设 n 阶线性定常系统的微分方程为

$$\begin{aligned}&a_0\frac{d^n}{dt^n}x_o(t)+a_1\frac{d^{n-1}}{dt^{n-1}}x_o(t)+\cdots+a_{n-1}\frac{d}{dt}x_o(t)+a_nx_o(t)\\&=b_0\frac{d^m}{dt^m}x_i(t)+b_1\frac{d^{m-1}}{dt^{m-1}}x_i(t)+\cdots+b_{m-1}\frac{d}{dt}x_i(t)+b_mx_i(t)\end{aligned} \tag{2.4-2}$$

在零初始条件下，对式(2.4-2)两边进行拉普拉斯变换，得到 n 阶线性定常系统传递函数的一般表示形式：

$$G(s)=\frac{X_o(s)}{X_i(s)}=\frac{b_0s^m+b_1s^{m-1}+\cdots+b_{m-1}s+b_m}{a_0s^n+a_1s^{n-1}+\cdots+a_{n-1}s+a_n} \tag{2.4-3}$$

在机电控制系统中，传递函数是一个非常重要的概念，是分析线性定常系统的有力数学工具，它具有以下特点：

(1) 传递函数只适用于线性定常系统，它是复变量 s 的有理真分式函数，且 $m\leqslant n$。

(2) 传递函数比微分方程简单，通过拉氏变换可将实数域复杂的微积分运算转化为简单的代数运算。

(3) 传递函数取决于系统或元件的结构和参数，与输入、输出信号无关。

(4) 传递函数虽然描述了输入与输出之间的关系，但它不提供任何该系统的集体物理结构(因为许多不同的物理系统具有完全相同的传递函数)。

(5) 如果系统的传递函数已知，那么可以研究系统在各种输入信号作用下的输出响应；如果系统的传递函数未知，那么可以给系统加上已知的输入，研究其输出，从而得出传递函数。

2. 传递函数的求取

对于传递函数的求取，一般可采用两种方法：直接法和方框图法。直接法即通过对系统的动态微分方程，在零初始状态下进行拉普拉斯变换求取。方框图法将在下节介绍。

例 2-17　已知弹簧质量阻尼系统，设系统的组成如图 2-17 所示，试求出以外力 $f(t)$

为输入量，以质量块的位移 $y(t)$ 为输出量的传递函数。

解　由例 2－1 可得系统的微分方程为

$$m\frac{\mathrm{d}^2 y(t)}{\mathrm{d}t^2}+D\frac{\mathrm{d}y(t)}{\mathrm{d}t}+ky(t)=f(t)$$

在零初始状态下，对上式进行拉普拉斯变换，得

$$G(s)=\frac{Y(s)}{F(s)}=\frac{1}{ms^2+Ds+k}$$

即为机械平移系统的传递函数。

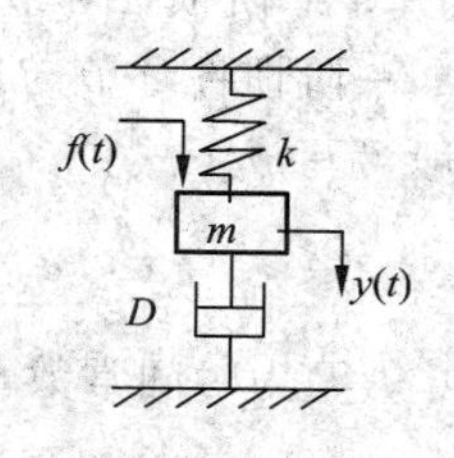

图 2－17　机械平移系统

2.4.2　典型环节的传递函数

具有某种确定信息传递关系的单个元件或元件组合称为一个环节。任何复杂系统都可看作由一些基本的环节组合而成。控制系统中常用的典型环节有比例环节、惯性环节、微分环节、积分环节、振荡环节和延迟环节等。典型环节的传递函数是研究复杂系统传递函数的基础。

1. 比例环节

输出量与输入量成正比；输出量不失真、无惯性地跟随输入量，两者成比例关系。其微分方程为

$$x_o(t) = Kx_i(t) \tag{2.4-4}$$

比例环节的传递函数为

$$G(s) = \frac{X_o(s)}{X_i(s)} = K \tag{2.4-5}$$

例 2－18　已知一比例运算放大器如图 2－18 所示，试求其传递函数。已知 $u_i(t)$ 为输入量，$u_o(t)$ 为输出量，R_1、R_2 为电阻。

解　由于

$$u_o(t)=-\frac{R_2}{R_1}u_i(t)$$

对上式进行拉普拉斯变换，得

$$U_o(s)=-\frac{R_2}{R_1}U_i(s)$$

$$G(s)=\frac{U_o(s)}{U_i(s)}=-\frac{R_2}{R_1}$$

即 $K=-\dfrac{R_2}{R_1}$。

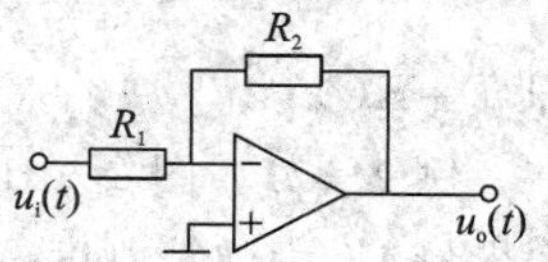

图 2－18　比例运算放大器

例 2－19　图 2－19 所示为齿轮传动副，求其传递函数。已知 $n_i(t)$ 为输入量，$n_o(t)$ 为输出量，z_1、z_2 为齿轮齿数。

解　由 $n_i(t)z_1 = n_o(t)z_2$，经拉氏变换后得

$$G(s)=\frac{N_o(s)}{N_i(s)}=\frac{z_1}{z_2}=K$$

即 $K=\dfrac{z_1}{z_2}$。

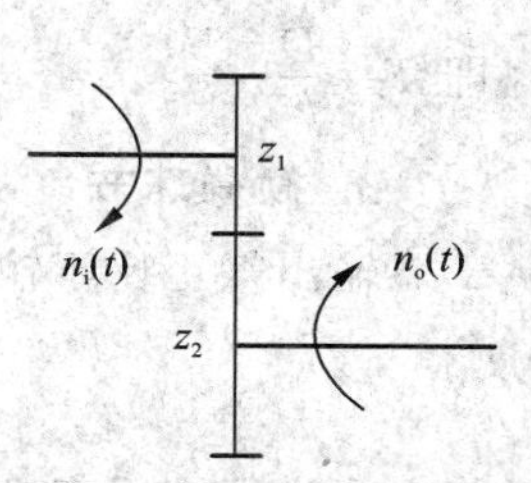

图 2－19　齿轮传动副

2. 一阶惯性环节

一阶惯性环节与比例环节相比，不能立即复现输出，而需要一定的时间。其微分方程一般可写成下式：

$$T\frac{\mathrm{d}}{\mathrm{d}t}x_{\mathrm{o}}(t)+x_{\mathrm{o}}(t)=x_{\mathrm{i}}(t) \tag{2.4-6}$$

其中，T 为时间常数。将上式进行拉氏变换，得到一阶惯性环节的传递函数为

$$G(s)=\frac{X_{\mathrm{o}}(s)}{X_{\mathrm{i}}(s)}=\frac{1}{Ts+1} \tag{2.4-7}$$

例 2-20　已知一 RC 充电电路如图 2-20 所示，试求其传递函数。已知 $u_{\mathrm{i}}(t)$为输入量，$u_{\mathrm{o}}(t)$为输出量，R 为电阻，C 为电容。

解　由于

$$\begin{cases} u_{\mathrm{i}}(t)=Ri(t)+\dfrac{1}{C}\displaystyle\int i(t)\,\mathrm{d}t \\ u_{\mathrm{o}}(t)=\dfrac{1}{C}\displaystyle\int i(t)\,\mathrm{d}t \end{cases}$$

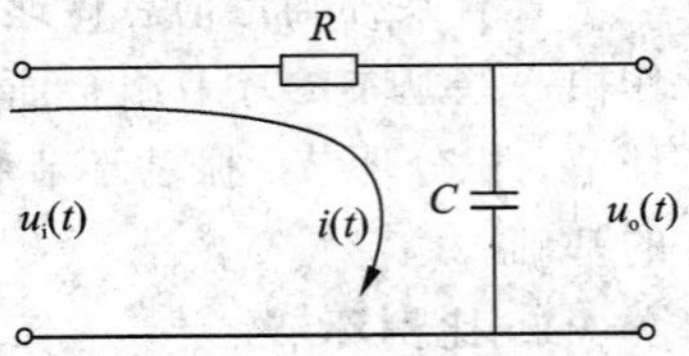

图 2-20　RC 无源滤波电路

消去中间变量，并规范化得

$$RC\frac{\mathrm{d}}{\mathrm{d}t}u_{\mathrm{o}}(t)+u_{\mathrm{o}}(t)=u_{\mathrm{i}}(t)$$

对上式进行拉普拉斯变换，得

$$RCsU_{\mathrm{o}}(s)+U_{\mathrm{o}}(s)=U_{\mathrm{i}}(s)$$

传递函数为

$$G(s)=\frac{U_{\mathrm{o}}(s)}{U_{\mathrm{i}}(s)}=\frac{1}{RCs+1}$$

即 $T=RC$。

例 2-21　图 2-21 所示为弹簧阻尼器，求其传递函数。已知 $x_{\mathrm{i}}(t)$为输入量，$x_{\mathrm{o}}(t)$为输出量，k 为弹簧刚度，D 为黏性阻尼系数。

解　由系统的微分方程

$$D\frac{\mathrm{d}x_{\mathrm{o}}(t)}{\mathrm{d}t}+kx_{\mathrm{o}}(t)=kx_{\mathrm{i}}(t)$$

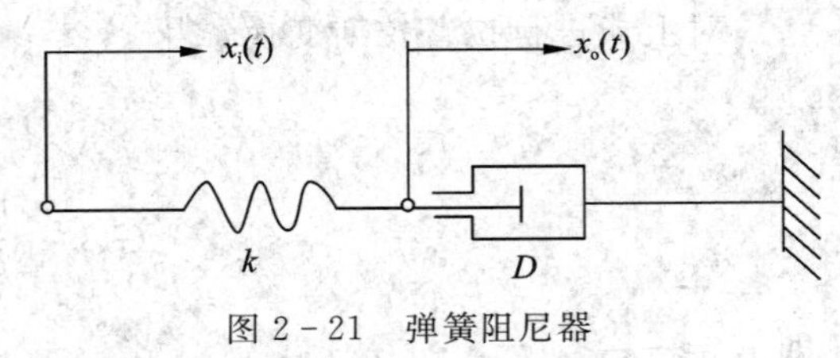

图 2-21　弹簧阻尼器

经拉氏变换后得到

$$G(s)=\frac{k}{Ds+k}=\frac{1}{Ts+1}$$

即 $T=\dfrac{D}{k}$。

3. 微分环节

输出量正比于输入量的微分，其微分方程一般可写成下式：

$$x_{\mathrm{o}}(t)=\tau\frac{\mathrm{d}x_{\mathrm{i}}(t)}{\mathrm{d}t} \tag{2.4-8}$$

将上式进行拉氏变换，得到微分环节的传递函数为

$$G(s)=\frac{X_{\mathrm{o}}(s)}{X_{\mathrm{i}}(s)}=\tau s \tag{2.4-9}$$

其中，τ 为微分环节的时间常数。

例 2-22　图 2-22 所示为永磁式直流测速机，求其传递函数。已知 $\theta_i(t)$为输入角，$u_o(t)$为输出电压。

解　由于

$$u_o(t)=K_t\frac{d\theta_i(t)}{dt}$$

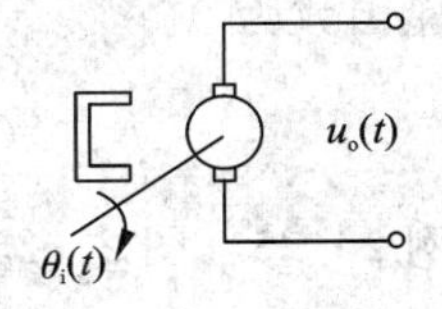

图 2-22　永磁式直流测速机

K_t为电机常数，对上式进行拉普拉斯变换，得

$$G(s)=\frac{U_o(s)}{\Theta_i(s)}=K_t s$$

为其传递函数。

例 2-23　图 2-23 所示为 RC 电路，求其传递函数。已知 $u_i(t)$为输入量，$u_o(t)$为输出量。

解　由系统的微分方程

$$u_i(t)=\frac{1}{C}\int i(t)dt+u_o(t)$$

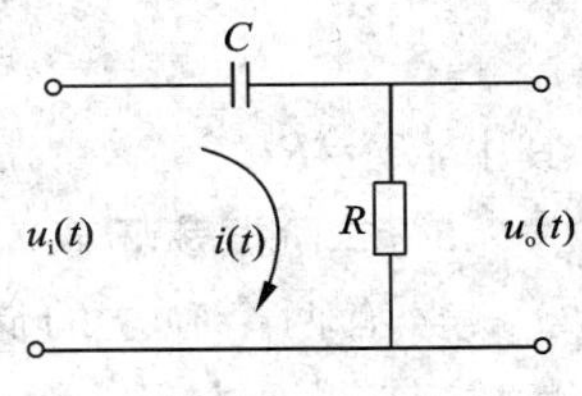

图 2-23　无源微分网络

经拉氏变换后得

$$G(s)=\frac{RCs}{RCs+1}=\frac{Ts}{Ts+1}$$

即 $T=RC$。

该电路相当于一个微分环节与一个惯性环节的串联组合，称为惯性微分环节。实际上，微分特性总是含有惯性的，理想的微分环节只是数学上的假设。

4. 积分环节

输出量正比于输入量的积分，其积分方程一般可写成下式：

$$x_o(t)=\frac{1}{T}\int_0^t x_i(t)dt \tag{2.4-10}$$

将上式进行拉氏变换，得到积分环节的传递函数为

$$G(s)=\frac{X_o(s)}{X_i(s)}=\frac{1}{Ts} \tag{2.4-11}$$

其中，T 为积分常数。

例 2-24　图 2-24 所示为空间垂直轴传动机构，齿轮 A 做恒速转动并带动齿轮 B 转动，齿轮 B 和 I 轴用滑键连接，同轴转动，齿轮 B 与齿轮 A 的转速关系由输入距离 $e_i(t)$决定，若 $\theta_o(t)$为 I 轴的输出转角，$n(t)$为 I 轴转速，试求该系统的传递函数。

解　由于

$$n(t)=K_I\omega_I=K_I\frac{d\theta_o(t)}{dt} \quad ①$$

其中，K_I为常数，ω_I为 I 轴的角速度。而齿轮 B 与齿轮 A 接触点的线速度相等，故

$$n(t)=K_I\omega_I=K_I\frac{v_B}{r_B}=\frac{K_I}{r_B}\omega_A e_i(t) \quad ②$$

由①和②得

$$\frac{d\theta_o(t)}{dt}=Ke_i(t)$$

其中，$K=\frac{\omega_A}{r_B}$为常数。对上式进行拉普拉斯变换，得

$$s\Theta_o(s)=KE_i(s)$$

故传递函数为

$$G(s)=\frac{\Theta_o(s)}{E_i(s)}=\frac{K}{s}$$

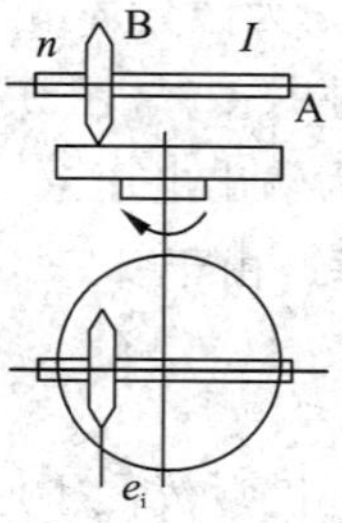

图 2-24 永磁式直流测速机

例 2-25 图 2-25 所示为有源积分网络，求其传递函数。已知 $u_i(t)$为输入量，$u_o(t)$为输出量。

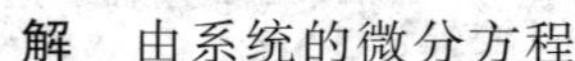

解 由系统的微分方程

$$RC\frac{\mathrm{d}u_o(t)}{\mathrm{d}t}=-u_i(t)$$

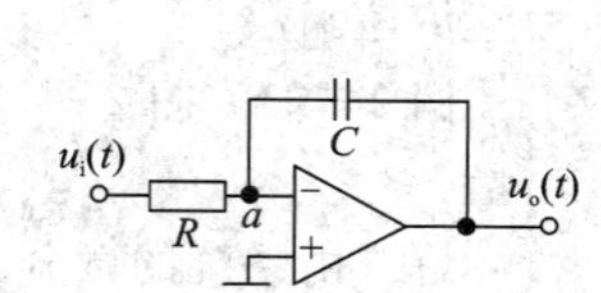

图 2-25 有源积分网络

经拉氏变换后得到

$$G(s)=-\frac{1}{RCs}=-\frac{1}{Ts}$$

其中，$T=RC$。

5. 二阶振荡环节

含有两个独立的储能元件所存储的能量能够相互转换，从而导致输出带有振荡的性质，其微分方程一般可写成下式：

$$T^2\frac{\mathrm{d}^2}{\mathrm{d}t^2}x_o(t)+2\zeta T\frac{\mathrm{d}}{\mathrm{d}t}x_o(t)+x_o(t)=x_i(t),\ 0<\zeta<1 \tag{2.4-12}$$

将上式进行拉普拉斯变换，得到二阶振荡环节的传递函数为

$$G(s)=\frac{X_o(s)}{X_i(s)}=\frac{1}{T^2s^2+2\zeta Ts+1} \tag{2.4-13}$$

其中，T为振荡环节的时间常数，ζ为阻尼比，对于振荡环节，$0<\zeta<1$。

二阶振荡环节的传递函数还经常可写成角频率表示的形式：

$$G(s)=\frac{\omega_n^2}{s^2+2\zeta\omega_n s+\omega_n^2} \tag{2.4-14}$$

其中，$\omega_n=\frac{1}{T}$，称为无阻尼固有(自然)振荡频率。

例 2-26 图 2-26 所示为质量-弹簧-阻尼系统，求其传递函数。已知 $f_i(t)$为输入量，$x_o(t)$为输出量，k为弹簧刚度，D为黏性阻尼系数，m为质量。

解 列方程

$$m\frac{\mathrm{d}^2}{\mathrm{d}t^2}x_o(t)+D\frac{\mathrm{d}}{\mathrm{d}t}x_o(t)+kx_o(t)=f_i(t)$$

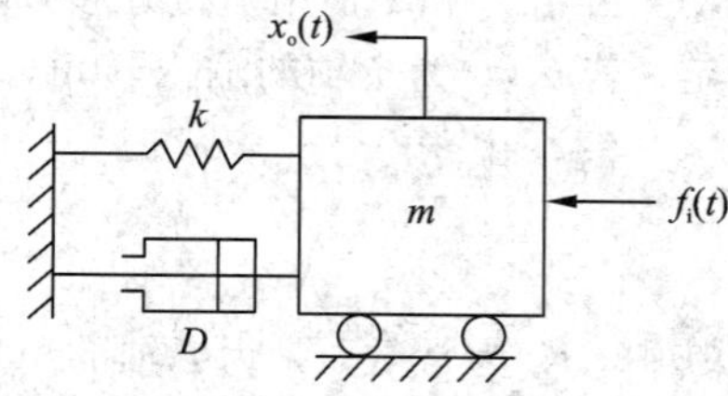

图 2-26 质量-弹簧-阻尼系统

经拉普拉斯变换，得

$$ms^2X_o(s)+DsX_o(s)+kX_o(s)=F_i(s)$$

传递函数为

$$G(s)=\frac{X_o(s)}{F_i(s)}=\frac{1}{ms^2+Ds+k}=\frac{1/k}{\left(\sqrt{\frac{m}{k}}\right)^2 s^2+2\times\frac{D}{2\sqrt{mk}}\sqrt{\frac{m}{k}}s+1}$$

$$=\frac{1/k}{T^2s^2+2\zeta Ts+1}$$

即常数为 $T=\sqrt{\frac{m}{k}}$，$\zeta=\frac{D}{2\sqrt{mk}}$。

例 2－27　图 2－27 所示为无源 RLC 电路，求其传递函数。已知 $u_i(t)$为输入量，$u_o(t)$为输出量，R 为电阻，C 为电容，L 为电阻。

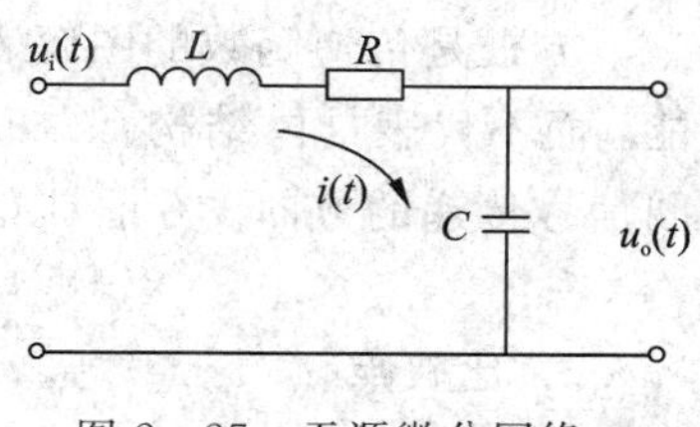

图 2－27　无源微分网络

解　由系统的微分方程

$$\begin{cases} u_i(t)=Ri(t)+L\frac{\mathrm{d}}{\mathrm{d}t}i(t)+\frac{1}{C}\int i(t)\mathrm{d}t \\ u_o(t)=\frac{1}{C}\int i(t)\mathrm{d}t \end{cases}$$

经拉普拉斯变换后，消去中间变量得到

$$LCs^2U_o(s)+RCsU_o(s)+U_o(s)=U_i(s)$$

则传递函数为

机械系统等效刚度的说明

$$G(s)=\frac{U_o(s)}{U_i(s)}=\frac{1}{LCs^2+RCs+1}$$

$$=\frac{1}{(\sqrt{LC})^2s^2+2\times\frac{RC}{2\sqrt{LC}}\sqrt{LC}s+1}$$

$$=\frac{1}{T^2s^2+2\times\zeta Ts+1}$$

即常数 $T=\sqrt{LC}$，$\zeta=\frac{RC}{2\sqrt{LC}}$。

2.5　系统传递函数方框图及简化

对于复杂的系统，如果仍采用由微分方程经过拉氏变换，消除中间变量，进而求得系统的传递函数的方法，不仅计算上烦琐，而且在消除中间变量之后，总的表达式中只剩下输入量和输出量，信号在通道中的传递过程全然得不到反映。而采用方框图既便于求取复杂系统的传递函数，同时又能直观地看到输入信号及中间变量在通道中传递的全过程。因此，方框图作为一种数学模型，在控制理论中得到了广泛的应用。

梅森公式

方框图又称动态结构图或结构图，是将各环节传递函数写在方框内，并以箭头标明信号的流向，以此描述系统的动态结构。它是一个图形化的分析、运算方法，也是数学模型的图解化方法。

2.5.1　方框图的结构要素

1. 信号线

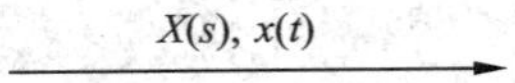

信号线是带有箭头的直线，箭头表示信号的传递方向，直线旁标记变量，即信号的时间函数或象函数，如图 2-28 所示。

图 2-28　信号线

2. 方框

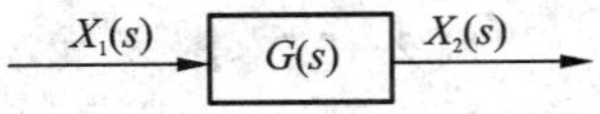

方框是传递函数的图解表示。方框只表示该部分的名称和功能，而不代表具体结构。方框之间带箭头的直线说明各部分之间信号传递的方向。方框具有运算功能，如图2-29 所示。

图 2-29　方框

$$X_2(s)=G(s)X_1(s) \tag{2.5-1}$$

3. 比较点

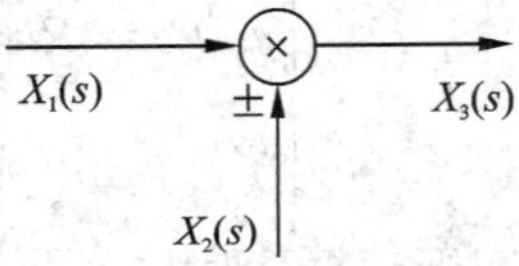

比较点是信号之间代数加减运算的图解，用符号“⊗”及相应的信号箭头表示，每个箭头前方的“+”或“-”表示加上此信号或减去此信号，如图 2-30 所示。

图 2-30　比较点

$$X_3(s)=X_1(s)\pm X_2(s) \tag{2.5-2}$$

4. 引出点

引出点表示信号引出或测量的位置和传递方向。在同一分支点上引出的信号的性质及大小完全相同，不存在分流的问题，如图2-31所示。

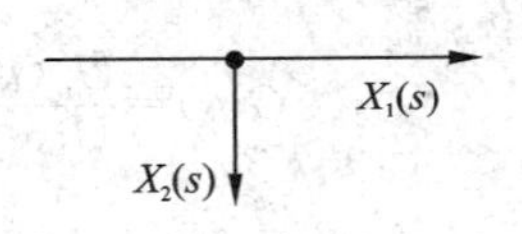

图 2-31　引出点

$$X_1(s)=X_2(s) \tag{2.5-3}$$

任何系统都可以由信号线、函数方框、信号比较点及引出点组成的方框图来表示，如图 2-32 所示。

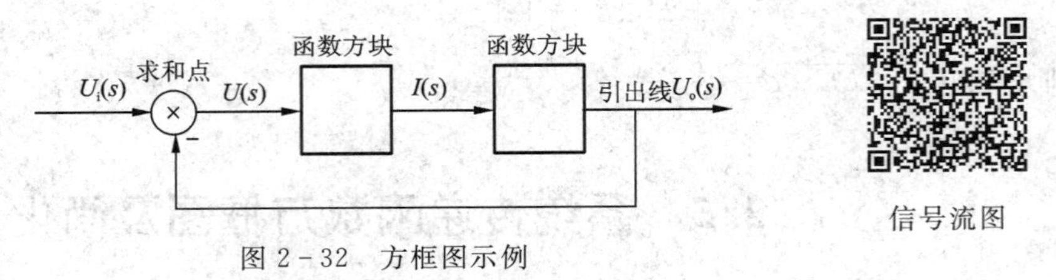

图 2-32　方框图示例

信号流图

2.5.2　系统方框图的建立

把各环节或元件的传递函数填在系统原理方框图的方框中，并把相应的输入、输出以拉氏变换来表示，就可得到传递函数方框图。其建立的一般步骤如下：

(1) 建立系统各环节的微分方程，明确信号的因果关系(输入与输出)。

(2) 对上述微分方程进行拉氏变换，绘制各部件的方框图。

(3) 按照信号在系统中的传递、变换过程，依次将各部件的方框图连接起来，得到系统的方框图。

例 2-28　如图 2-20 所示的 RC 充电电路，试绘制其控制系统方框图。

解　系统微分方程为

$$\begin{cases} u_i(t) = Ri(t) + \dfrac{1}{C}\int i(t)\,dt \\ u_o(t) = \dfrac{1}{C}\int i(t)\,dt \end{cases}$$

经拉普拉斯变换得

$$\begin{cases} RI(s) = U_i(s) - U_o(s) \\ U_o(s) = \dfrac{1}{Cs}I(s) \end{cases}$$

即

$$\begin{cases} I(s) = \dfrac{1}{R}[U_i(s) - U_o(s)] \\ U_o(s) = \dfrac{1}{Cs}I(s) \end{cases}$$

绘制系统各方框单元，如图 2－33(a)、(b)所示；连接得其系统方框图，如图 2－33(c)所示。

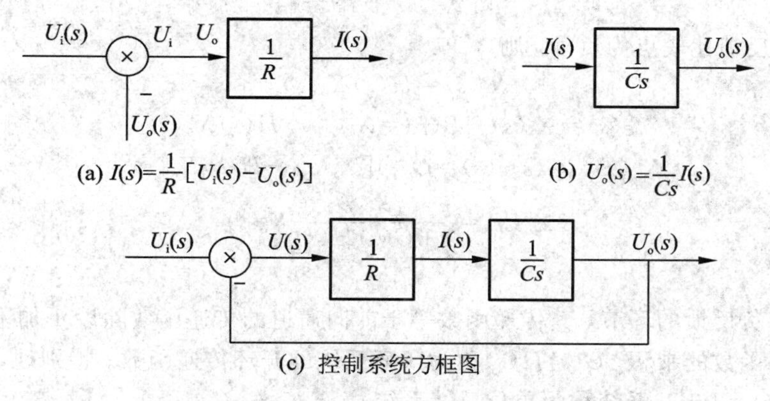

图 2－33　控制系统方框图

2.5.3　系统方框图的简化

1. 方框图的运算法则

1）串联

方框图串联即方框与方框首尾相连，前一环节的输出为后一环节的输入，如图 2－34 所示，此时总输出为各个串联传递函数的乘积。

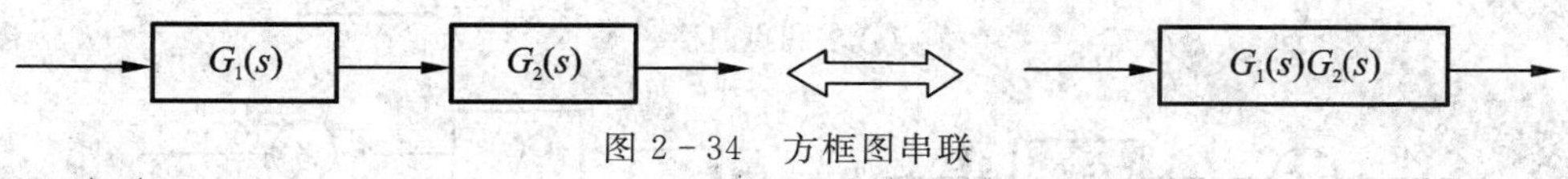

图 2－34　方框图串联

2）并联

方框图并联即各环节具有相同的输入，而总传递函数等于所有并联环节传递函数的代数和，如图2－35 所示。

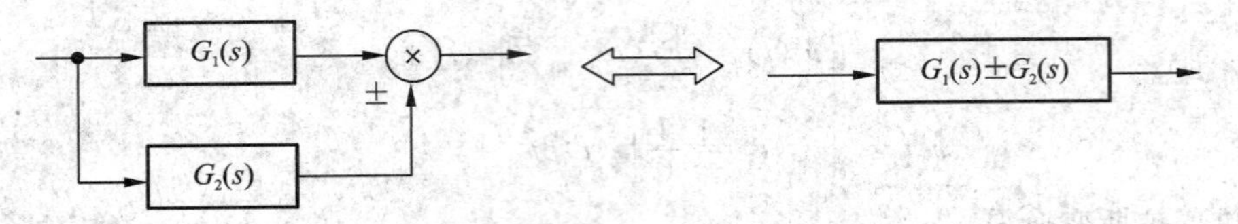

图 2-35　方框图并联

3) 反馈

图 2-36(a)所示的反馈系统可以等效简化为图 2-36(b)所示的系统。

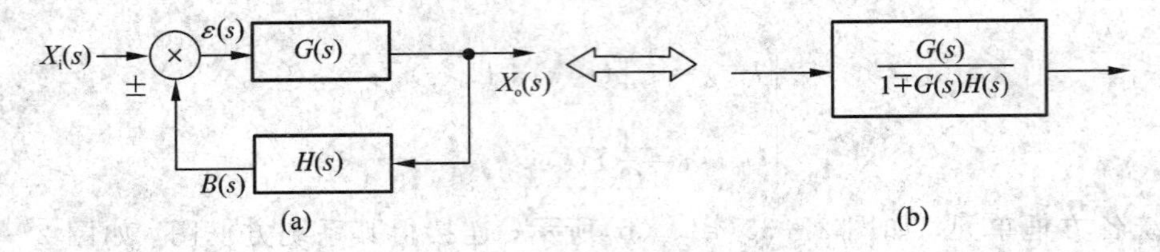

图 2-36　反馈系统

证明：若反馈比较点为负号，则

$$B(s)=H(s)X_o(s)$$

$$\varepsilon(s)=X_i(s)-B(s)=X_i(s)-H(s)X_o(s)$$

$$X_o(s)=G(s)\varepsilon(s)=G(s)[X_i(s)-H(s)X_o(s)]$$

$$X_o(s)=\frac{G(s)}{1+G(s)H(s)}X_i(s)$$

得证。

对于具有负反馈的环节，其传递函数等于前向通道的传递函数除以 1 加上前向通道与反馈通道传递函数的乘积。$G(s)H(s)$称为闭环系统的开环传递函数。特别地，当反馈通道传递函数 $H(s)=1$ 时，系统称为单位反馈系统。

2. 方框图的等效变换法则

方框图的等效变换法则如图 2-37 和图 2-38 所示。

1) 求和点的移动

求和点的移动如图 2-37 所示。

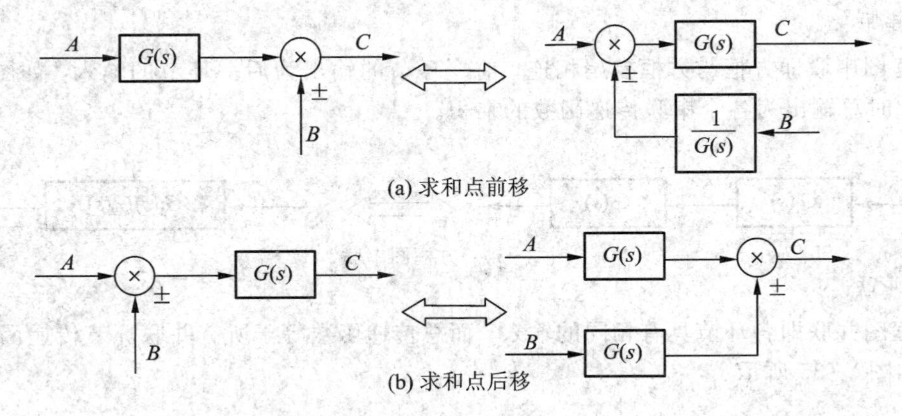

图 2-37　求和点的移动

2）引出点的移动

引出点的移动如图 2-38 所示。

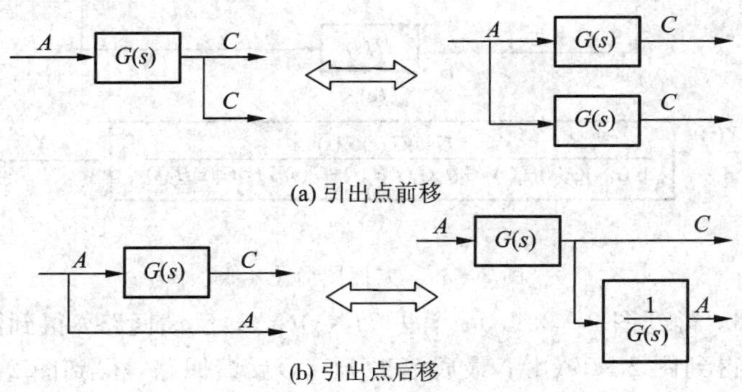

(a) 引出点前移

(b) 引出点后移

图 2-38　引出点的移动

它们需要遵循两条规律：

（1）各前向通路传递函数的乘积保持不变。

（2）各闭环的开环传递函数保持不变。

由上述介绍的系统方框图的运算法则和等效变换法则，可以对复杂的系统方框图进行简化，其基本思路是：利用等效变换法则，移动求和点和引出点，消去交叉回路，变换成可以运算的简单回路。

例 2-29　试简化如图 2-39(a)所示的系统方框图，并求系统的传递函数。

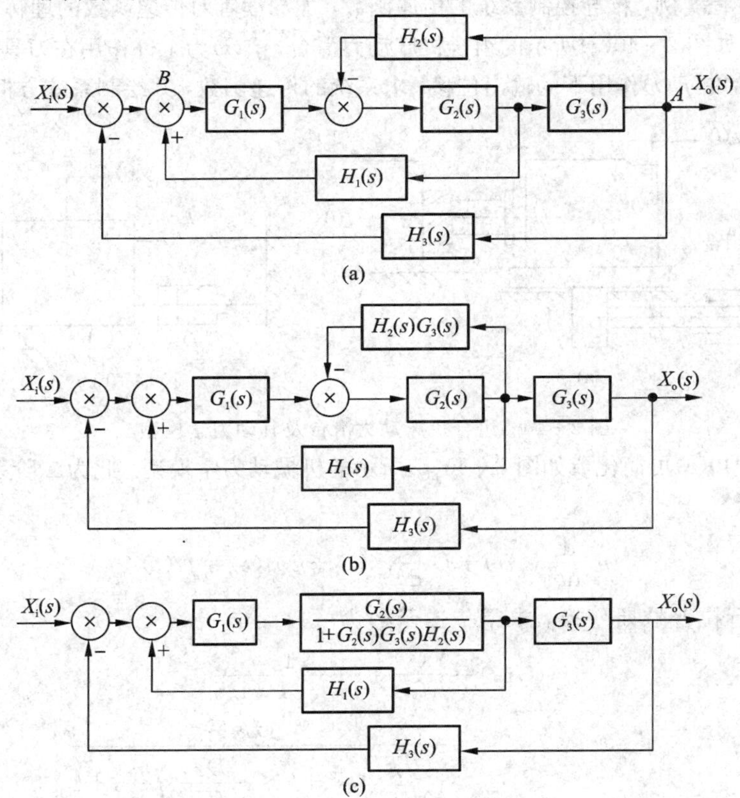

(a)

(b)

(c)

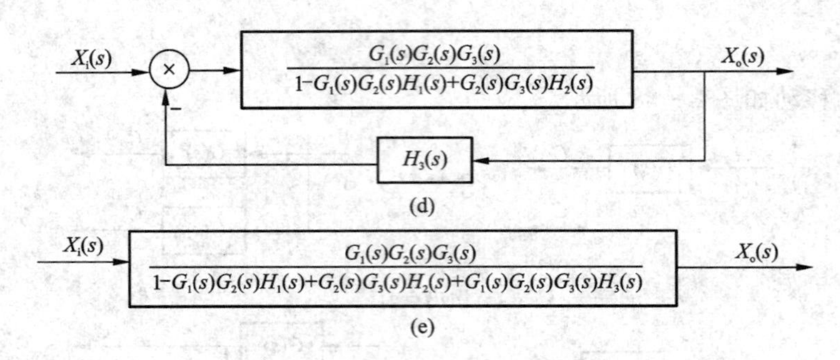

图 2-39　方框图简化示例

解　A 点前移，得到图 2-39(b)；消去 $H_2(s)G_3(s)$反馈回路，得到图 2-39(c)；消去 $H_1(s)$反馈回路，得到图 2-39(d)；最后消去 $H_3(s)$反馈回路，得到图 2-39(e)。所以

$$\frac{X_o(s)}{X_i(s)}=\frac{G_1(s)G_2(s)G_3(s)}{1-G_1(s)G_2(s)H_1(s)+G_2(s)G_3(s)H_2(s)+G_1(s)G_2(s)G_3(s)H_3(s)}$$

2.6　控制系统的传递函数推导举例

前述章节介绍了传递函数的概念和传递函数的两种求取方法，即直接法和图解法。传递函数本质上是数学模型，与微分方程等价，但在形式上却是函数，而不是方程。这不但使运算大为简便，而且可以很方便地用图形表示，这也正是工程上广泛采用传递函数分析系统的主要原因。本节结合一些工程实例，推导控制系统的传递函数，加深读者对传递函数的理解。

例 2-30　如图 2-40(a)所示的组合机床动力滑台，$f_i(t)$为工件作用在刀具上的作用反力，$y_o(t)$为动力滑台在 $f_i(t)$作用下的输出位移，求系统的传递函数，并绘制系统方框图。

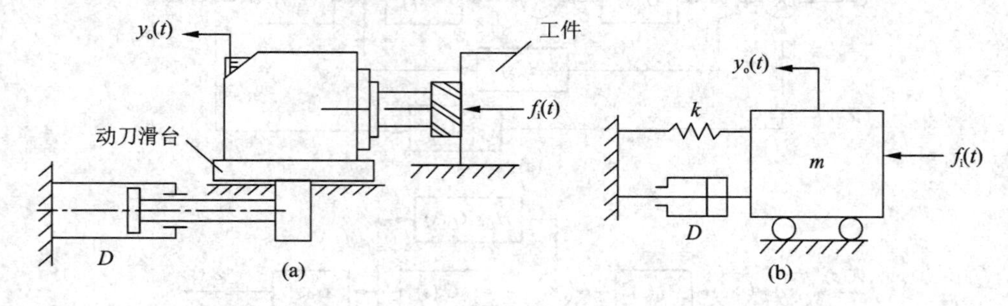

图 2-40　组合机床动力滑台及其动力学模型

解　图 2-40(a)可简化成如图 2-40(b)所示的机械动力学模型。此为二阶系统，其微分方程为

$$m\frac{\mathrm{d}^2}{\mathrm{d}t^2}y_o(t)+D\frac{\mathrm{d}}{\mathrm{d}t}y_o(t)+ky_o(t)=f_i(t)$$

对上式进行拉普拉斯变换，求得传递函数为

$$G(s)=\frac{Y(s)}{F(s)}=\frac{1}{ms^2+Ds+k}$$

$$=\frac{1/k}{\left(\sqrt{\frac{m}{k}}\right)^2s^2+2\times\frac{D}{2\sqrt{mk}}\sqrt{\frac{m}{k}}s+1}$$

$$=\frac{1/k}{T^2s^2+2\zeta Ts+1}$$

即常数为

$$T=\sqrt{\frac{m}{k}},\ \zeta=\frac{D}{2\sqrt{mk}}$$

于是，其系统方框图可表示为图 2-41。

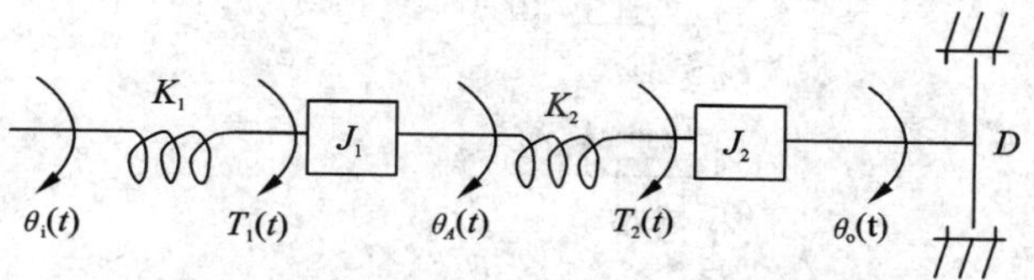

图 2-41　组合机床动力滑台系统方框图

例 2-31　绘制如图 2-42 所示系统的方框图。其中 $\theta_i(t)$ 为输入转角，$\theta_o(t)$ 为输出转角，K_1 和 K_2 为弹簧刚度，J_1 和 J_2 为转动惯量，$T_1(t)$ 和 $T_2(t)$ 为转矩，D 为黏性阻尼系数。

图 2-42　转动惯量-弹簧-阻尼系统

解　设 J_1 的转角为 $\theta_A(t)$，如图 2-42 所示。列方程组

$$\begin{cases}T_1(t)=K_1(\theta_i(t)-\theta_A(t))\\T_1(t)-T_2(t)=J_1\theta_A''(t)\\T_2(t)=K_2(\theta_A(t)-\theta_o(t))\\T_2(t)=J_2\theta_o''(t)+D\theta_o'(t)\end{cases}$$

设初始条件均为零，经拉氏变换得

$$\begin{cases}T_1(s)=K_1(\theta_i(s)-\theta_A(s))\\T_1(s)-T_2(s)=J_1s^2\theta_A(s)\\T_2(s)=K_2(\theta_A(s)-\theta_o(s))\\T_2(s)=J_2s^2\theta_o(s)+Ds\theta_o(s)\end{cases}$$

上述方程组的每一个方程为系统的一个环节，画出各方程所对应的方框图，如图 2-43(a)～(d)所示。

将各环节方框图连在一起，得到系统方框图，如图 2-43(e)所示。

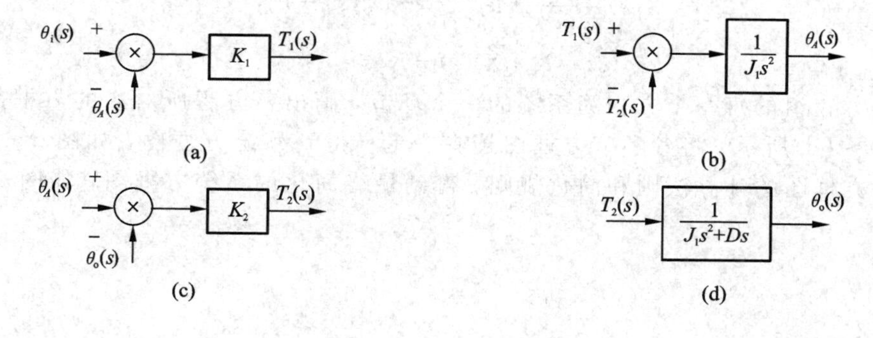

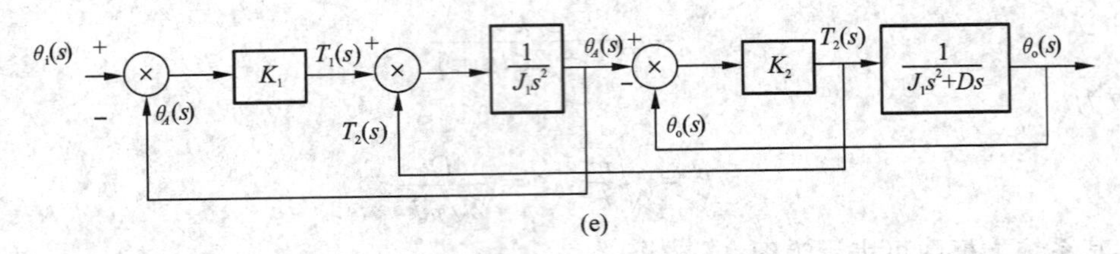

图 2-43　系统方框图

例 2-32　图 2-44(a)所示为汽车在凹凸不平路面上行驶时承载系统的简化动力学模型。路面的高低不平形成激励源，由此造成汽车的震动和轮胎受力。假设汽车承载系统四轮结构相同，取一轮承载系统如图 2-44(b)所示，设 $x_i(t)$ 为输入位移，$x_o(t)$ 为汽车垂直位移。轮胎垂直受力可看作弹簧 K_1 的受力，试绘制系统方框图，并求系统的传递函数。

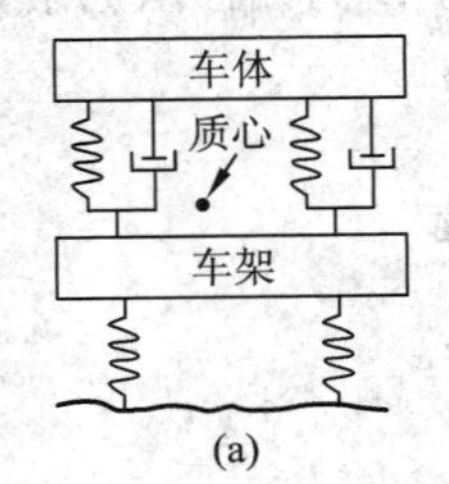

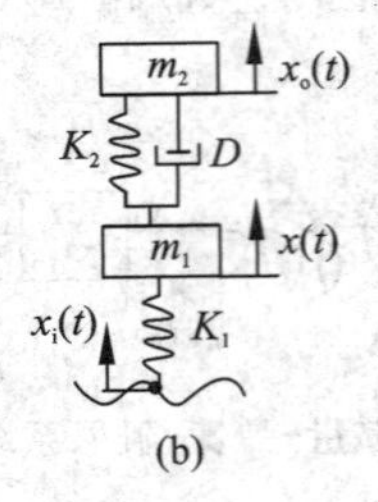

图 2-44　系统方框图

解　由图 2-44(b)列方程组

$$\begin{cases} m_2 x_o''(t)=f_{K_2}(t)+f_D(t) \\ f_{K_2}(t)=K_2[x(t)-x_o(t)] \\ f_D(t)=D[x'(t)-x_o'(t)] \\ m_1 x''(t)=f_{K_1}(t)-f_D(t)-f_{K_2}(t) \\ f_{K_1}(t)=K_1[x_i(t)-x(t)] \end{cases}$$

设初始条件均为零，经拉普拉斯变换得

$$\begin{cases} X_o(s)=\dfrac{1}{m_2 s^2}[F_{K_2}(s)+F_D(s)] \\ F_{K_2}(s)=K_2[X(s)-X_o(s)] \\ F_D(s)=Ds[X(s)-X_o(s)] \\ X(s)=\dfrac{1}{m_1 s^2}[F_{K_1}(s)-F_D(s)-F_{K_2}(s)] \\ F_{K_1}(s)=K_1[X_i(s)-X(s)] \end{cases}$$

上述方程组的每一个方程为系统的一个环节，画出各方程所对应的方框图，如图 2-45(a)～(d)所示。将各环节方框图连在一起，得到系统方框图，如图 2-45(e)所示。运用方框图的计算法则和简化规则，得到最终简化的系统方框图，如图 2-45(f)所示。

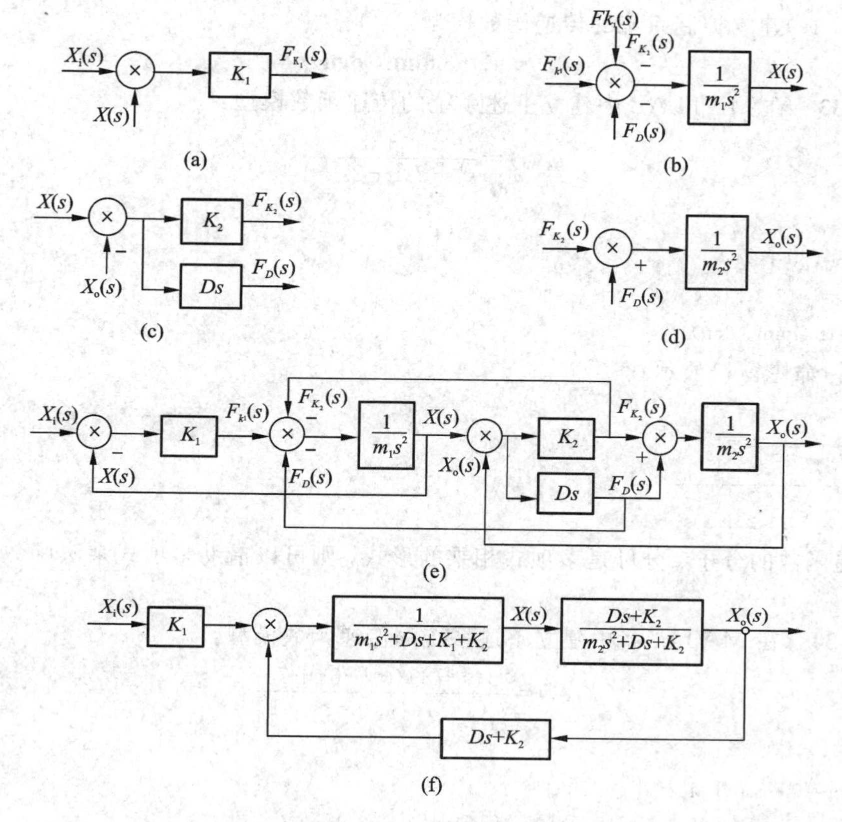

图 2-45 系统方框图

系统的传递函数为

$$\frac{X_o(s)}{X_i(s)}=\frac{K_1(Ds+K_2)}{m_1m_2s^4+(m_1+m_2)Ds^3+[K_1m_2+(m_1+m_2)K_2]s^2+K_1Ds+K_1K_2}$$

2.7 数学模型的 MATLAB 实现

2.7.1 控制系统数学模型的 MATLAB 描述

第 2 章知识点

控制系统常用的数学模型有四种：传递函数模型，零、极点增益模型，控制框图模型和状态空间模型。经典控制理论中的数学模型一般使用前三种，状态空间模型属于现代控制理论范畴。本节介绍前两种控制系统数学模型的建立方法。

1. 传递函数模型

设连续系统的传递函数模型为

$$G(s)=\frac{B(s)}{A(s)}=\frac{b_0s^m+b_1s^{m-1}+\cdots+b_{m-1}s+b_m}{a_0s^n+a_1s^{n-1}+\cdots+a_{n-1}s+a_n},\ n\geqslant m$$

在 MATLAB 中，用分子、分母多项式系数按 s 的降幂次序构成两个向量

$$\mathbf{num}=[b_0\quad b_1\quad \cdots\quad b_m],\ \mathbf{den}=[a_0\quad a_1\quad \cdots\quad a_n]$$

用函数 tf()建立控制系统的传递函数模型：

sys= tf (**num, den**)

例 2-33　在 MATLAB 中建立下述系统的传递函数模型：

$$G(s)=\frac{s+3}{s^3+2s^2+2s+1}$$

解

```
num=[0 1 3];
den=[1 2 2 1];
G=tf (num, den)
```

运行后，命令窗口显示：

```
G =
        s + 3
  ---------------------
  s^3 + 2 s^2 + 2 s + 1
```

若传递函数的分子、分母是多项式相乘的形式，则可以借助多项式乘法函数 conv()来处理。

例 2-34　在 MATLAB 中建立下述系统的传递函数模型：

$$G(s)=\frac{5(s+3)(s^2+6s+7)}{s(s+1)^2(s^3+2s+1)}$$

解

```
num=5 * conv([1 3],[1 6 7]);
den=conv([1 0],conv([1,1],conv([1,1],[1,0,2,1])));
G=tf (num, den)
```

运行后，命令窗口显示：

```
G =
     5 s^3 + 45 s^2 + 125 s + 105
  ---------------------------------------
  s^6 + 2 s^5 + 3 s^4 + 5 s^3 + 4 s^2 + s
```

2. 零、极点增益模型

零、极点增益模型是传递函数的另一种表现形式，其原理是分别对原传递函数的分子、分母进行因式分解，以获得系统的零点和极点的表示形式。

$$G(s)=\frac{K(s-z_1)(s-z_2)\cdots(s-z_m)}{(s-p_1)(s-p_2)\cdots(s-p_n)}$$

其中，K 为系统增益；$z_1, z_2, \cdots, z_m$ 为系统零点；$p_1, p_2, \cdots, p_n$ 为系统极点。

在 MATLAB 中，用向量 $\boldsymbol{z}, \boldsymbol{p}, \boldsymbol{k}$ 构成的矢量组$[\boldsymbol{z}\ \boldsymbol{p}\ \boldsymbol{k}]$表示系统，即

$$\boldsymbol{z}=[z_1\ z_2 \cdots\ z_m],\ \boldsymbol{p}=[p_1,\ p_2,\ \cdots,\ p_n],\ \boldsymbol{k}=[K]$$

用函数 zpk()来建立系统的零、极点增益模型，其调用格式如下：

```
sys= zpk(sys)
```

例 2-35　在 MATLAB 中建立下述系统的零、极点模型：

$$(s)=\frac{4(s-1)(s-2)}{(s+1)(s+2)(s+3)}$$

解

```
z=[1 2];
p=[-1 -2 -3];
k=4;
G=zpk(z,p,k)
```

运行后，命令窗口显示：

```
G =
   4 (s-1) (s-2)
  ----------------------------
  (s+1) (s+2) (s+3)
```

传递函数模型形式和零、极点增益模型形式之间可以相互转化，语句如下：

```
[z,p,k] = tf2zp(num,den)
[num,den] = zp2tf(z,p,k)
```

例如，例 2-35 中的零、极点形式可转化为如下形式的传递函数：

```
z=[1 2];
p=[-1 -2 -3];
k=4;
[num den] = zp2tf(z,p,k);
G=tf(num,den)
```

运行后，命令窗口显示：

```
G =
   4 s^2-12 s + 8
  ----------------------------
  s^3 + 6 s^2 + 11 s + 6
```

即为例 2-35 的传递函数模型形式。

2.7.2 用 MATLAB 展开部分分式

MATLAB 提供的函数 residue 可用于实现部分分式展开，其句法为

```
[r, p, k]=residue(num, den)
```

其中，r、p 分别为展开后的留数及极点构成的列向量，k 为余项多项式行向量。

若无重极点，MATLAB 展开后的一般形式为

$$G(s)=\frac{r(1)}{s-p(1)}+\frac{r(2)}{s-p(2)}+\cdots+\frac{r(n)}{s-p(n)}+K(s)$$

若存在 q 重极点 $p(j)$，则展开式包括下列各项：

$$\frac{r(j)}{s-p(j)}+\frac{r(j+1)}{[s-p(j)]^2}+\cdots+\frac{r(j+q-1)}{[s-p(j)]^q}$$

例 2-36 求下式的部分分式展开

$$G(s)=\frac{s^4+11s^3+39s^2+52s+26}{s^4+10s^3+35s^2+50s+24}$$

解

```
num=[1 11 39 52 26];
```

```
den=[1 10 35 50 24];
[r p k]=residue(num, den)
r=
     1.0000
     2.5000
    -3.0000
     0.5000
p =
    -4.0000
    -3.0000
    -2.0000
    -1.0000
k=
    1
```

展开式为

$$G(s)=\frac{1}{s+4}+\frac{2.5}{s+3}+\frac{-3}{s+2}+\frac{0.5}{s+1}+1$$

函数 residue 也可用于将部分分式合并，其句法为

```
[num, den] = residue(r, p, k)
```

例

```
r=[1 2 3 4]'; p=[-1 -2 -3 -4]'; k=0;
[num, den]=residue(r, p, k)
num=10 70 150 96
den=1 10 35 50 24
```

合并式为

$$G(s)=\frac{10s^3+70s^2+150s+96}{s^4+10s^3+35s^2+50s+24}$$

2.7.3 用 MATLAB 求系统传递函数

如前所述，控制系统的基本连接方式有三种：串联、并联和反馈。所对应的句法如下：

```
串联 sys=series(sys1, sys2)
并联 sys=parallel(sys1, sys2)
反馈 sys=feedback(sys1, sys2, -1)
```

如果是单位反馈系统，则可使用 cloop()函数，如 sys=cloop(sys1，-1)。

例 2-37 用 MATLAB 求系统传递函数。

已知两个系统 $G_1(s)=\frac{1}{s}$ 和 $G_2(s)=\frac{1}{s+2}$，分别求两者串联、并联连接时的系统传递函数，并求负反馈连接时系统的零、极点增益模型。

解

```
num1=[1];
den1=[1 0];
num2=[1];
den2=[1 2];
[numc denc]=series(num1, den1, num2, den2);
```

```
[numb denb]=parallel(num1, den1, num2, den2);
[numf denf]=feedback(num1, den1, num2, den2, -1);
[z p k]=tf2zp(numf, denf)
```

其结果如下：

串联：$G(s)=\dfrac{1}{s^2+2s}$。

并联：$G(s)=\dfrac{2s+2}{s^2+2s}$。

反馈：$G(s)=\dfrac{s+2}{s^2+2s+1}=\dfrac{s+2}{(s+1)^2}$。

习 题

2-1 试求下列函数的拉氏变换，假定当 $t<0$ 时，$f(t)=0$。

(1) $f(t)=4\cos\left(2t-\dfrac{\pi}{3}\right)\cdot 1\left(t-\dfrac{\pi}{6}\right)$；

(2) $f(t)=\mathrm{e}^{-6t}\sin(t-2)\cdot 1(t)$；

(3) $f(t)=t^2\mathrm{e}^{-3t}\cdot 1(t)$；

(4) $f(t)=\sin^2 t\cdot 1(t)$；

(5) $f(t)=\mathrm{e}^{-2t}(t-1)^2\cdot 1(t)$；

(6) $f(t)=5(1-\cos 3t)$；

(7) $f(t)=\mathrm{e}^{-0.5t}\cos 10t$；

(8) $f(t)=\sin\left(5t+\dfrac{\pi}{3}\right)$。

2-2 试求下列函数的拉氏反变换。

(1) $F(s)=\dfrac{1}{s(s+1)}$；

(2) $F(s)=\dfrac{s+1}{s^2+5s+6}$；

(3) $F(s)=\dfrac{s+1}{s^2+9}$；

(4) $F(s)=\dfrac{s+1}{s(s^2+s+1)}$；

(5) $F(s)=\dfrac{s^2+2s+3}{(s+1)^3}$；

(6) $F(s)=\dfrac{s+3}{s^2+2s+2}$；

(7) $F(s)=\dfrac{a}{a(s^2+a^2)}$；

(8) $F(s)=\dfrac{1}{(s+1)^4}$；

(9) $F(s)=\dfrac{\omega_n^2}{s(s+\omega_n)^2}$；

(10) $F(s)=\dfrac{s^2+5s+2}{(s+2)(s^2+2s+2)}$。

2-3 用拉氏变换法解下列微分方程。

(1) $\dfrac{\mathrm{d}^2x(t)}{\mathrm{d}t^2}+6\dfrac{\mathrm{d}x(t)}{\mathrm{d}t}+8x(t)=1(t)$，其中 $x(0)=1$，$\left.\dfrac{\mathrm{d}x(t)}{\mathrm{d}t}\right|_{t=0}=0$；

(2) $\dfrac{\mathrm{d}x(t)}{\mathrm{d}t}+10x(t)=2$，其中 $x(0)=0$；

(3) $\dfrac{\mathrm{d}x(t)}{\mathrm{d}t}+100x(t)=300$，其中 $u_i(t)=50$；

(4) $y''(t)+5y'(t)+6y(t)=6$，其中 $y'(0)=y(0)=2$；

(5) $y''(t)+2y'(t)+2y(t)=\delta(t)$，其中 $y'(0)=y(0)=0$；

(6) $y''(t)+3y''(t)+2y(t)=\sin t+\cos t$，其中 $y'(0)=y(0)=0$。

2-4 某系统微分方程为 $3\dfrac{\mathrm{d}y_o(t)}{\mathrm{d}t}+2y_o(t)=2\dfrac{\mathrm{d}x_i(t)}{\mathrm{d}t}+3x_i(t)$，已知$y_o(0^-)=x_i(0^-)=0$，

其极点和零点各是多少？

2-5　试求图 2-46 所示无源网络传递函数。

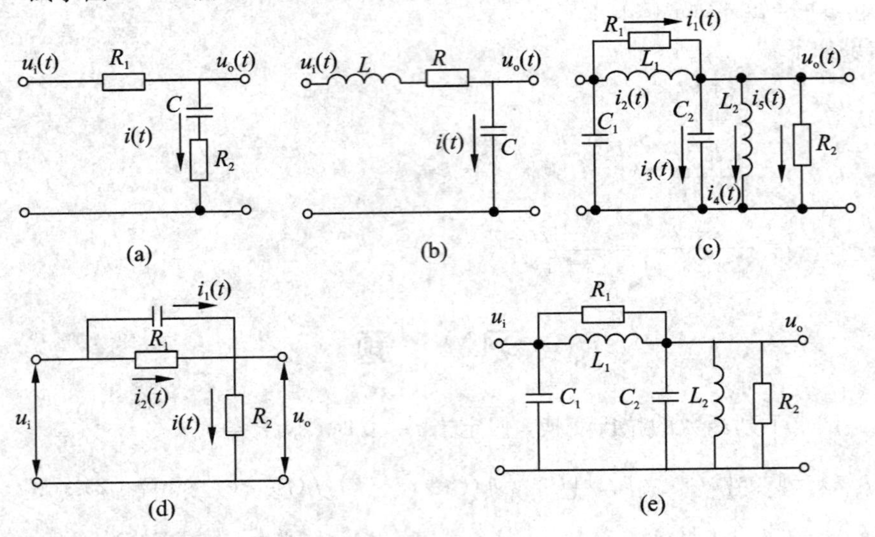

图 2-46

2-6　试求图 2-47 所示机械系统传递函数。

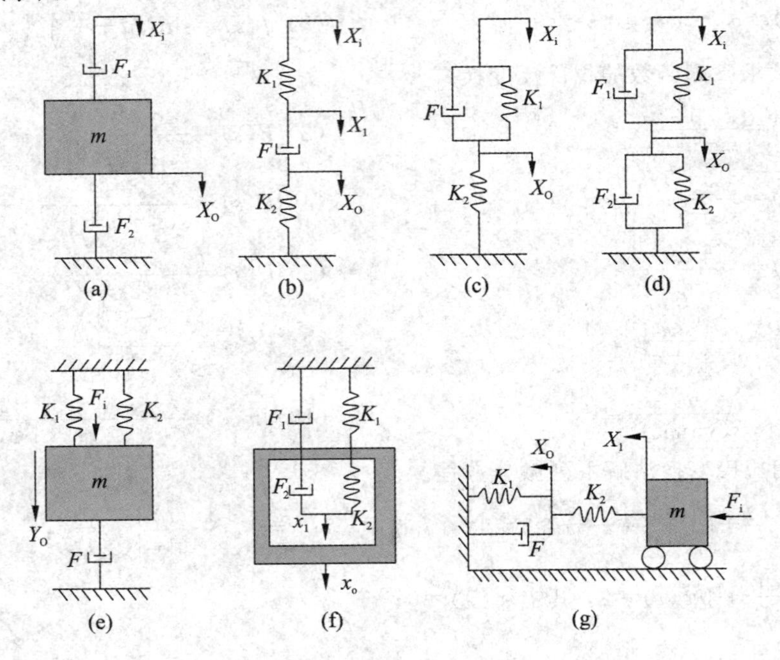

图 2-47

2-7　对于如图 2-48 所示的系统，试求从作用力 $F_1(t)$ 到位移 $X_2(t)$ 的传递函数。其中 F 为黏性阻尼系数。作用力 $F_2(t)$ 到位移 $X_1(t)$ 的传递函数又是什么？

2-8　证明图 2-49(a)与(b)表示的系统是相似系统(证明两个系统的传递函数具有相同的形式)。

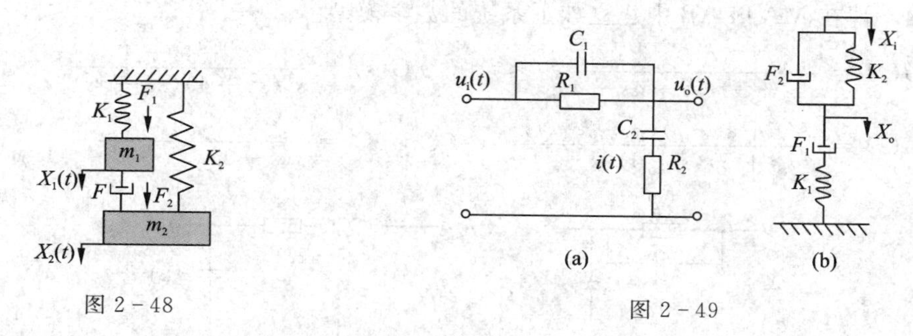

图 2 - 48　　　　图 2 - 49

2 - 9　如图 2 - 50 所示的系统，试求

(1) 以 $X_i(s)$为输入，分别以 $X_o(s)$、$Y(s)$、$B(s)$、$E(s)$为输出的传递函数。

(2) 以 $N(s)$为输入，分别以 $X_o(s)$、$Y(s)$、$B(s)$、$E(s)$为输出的传递函数。

2 - 10　试画出图 2 - 51 所示系统的方框图，并求出其传递函数。其中 $F_i(t)$为输入力，$X_o(t)$为输出位移。

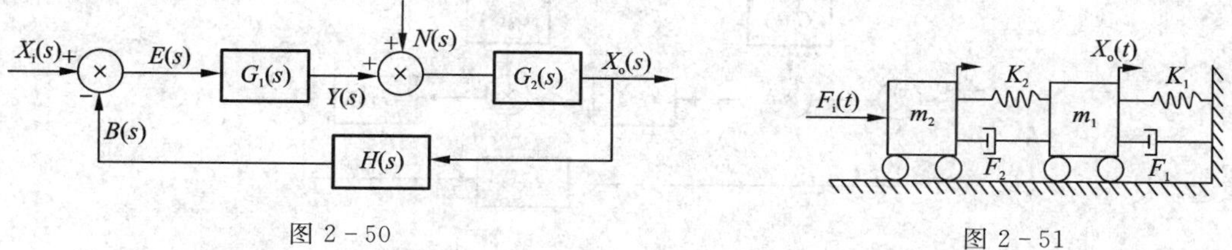

图 2 - 50　　　　图 2 - 51

2 - 11　化简图 2 - 52 所示各系统框图，并求其传递函数。

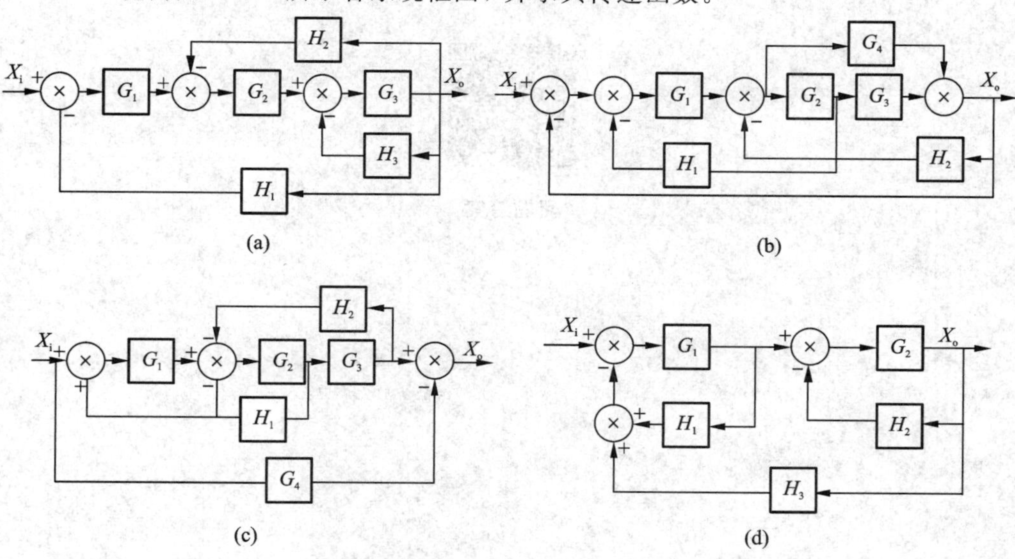

图 2 - 52

2 - 12　画出图 2 - 53 所示电路的控制系统框图，应用方框图简化原理求出其传递函数。

2 - 13　系统框图如图 2 - 54 所示，试求下列传递函数。

(1) $G(s)=\dfrac{X_o(s)}{X_i(s)}$；　　　(2) $G_N=\dfrac{X_o(s)}{N(s)}$。

2-14　请在 MATLAB 中建立如下系统的数学模型。

(1) $G(s)=\dfrac{5}{s(s+1)(s^2+4s+4)}$　　(2) $G(s)=\dfrac{s^2+4s+4}{s^3(s^2+4)(s^2+4s)}$

(3) $G(s)=\dfrac{8(s+1-j)(s+1+j)}{s^2(s+5)(s+6)(s^2+1)}$　　(4) $G(s)=\dfrac{1}{s(s+1)(s^3+s^2+1)}$

(a)　(b)

图 2-53

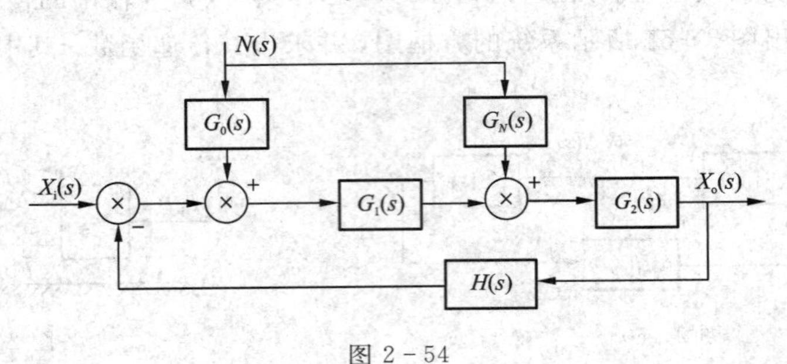

图 2-54

习题答案

第 3 章　控制系统的时域分析方法

内容提要

系统分析是在系统数学模型已知的情况下，从时域、复域和频域的角度，对控制系统进行定性或定量评价。本章首先介绍系统时域响应的概念及系统性能指标，以及五种常用的典型输入信号；随后对一阶系统、二阶系统的典型时域响应进行分析，针对欠阻尼二阶系统的时域性能指标进行详细介绍；然后给出系统稳定性的基本概念和稳定性代数判据方法，讨论误差与偏差的定义和稳态误差的求取方法；最后介绍基于 MATLAB 的时域分析常用函数和命令。

引　言

经典控制理论所研究的对象主要是单输入-单输出闭环负反馈控制系统，在引入传递函数的定义以后，一个时间域的单输入闭环负反馈控制系统就可以在复频域用图 3－1 所示的控制方框图表示。

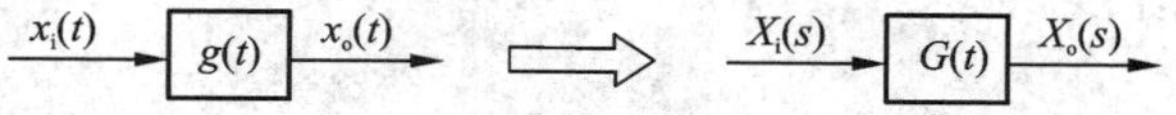

$x_i(t)$ → $g(t)$ → $x_o(t)$ ⟹ $X_i(s)$ → $G(t)$ → $X_o(s)$

图 3－1　控制系统的时域和复频域表示

对于所分析或设计的控制系统而言，我们自然地会提出问题：如何去评价一个控制系统性能的优劣？控制系统的稳定性如何判断？若系统是稳定的，则该系统是如何稳定的，即趋于稳定的过程是怎样的？其实际输出与理想输出的误差又有多大？如果没有建立传递函数，在面对时域微分方程的数学模型时，分析上述问题是相当复杂而又困难的；在引入传递函数以后，上述问题可得到大大简化，研究者可以借助传递函数，将数学中的微积分运算转化为代数运算，便于对控制系统的性能进行全面计算分析。本章即是讨论借助传递函数对控制系统进行时域性能分析的方法。

所谓时域分析，就是在典型初始状态下，对控制系统施加一个典型输入信号，通过研究分析控制系统的输出时间响应来评价系统的动、静态特性。由于系统的输出一般是时间 t 的函数，故称这种响应为时域响应。这是一种直接在时间域对控制系统进行分析的方法，具有直观、准确、物理概念清楚等特点，反映了系统本身的固有特性与系统在输入作用下的动态历程。因此，它是认识、了解控制系统性能的重要途径和方法。

3.1　时域响应及典型输入信号

3.1.1　时域响应概述

在典型初始状态下，控制系统在外加作用(输入)激励下，根据系统的微分方程和传递函数数学模型，求解输出量随时间变化的函数关系称为系统的时域响应。

由于线性定常系统可用微分方程来描述，因此，系统时域响应的数学表达式就是微分方程的解。线性定常系统也可用传递函数来描述，所以系统时域响应也可借助传递函数的概念，利用拉氏变换来求解。任一稳定系统的时域响应都是由瞬态响应(transient response)和稳态响应(steady-state response)两部分组成的。

瞬态响应(动态过程)：控制系统在某一典型输入信号作用下，其输出量从初始状态到达最终稳定状态的响应过程。由于实际的控制系统存在惯性、摩擦等因素的影响，系统的输出量可表现为单调上升、衰减振荡、等幅振荡、发散等形式，从该瞬态过程可分析出系统的瞬态性能指标。

稳态响应(稳态过程)：控制系统在某一典型输入信号作用下，其输出量在时间趋于无穷大时的输出状态。理论上，只有时间趋于无穷大时，系统才能进入稳态过程，这在工程实际中是无法实现的。一般地，控制系统输出状态只要收敛在稳态值附近，即可认为系统进入了稳态过程，根据该稳态过程可分析出系统的稳态性能指标。

分析瞬态响应时，往往选择典型输入信号，这是因为：

(1) 数学处理简单，给定典型信号下的性能指标，便于分析和综合系统。

(2) 典型输入信号的响应往往可以作为分析复杂输入时系统性能的基础。

(3) 便于进行系统辨识，确定未知环节的传递函数。

3.1.2 典型输入信号

1. 阶跃信号

阶跃函数信号是指输入信号有一个突然的定量变化，如输入量的突然加入或停止，如图 3-2 所示，其数学表达式为

$$x_{\mathrm{i}}(t)=\begin{cases}a & (t>0)\\ 0 & (t<0)\end{cases} \tag{3.1-1}$$

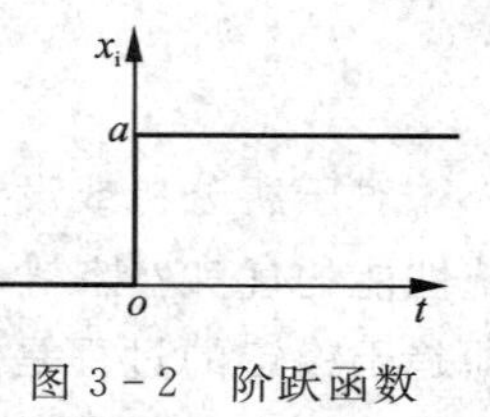

图 3-2 阶跃函数

其中，a 为常数。当 $a=1$ 时，该函数称为单位阶跃函数，其拉氏变换为$\frac{1}{s}$。

阶跃信号是分析控制系统性能指标时应用较多的一种典型信号，电源突然接通、阀体设备开关、负荷突变等均可看成阶跃信号作用。

2. 斜坡信号(速度信号)

斜坡信号是指输入信号是等速度变化的，如图 3-3 所示，其数学表达式为

$$x_{\mathrm{i}}(t)=\begin{cases}at & (t>0)\\ 0 & (t<0)\end{cases} \tag{3.1-2}$$

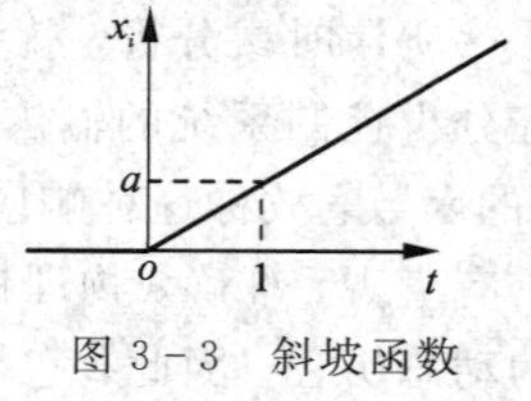

图 3-3 斜坡函数

其中，a 为常数。当 $a=1$ 时，该函数称为单位斜坡函数，其拉氏变换为$\frac{1}{s^2}$。

大型船闸匀速升降时主拖动系统发出的位置信号、数控机床加工斜面时的进给指令等均可看成斜坡作用。

3. 加速度信号(抛物线信号)

加速度信号是指输入信号是等加速度变化的，如图 3-4 所示，其数学表达式为

$$x_i(t)=\begin{cases}at^2 & (t>0)\\ 0 & (t<0)\end{cases} \tag{3.1-3}$$

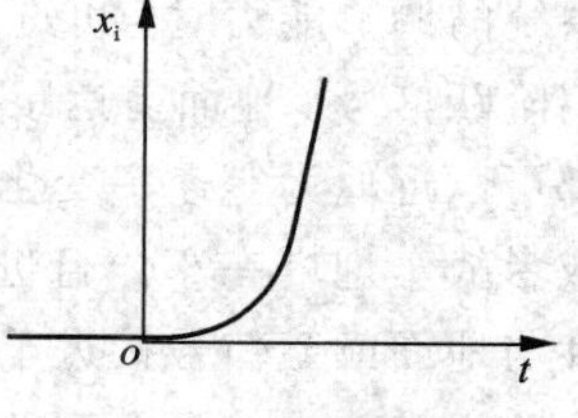

图 3-4　加速度函数

其中，a 为常数。当 $a=\frac{1}{2}$ 时，该函数称为单位加速度函数，其拉氏变换为$\frac{1}{s^3}$。

4. 脉冲信号

脉冲信号如图 3-5 所示，其数学表达式为

$$x_i(t)=\begin{cases}\lim\limits_{t_0\to 0}\dfrac{a}{t_0} & (0<t<t_0)\\ 0 & (t<0 \text{ 或 } t>t_0)\end{cases} \tag{3.1-4}$$

其中，a 为常数。当 $0<t<t_0$ 时，该函数值为无穷大；当 $a=1$ 时，该函数称为单位脉冲函数，单位脉冲函数记为 δ 函数。

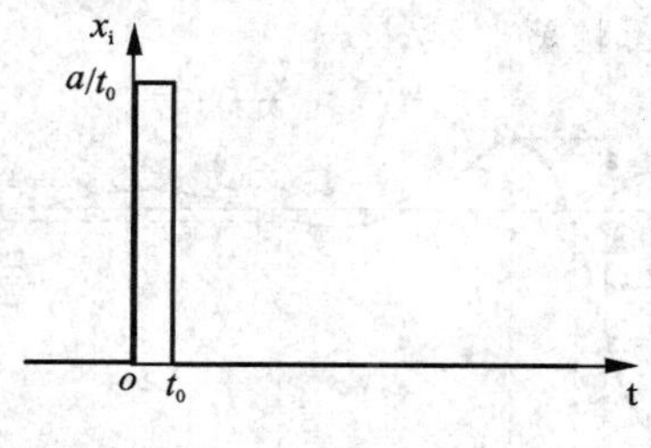

图 3-5　脉冲函数

当系统输入为单位脉冲函数时，其输出响应称为脉冲响应函数。由于 δ 函数的拉氏变换等于 1，因此系统传递函数即为脉冲响应函数的象函数。理想的单位脉冲作用 $\delta(t)$ 在现实中是不存在的，它只有数学意义，是一个重要的数学工具，脉冲电压信号、冲击力、阵风等均可近似为脉冲作用。

5. 正弦信号

正弦信号如图 3-6 所示，其数学表达式为

$$x_i(t)=\begin{cases}a\sin\omega t & (t>0)\\ 0 & (t<0)\end{cases} \tag{3.1-5}$$

其中，a 为常数。当 $a=1$ 时，正弦函数的拉氏变换为$\frac{\omega}{s^2+\omega^2}$。

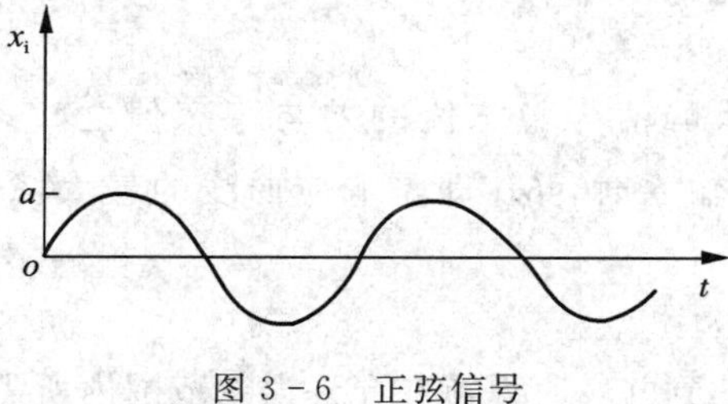

图 3-6　正弦信号

海浪对舰艇的扰动力、伺服振动台的输入指令、电源及机械振动的噪声等都可视作正弦作用。

在系统分析中选用何种实验信号，需要根据对系统的考查目的来确定。例如，在考查

系统的调节能力时，可选用脉冲信号；如果考查系统对于定值信号的保持能力，就适宜选用阶跃信号。地面雷达跟踪空中的机动目标时，无论是俯仰角的变化还是方位角的变化，都可以近似为等速率变化规律，采用斜坡信号比较恰当；但是在考查船舶自动驾驶系统，或者战车炮塔在车体行进中自稳系统的能力时，就不能采用斜坡信号了；由于海浪起伏特性与地面颠簸信号接近于正弦信号，采用正弦信号或者至少采用匀加速信号来考查系统的二阶跟踪能力才是合理的。

3.1.3　控制系统时域性能指标

在工程应用上，为了评价线性系统的时间响应性能，通常使用比较容易产生的单位阶跃信号作为输入信号，来计算系统输出在时间域的瞬态性能和稳态性能，衰减振荡型的单位阶跃响应曲线及性能指标如图 3－7 所示。一般认为，阶跃信号对控制系统来说是最严峻的工作状态。如果系统在阶跃信号作用下的性能指标能满足要求，那么系统在其他形式的输入信号作用下，其性能一般都可满足要求。

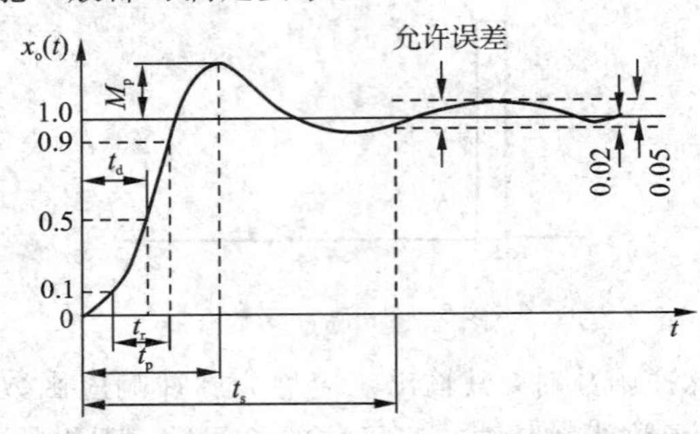

图 3－7　衰减震荡型的单位阶跃响应曲线及性能指标

1. 延迟时间 t_d

t_d 指响应曲线从零上升到稳态值的 50% 所需要的时间。

2. 上升时间 t_r

t_r 指响应曲线从零时刻开始第一次到达稳态值所需要的时间，或从稳态值的 10% 上升到稳态值的 90% 所需要的时间，它可以度量系统的响应速度。

3. 峰值时间 t_p

t_p 指响应曲线从零时刻开始，上升到第一个峰值点所需要的时间。

4. 超调量 M_p

M_p 指响应曲线的最大峰值与稳态值的差与稳态值之比，即最大偏离量与稳态值之差的百分比。单位阶跃输入时，M_p 即是响应曲线的最大峰值与稳态值的差，通常用百分数表示。

5. 调整时间 t_s

t_s 指响应曲线第一次达到并一直保持在允许误差范围内所需要的时间，一般允许误差取±5%或±2%。

6. 振荡次数

振荡次数指在调整时间 t_s内，响应曲线振荡的次数。

3.2　一阶系统的时域响应

一阶系统的时域响应

凡是可以用一阶微分方程描述的控制系统都称为一阶系统，RC 滤波电路、弹簧-阻尼系统等都是典型的一阶系统。描述一阶系统微分方程的标准形式为

$$T\frac{\mathrm{d}x_o(t)}{\mathrm{d}t}+x_o(t)=x_i(t) \tag{3.2-1}$$

其中，T 为时间常数。

在零初始条件下，一阶系统的传递函数为

$$G(s)=\frac{X_o(s)}{X_i(s)}=\frac{1}{Ts+1} \tag{3.2-2}$$

3.2.1　一阶系统的单位阶跃响应

单位阶跃输入 $x_i(t)=1(t)$ 的象函数为 $X_i(s)=1/s$，则

$$X_o(s)=\frac{X_o(s)}{X_i(s)}\cdot X_i(s)=\frac{1}{Ts+1}\cdot\frac{1}{s}=\frac{1}{s}-\frac{T}{Ts+1}=\frac{1}{s}-\frac{1}{s+\frac{1}{T}}$$

进行拉氏反变换得

$$x_o(t)=(1-\mathrm{e}^{-\frac{1}{T}t})1(t) \tag{3.2-3}$$

根据式(3.2-3)列表取值，如表 3-1 所示。

表 3-1　一阶惯性环节的单位阶跃响应

t	0	T	$2T$	$3T$	$4T$	$5T$	…	∞
$x_o(t)$	0	0.632	0.865	0.95	0.982	0.993	…	1

图 3-8 给出了一阶系统单位阶跃响应曲线，由图 3-8 可以看出：

(1) 单位阶跃响应曲线是单调上升有上界的指数曲线，系统稳定，无振荡、无超调。

(2) 经过时间 T 曲线上升到 0.632 的高度，反过来，用实验方法测出响应曲线达到稳态值的 63.2%高度点所用的时间，即是惯性环节的时间常数 T。时间常数反映了系统的惯性大小，时间常数越大，系统的惯性越大，响应速度越慢。反之，惯性越小，响应速度越快。

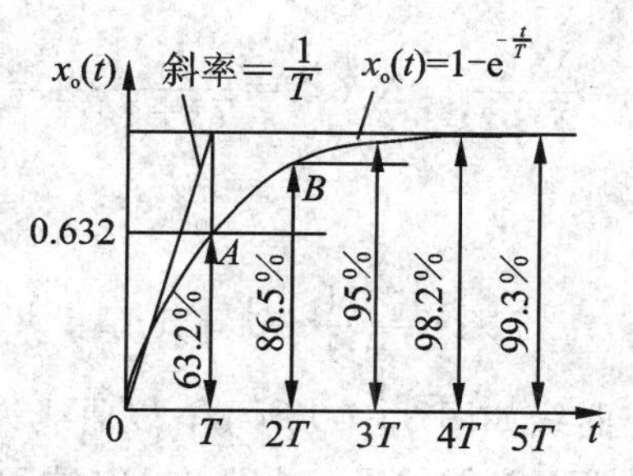

图 3-8　一阶惯性环节单位阶跃响应

(3) 响应曲线的斜率在 $t=0$ 处等于 $1/T$，并随时间的推移而单调下降，从而导致系统在 $t=\infty$时才能达到终值。

(4) 调整时间 $t_s=(3\sim4)T$，即经过该时间，系统已达稳态值的 95%～98%，可认为调整过程已经完成。

(5) 由于 $x_o(\infty)=1$，系统稳态误差 $e_{ss}=0$。

3.2.2　一阶系统的单位斜坡响应

单位阶跃输入 $x_i(t)=t\cdot1(t)$ 的象函数为 $X_i(s)=\frac{1}{s^2}$，则

$$X_o(s)=\frac{X_o(s)}{X_i(s)}\cdot X_i(s)=\frac{1}{Ts+1}\cdot\frac{1}{s^2}=\frac{1}{s^2}-\frac{T}{s}+\frac{T}{s+\frac{1}{T}}$$

进行拉氏反变换得

$$x_o(t)=(t-T+Te^{-\frac{1}{T}t})1(t) \tag{3.2-4}$$

绘制响应曲线如图 3-9 所示。

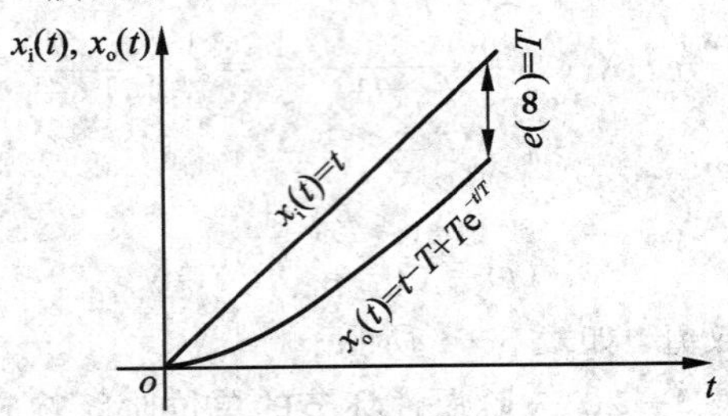

图 3-9　一阶系统单位斜坡响应图

一阶系统单位斜坡响应的稳态误差为

$$e_{ss}=\lim_{t\to\infty}[x_i(t)-x_o(t)]=\lim_{t\to\infty}T(1-e^{-\frac{1}{T}t})=T \tag{3.2-5}$$

故当输入为单位斜坡函数时，一阶惯性环节的稳态误差为 T，显然，时间常数 T 越小，该环节的稳态误差就越小。

3.2.3　一阶系统的单位脉冲响应

单位脉冲输入 $x_i(t)=\delta(t)$ 的象函数为 $X_i(s)=1$，则

$$X_o(s)=\frac{X_o(s)}{X_i(s)}\cdot X_i(s)=\frac{1}{Ts+1}\cdot1=\frac{\frac{1}{T}}{s+\frac{1}{T}}$$

进行拉氏变换得

$$x_o(t)=\left(\frac{1}{T}e^{-\frac{1}{T}t}\right)1(t) \tag{3.2-6}$$

一阶系统的单位脉冲响应曲线如图 3-10 所示，该曲线为一单调下降有下界的指数曲线，时间常数 T 越大，响应曲线下降得越慢。从图 3-10 中可知，如果取±5%误差带，则系统的调整时间为 $t_s=3T$。

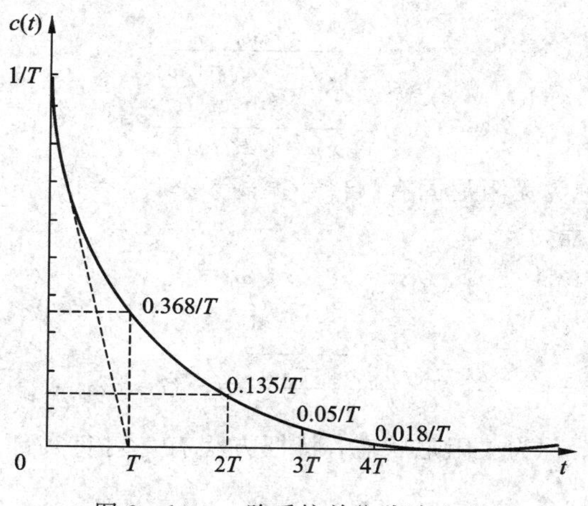

图 3-10　一阶系统单位脉冲响应

例 3-1　一阶系统的结构图如图 3-11 所示，若 $\alpha=0.1$，试求系统的调整时间 t_s。如果要求 $t_s\leqslant 0.1$ s，试求反馈系数应取多大？

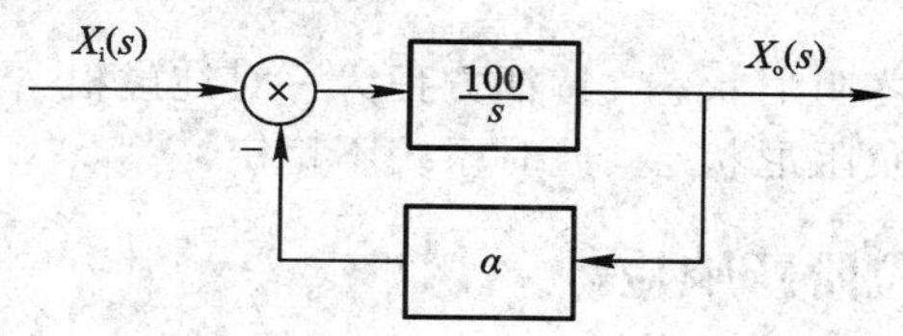

图 3-11　一阶系统的结构图

解　系统的闭环传递函数为

一阶系统响应之间的关系

$$\Phi(s)=\frac{\frac{100}{s}}{1+\alpha\cdot\frac{100}{s}}=\frac{\frac{1}{\alpha}}{\frac{0.01s}{\alpha}+1}$$

当 $\alpha=0.1$ 时，时间常数 $T=0.1$，因此调节时间

$$t_s=3T=0.3 \text{ s}$$

若要 $t_s\leqslant 0.1$，则

$$t_s=3T=3\times 0.01/\alpha\leqslant 0.1$$

故 $\alpha\geqslant 0.3$。

3.3　二阶系统的时域响应

用二阶微分方程描述的系统称为二阶系统，*RLC* 网络、质量-弹簧-阻尼系统、位置随动系统等都是典型的二阶系统。从物理意义上讲，二阶系统总包含两个独立的储能元件，能量可以在两个元件之间交换，使系统具有往复振荡的趋势，所以典型的二阶系统也称为二阶振荡环节。许多实际系统都是二阶系统，一些高阶系统在一定条件下也可以简化为二阶系统求解，因此分析二阶系统时域响应具有重要的实际意义。

二阶系统

二阶系统的典型传递函数可表示为

$$G(s)=\frac{\omega_n^2}{s^2+2\zeta\omega_n s+\omega_n^2} \tag{3.3-1}$$

$$G(s)=\frac{1}{T^2s^2+2\zeta Ts+1} \tag{3.3-2}$$

其中，ζ 为阻尼比，ω_n 称为无阻尼固有(自然)振荡频率，$T=1/\omega_n$ 为二阶系统的时间常数。

二阶系统的特征方程为

$$s^2+2\zeta\omega_n s+\omega_n^2=0$$

它的两个特征根为

$$s_{1,2}=\frac{-2\zeta\omega_n\pm\sqrt{4\zeta^2\omega_n^2-4\omega_n^2}}{2}=-\zeta\omega_n\pm\omega_n\sqrt{\zeta^2-1}$$

(1) 当 $0<\zeta<1$ 时，称为欠阻尼状态，特征方程有一对负实部共轭复根 $s_{1,2}=-\zeta\omega_n\pm j\omega_n\sqrt{1-\zeta^2}$。

(2) 当 $\zeta=1$ 时，称为临界阻尼状态，特征方程有两个相等的负实根 $s_{1,2}=-\omega_n$。

(3) 当 $\zeta>1$ 时，称为过阻尼状态，特征方程有两个不相等的负实根 $s_{1,2}=-\zeta\omega_n\pm\omega_n\sqrt{\zeta^2-1}$。

(4) 当 $\zeta=0$ 时，称为零阻尼状态，特征方程为一对纯虚根 $s_{1,2}=\pm j\omega_n$。

(5) 当 $\zeta<0$ 时，称为负阻尼状态，此时系统不稳定。

3.3.1 二阶系统的单位阶跃响应

单位阶跃输入 $x_i(t)=1(t)$ 的象函数为 $X_i(s)=1/s$，则

$$X_o(s)=\frac{X_o(s)}{X_i(s)}\cdot X_i(s)=\frac{\omega_n^2}{s^2+2\zeta\omega_n s+\omega_n^2}\cdot\frac{1}{s} \tag{3.3-3}$$

根据上述二阶系统的极点分布特点，分下述五种情况进行讨论。

1. 欠阻尼

当 $0<\zeta<1$ 时，称为欠阻尼。此时，式(3.3-1)的特征根是一对共轭复根，可以将式(3.3-1)表示为

$$\frac{X_o(s)}{X_i(s)}=\frac{\omega_n^2}{(s+\zeta\omega_n+j\omega_d)(s+\zeta\omega_n-j\omega_d)} \tag{3.3-4}$$

其中，$\omega_d=\omega_n\sqrt{1-\zeta^2}$ 称为阻尼自振角频率。

利用部分分式法将式(3.3-3)分解，得

$$X_o(s)=\frac{1}{s}-\frac{s+\zeta\omega_n}{(s+\zeta\omega_n)^2+\omega_d^2}-\frac{\zeta\omega_n}{(s+\zeta\omega_n)^2+\omega_d^2} \tag{3.3-5}$$

进行拉氏反变换，得

$$\begin{aligned}x_o(t)&=\left(1-e^{-\zeta\omega_n t}\cos(\omega_d t)-\frac{\zeta}{\sqrt{1-\zeta^2}}e^{-\zeta\omega_n t}\sin(\omega_d t)\right)\cdot 1(t)\\&=\left(1-\frac{e^{-\zeta\omega_n t}}{\sqrt{1-\zeta^2}}\left[\sqrt{1-\zeta^2}\cos(\omega_d t)+\zeta\sin(\omega_d t)\right]\right)\cdot 1(t)\\&=\left[1-\frac{e^{-\zeta\omega_n t}}{\sqrt{1-\zeta^2}}\sin\left(\omega_d t+\arctan\frac{\sqrt{1-\zeta^2}}{\zeta}\right)\right]\cdot 1(t)\end{aligned} \tag{3.3-6}$$

由式(3.3－6)可知，当 $0<\zeta<1$ 时，二阶系统的单位阶跃响应由两部分组成，第一项为稳态分量 1，第二项为暂态分量，是一个幅值按指数规律衰减、以 ω_d 为角频率的阻尼振荡曲线，其响应曲线如图 3－12 所示。由图 3－12 可见，随着 ζ 的减小，系统特征根负实部和虚部都在增大，导致系统阶跃响应的幅值和频率也增大了，系统响应曲线振荡得更激烈了。

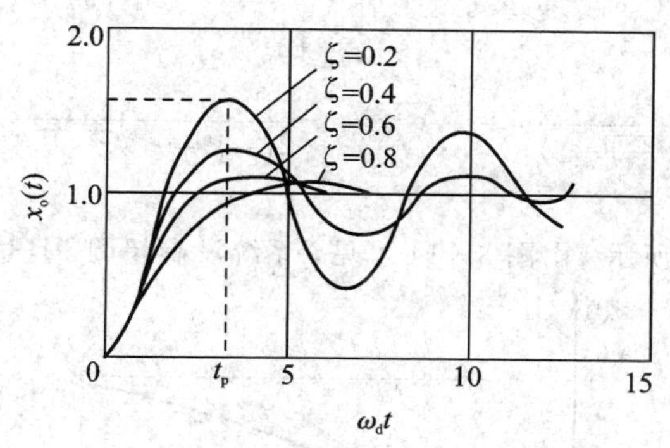

图 3－12　二阶系统欠阻尼响应

2. 临界阻尼

当 $\zeta=1$ 时，称为临界阻尼。此时，式(3.3－1)的极点是二重实根，可以将式(3.3－1)表示为

$$\frac{X_o(s)}{X_i(s)}=\frac{\omega_n^2}{(s+\omega_n)^2} \tag{3.3-7}$$

利用部分分式法将式(3.3－3)分解成

$$X_o(s)=\frac{1}{s}-\frac{\omega_n}{(s+\omega_n)^2}-\frac{1}{s+\omega_n} \tag{3.3-8}$$

进行拉氏反变换，得

$$x_o(t)=(1-\omega_n t e^{-\omega_n t}-e^{-\omega_n t})\cdot 1(t) \tag{3.3-9}$$

其响应曲线如图 3－13 所示。由图 3－13 可见，系统响应稳态值为 1，响应曲线是一个无超调、无振荡的单调上升曲线，曲线斜率为 $\omega_n^2 t e^{-\omega_n t}$，由零变到最大再逐渐减小到零，曲线呈 S 形状。

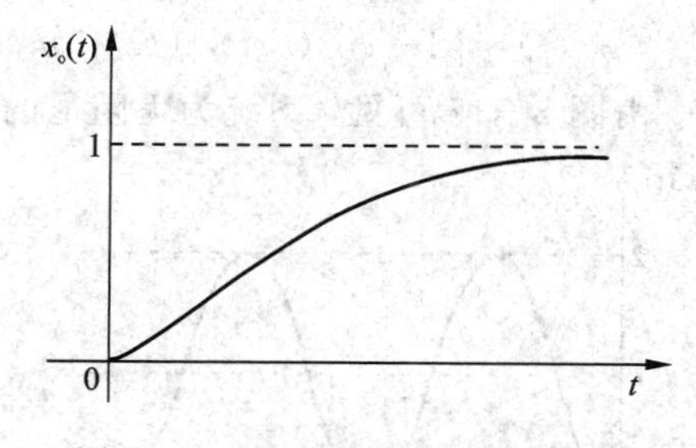

图 3－13　二阶系统临界阻尼响应

3. 过阻尼

当 $\zeta>1$ 时，称为过阻尼。此时，式(3.3－1)的极点是两个负实根，可以将式(3.3－1)表示为

$$\frac{X_{\mathrm{o}}(s)}{X_{\mathrm{i}}(s)}=\frac{\omega_{\mathrm{n}}^{2}}{(s+\zeta\omega_{\mathrm{n}}+\omega_{\mathrm{n}}\sqrt{\zeta^{2}-1})(s+\zeta\omega_{\mathrm{n}}-\omega_{\mathrm{n}}\sqrt{\zeta^{2}-1})} \tag{3.3-10}$$

利用部分分式法将式(3.3-3)分解成

$$X_{\mathrm{o}}(s)=\frac{1}{s}-\frac{1/[2(-\zeta^{2}-\zeta\sqrt{\zeta^{2}-1}+1)]}{s+\zeta\omega_{\mathrm{n}}+\omega_{\mathrm{n}}\sqrt{\zeta^{2}-1}}-\frac{1/[2(-\zeta^{2}+\zeta\sqrt{\zeta^{2}-1}+1)]}{s+\zeta\omega_{\mathrm{n}}-\omega_{\mathrm{n}}\sqrt{\zeta^{2}-1}} \tag{3.3-11}$$

进行拉氏反变换，得

$$x_{\mathrm{o}}(t)=\left[1-\frac{1}{2(-\zeta^{2}+\zeta\sqrt{\zeta^{2}-1}+1)}\mathrm{e}^{-(\zeta-\sqrt{\zeta^{2}-1})\omega_{\mathrm{n}}t}-\frac{1}{2(-\zeta^{2}-\zeta\sqrt{\zeta^{2}-1}+1)}\mathrm{e}^{-(\zeta+\sqrt{\zeta^{2}-1})\omega_{\mathrm{n}}t}\right]\cdot 1(t) \tag{3.3-12}$$

其响应曲线如图3-14所示。由图3-14可见，系统没有超调，且过渡时间较长。

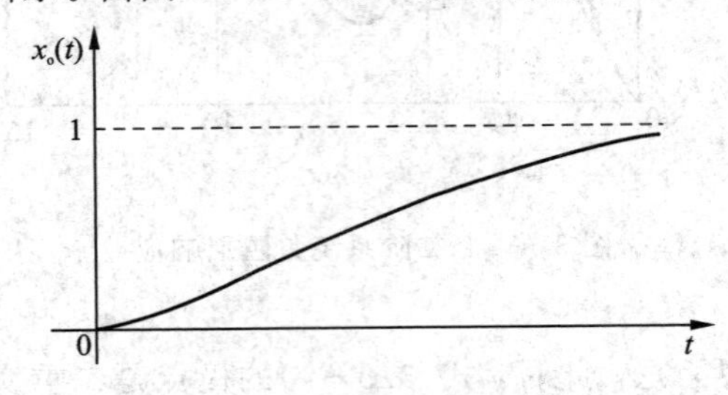

图3-14　二阶系统过阻尼响应

一般而言，二阶系统都具有正阻尼，此时系统是稳定的。

4. 零阻尼

当 $\zeta=0$ 时，称为零阻尼。此时，式(3.3-1)的极点是一对共轭虚根，可以将式(3.3-1)表示为

$$\frac{X_{\mathrm{o}}(s)}{X_{\mathrm{i}}(s)}=\frac{\omega_{\mathrm{n}}^{2}}{s^{2}+\omega_{\mathrm{n}}^{2}} \tag{3.3-13}$$

利用部分分式法将式(3.3-3)分解，得

$$X_{\mathrm{o}}(s)=\frac{1}{s}-\frac{s}{s^{2}+\omega_{\mathrm{n}}^{2}} \tag{3.3-14}$$

进行拉氏反变换，得

$$x_{\mathrm{o}}(t)=[1-\cos(\omega_{\mathrm{n}}t)]1(t) \tag{3.3-15}$$

其响应曲线如图3-15所示。由图3-15可见，系统为无阻尼的等幅余弦振荡曲线。

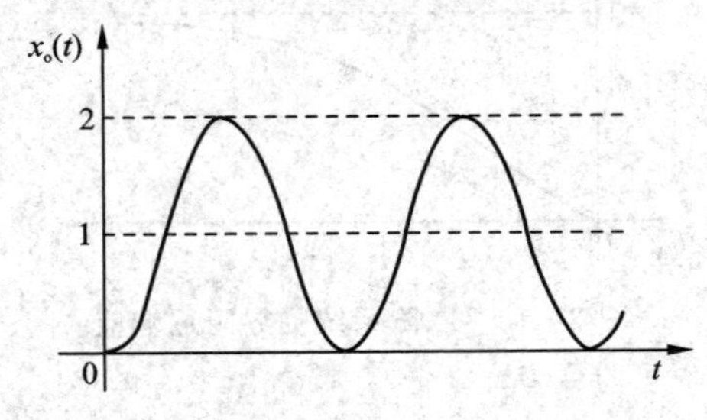

图3-15　二阶系统无阻尼响应

5. 负阻尼

当 $\zeta<0$ 时，称为负阻尼。此时，式(3.3-1)的极点具有正实部，响应表达式的指数项

变为正指数，随着时间 $t\to\infty$，其输出 $x_o(t)\to\infty$，系统不稳定。负阻尼二阶系统的单位阶跃响应曲线有两种形式，如图 3-16 所示。

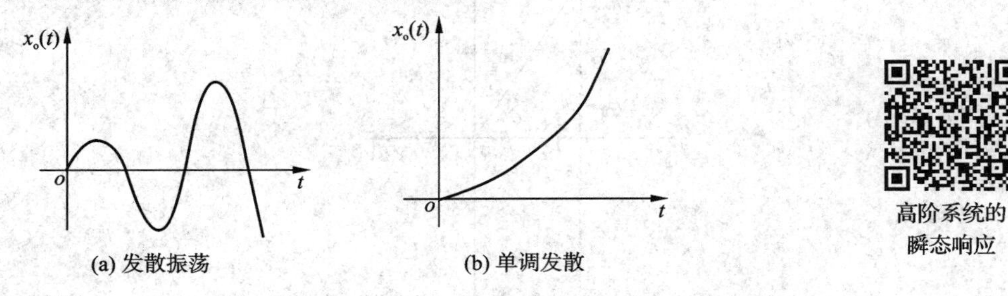

(a) 发散振荡　　(b) 单调发散

图 3-16　二阶系统负阻尼响应

3.3.2　欠阻尼二阶系统的时域性能指标

在实际工程控制系统中，除了一些不允许产生振荡的控制系统外，通常期望系统的响应在允许有适度的振荡的情况下，具有较快的响应速度和较短的调整时间。阻尼 ζ 太小则会使系统瞬态响应超调严重，阻尼 ζ 太大则会使系统响应比较缓慢，因此，常针对二阶系统欠阻尼状态来评价二阶系统的动态性能指标。下面以欠阻尼情况下二阶系统在单位阶跃函数作用下所表现出来的特性来分析其相关的性能指标。

1. 上升时间 t_r

由式(3.3-6)可知

$$x_o(t)=\left[1-\frac{e^{-\zeta\omega_n t}}{\sqrt{1-\zeta^2}}\sin\left(\omega_d t+\arctan\frac{\sqrt{1-\zeta^2}}{\zeta}\right)\right]\cdot 1(t)$$

将 $x_o(t_r)=1$ 代入，得

$$1=1-\frac{e^{-\zeta\omega_n t_r}}{\sqrt{1-\zeta^2}}\sin\left(\omega_d t_r+\arctan\frac{\sqrt{1-\zeta^2}}{\zeta}\right)$$

因为 $e^{-\zeta\omega_n t_r}\neq 0$，所以

$$\sin\left(\omega_d t_r+\arctan\frac{\sqrt{1-\zeta^2}}{\zeta}\right)=0$$

由于上升时间是输出响应首次达到稳态值的时间，故

$$\omega_d t_r+\arctan\frac{\sqrt{1-\zeta^2}}{\zeta}=\pi \tag{3.3-16}$$

所以

$$t_r=\frac{1}{\omega_d}\left(\pi-\arctan\frac{\sqrt{1-\zeta^2}}{\zeta}\right) \tag{3.3-17}$$

二阶系统欠阻尼状态下根的分布如图 3-17 所示，则有

$$\theta=\arctan\frac{\sqrt{1-\zeta^2}}{\zeta}=\arccos\zeta=\arcsin\sqrt{1-\zeta^2}$$

因此，上升时间进一步可表示为

$$t_r=\frac{\pi-\theta}{\omega_d} \tag{3.3-18}$$

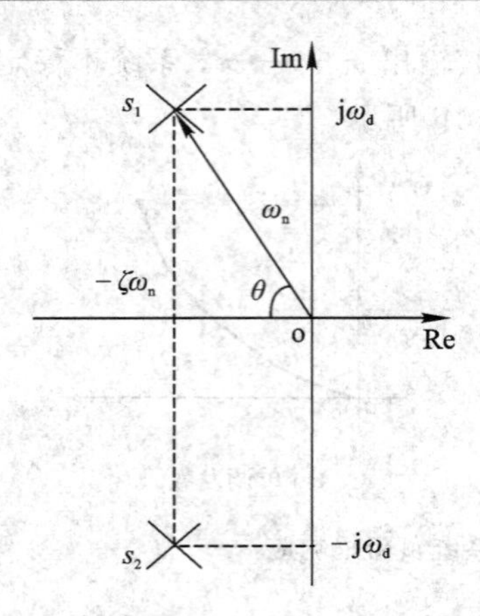

图 3-17　二阶系统欠阻尼状态下的特征根

2. 峰值时间 t_p

由式(3.3-6)可知

$$x_o(t)=\left[1-\frac{e^{-\zeta\omega_n t}}{\sqrt{1-\zeta^2}}\sin\left(\omega_d t+\arctan\frac{\sqrt{1-\zeta^2}}{\zeta}\right)\right]\cdot 1(t)$$

峰值点为系统单位阶跃响应超过稳态值到达的第一个极值点，因此，令$\frac{dx_o(t)}{dt}=0$得

$$\frac{\zeta\omega_n e^{-\zeta\omega_n t_p}}{\sqrt{1-\zeta^2}}\sin(\omega_d t_p+\theta)-\frac{\omega_d e^{-\zeta\omega_n t_p}}{\sqrt{1-\zeta^2}}\cos(\omega_d t_p+\theta)=0$$

因为 $e^{-\zeta\omega_n t_r}\neq 0$，所以

$$\tan(\omega_d t_p+\theta)=\frac{\omega_d}{\zeta\omega_n}=\tan\theta$$

则

$$\omega_d t_p=\pi$$

得

$$t_p=\frac{\pi}{\omega_d}=\frac{\pi}{\omega_n\sqrt{1-\zeta^2}} \tag{3.3-19}$$

3. 最大超调量 M_p

由最大超调量 M_p 的定义可知，最大超调量发生在峰值时间 t_p 处，因此将式(3.3-19)代入式(3.3-6)可得

$$\begin{aligned}M_p&=x_o(t_p)-1\\&=\left[1-\frac{e^{-\zeta\omega_n\left(\frac{\pi}{\omega_n\sqrt{1-\zeta^2}}\right)}}{\sqrt{1-\zeta^2}}\sin\left(\pi+\arctan\frac{\sqrt{1-\zeta^2}}{\zeta}\right)\right]-1\\&=e^{-\zeta\omega_n\left(\frac{\pi}{\omega_n\sqrt{1-\zeta^2}}\right)}=e^{-\frac{\zeta\pi}{\sqrt{1-\zeta^2}}}\end{aligned} \tag{3.3-20}$$

图 3-18 给出了欠阻尼二阶系统超调量 M_p 和阻尼 ζ 的关系曲线。由图 3-18 可以看出，超调量 M_p 只与阻尼 ζ 有关，而与无阻尼固有频率 ω_n 无关，阻尼 ζ 越小，超调量 M_p 就越大。在实际工程控制系统设计中，通常取阻尼 $\zeta=0.4\sim0.8$，相应的超调量 $M_p=25.4\%\sim1.5\%$，系统的超调量和调整时间总体上较好。当 $\zeta=0.707$ 时，系统超调量和调整时间均

较小，故称 $\zeta=0.707$ 为最佳阻尼比。

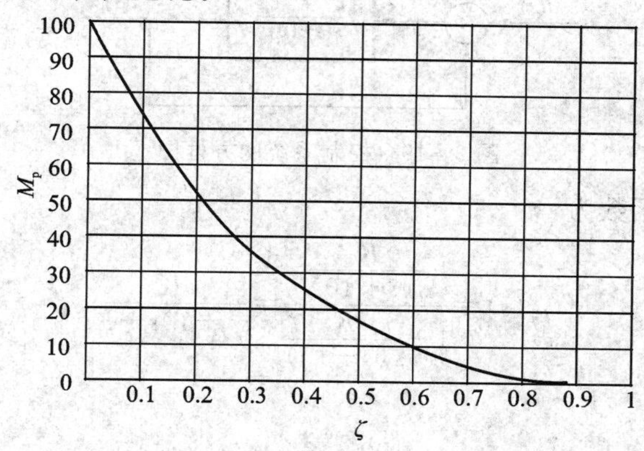

图 3-18　欠阻尼二阶系统超调量 M_p 和阻尼 ζ 的关系曲线

4. 调整时间 t_s

根据调整时间的定义，有

$$|x_o(t)-x_o(\infty)|\leqslant\Delta x_o(\infty),\ t\geqslant t_s$$

将式(3.3-6)代入上式，有

$$\left|\frac{e^{-\zeta\omega_n t}}{\sqrt{1-\zeta^2}}\sin(\omega_d t+\theta)\right|\leqslant\Delta,\ t\geqslant t_s$$

由于 $1+\frac{e^{-\zeta\omega_n t}}{\sqrt{1-\zeta^2}}$ 是式(3.3-6)所描述的欠阻尼二阶系统振荡衰减曲线的包络线，因此可将上述不等式近似表达为

$$\left|\frac{e^{-\zeta\omega_n t}}{\sqrt{1-\zeta^2}}\right|\leqslant\Delta,\ t\geqslant t_s$$

以进入±5%的误差范围为例，解 $\frac{e^{-\zeta\omega_n t}}{\sqrt{1-\zeta^2}}=5\%$，得

$$t_s=\frac{-\ln 0.05-\ln\sqrt{1-\zeta^2}}{\zeta\omega_n} \tag{3.3-21}$$

当阻尼比较小时，有

$$t_s\approx\frac{-\ln 0.05}{\zeta\omega_n}\approx\frac{3}{\zeta\omega_n} \tag{3.3-22}$$

此时，欠阻尼的二阶系统进入±5%的误差范围。

同理可证，进入±2%的误差范围，则有

$$t_s\approx\frac{-\ln 0.02}{\zeta\omega_n}\approx\frac{4}{\zeta\omega_n} \tag{3.3-23}$$

由式(3.3-21)～式(3.3-23)可见，当阻尼比 ζ 一定时，无阻尼自振角频率 ω_n 越大，则调整时间 t_s 越短，系统响应越快。此外，当 ζ 较大时，式(3.3-22)和式(3.3-23)的近似度降低。当允许有一定超调时，工程上一般选择二阶系统阻尼比 ζ 在 0.5 到 1 之间。当 ζ 变小时，ζ 愈小，则调整时间愈长；而当 ζ 变大时，ζ 愈大，调整时间也愈长。

例 3-2　某磁悬浮列车系统，输入的直流大小与磁悬浮列车上升的高度之间的关系如图 3-19 所示，求其动态性能参数($K=100$)。

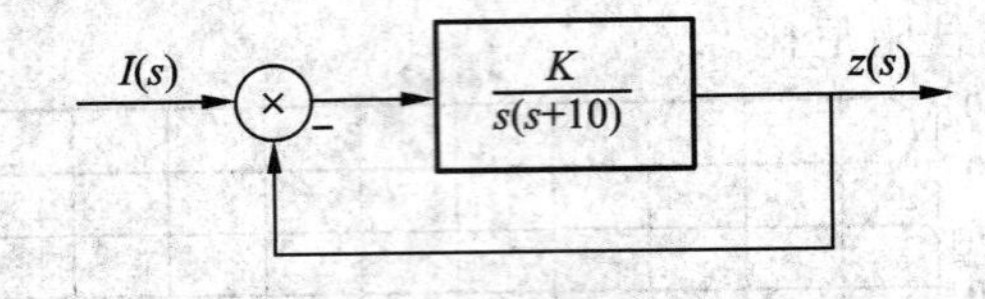

图 3-19 控制系统的方框图

解 系统的传递函数为

$$G_b(s)=\frac{\frac{K}{s(s+10)}}{1+\frac{K}{s(s+10)}}=\frac{K}{s^2+10s+K}$$

因为 $K=100$，所以

$$G_b(s)=\frac{100}{s^2+10s+100}=\frac{\omega_n^2}{s^2+2\zeta\omega_n s+\omega_n^2}$$

因而 $\zeta=0.5$，$\omega_n=10$。

系统的动态性能参数如下：

上升时间为

$$t_r=\frac{\pi-\theta}{\omega_d}=\frac{\pi-\arccos\zeta}{\sqrt{1-\zeta^2}\,\omega_n}=\frac{\pi-\arccos 0.5}{\sqrt{1-0.5^2}\cdot 10}=0.24\ \mathrm{s}$$

峰值时间为

$$t_p=\frac{\pi}{\omega_d}=\frac{\pi}{\sqrt{1-\zeta^2}\,\omega_n}=\frac{\pi}{\sqrt{1-0.5^2}\cdot 10}=0.36\ \mathrm{s}$$

超调量为

$$M_p=\mathrm{e}^{-\frac{\xi}{\sqrt{1-\xi^2}}\pi}\times 100\%=\mathrm{e}^{-\frac{0.5}{\sqrt{1-0.5^2}}\pi}\times 100\%=16.4\%$$

调整时间为

$$t_s=\frac{3}{\zeta\omega_n}=\frac{3}{0.5\times 10}=0.6\ \mathrm{s}(\pm 5\%\text{的误差范围})$$

例 3-3 如图 3-20 所示系统，欲使系统的最大超调量等于 20%，峰值时间等于 1 s，试确定增益 K 和 K_h 的数值，并确定在此 K 和 K_h 数值下，系统的上升时间 t_r 和调整时间 t_s。

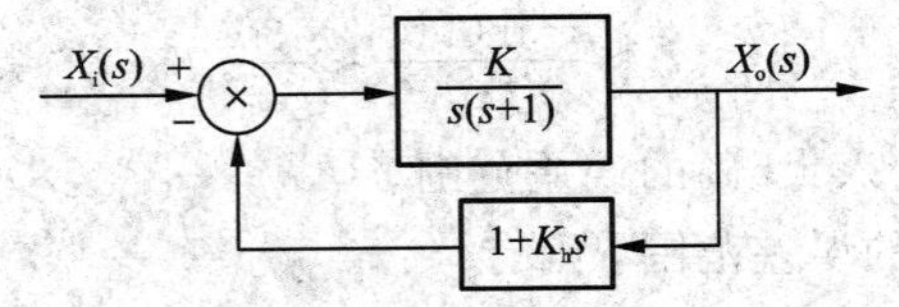

图 3-20 控制系统的方框图

解 依题意

$$M_p=\mathrm{e}^{-\frac{\zeta\pi}{\sqrt{1-\zeta^2}}}=20\%$$

解之得 $\zeta=0.456$。

依题意，得

$$t_p=\frac{\pi}{\omega_n\sqrt{1-\zeta^2}}=1$$

则

$$\omega_n=\frac{\pi}{\sqrt{1-\zeta^2}}=\frac{\pi}{\sqrt{1-0.456^2}}=3.53\ \mathrm{rad/s}$$

$$\frac{X_o(s)}{X_i(s)}=\frac{\dfrac{K}{s(s+1)}}{1+\dfrac{K(1+K_h s)}{s(s+1)}}=\frac{K}{s^2+(KK_h+1)s+K}=\frac{\omega_n^2}{s^2+2\zeta\omega_n s+\omega_n^2}$$

所以

$$K=\omega_n^2=3.53^2=12.5\ \mathrm{rad/s^2}$$

$$K_h=\frac{2\zeta\omega_n-1}{K}=\frac{2\times0.456\times3.53-1}{12.5}=0.178\ \mathrm{s}$$

$$t_r=\frac{\pi-\arccos\zeta}{\omega_d}=0.65\ \mathrm{s}$$

$$t_s=\frac{4}{\zeta\omega_n}=\frac{4}{0.456\times3.53}=2.48\ \mathrm{s}(\pm2\%\text{的误差范围})$$

例 3-4　如图 3-21 所示质量-弹簧-阻尼系统，施加 8.9 N 阶跃力后，记录其时间响应如图 3-22 所示，试求该系统的质量 M、弹性刚度 k 和黏性阻尼系数 D 的数值。

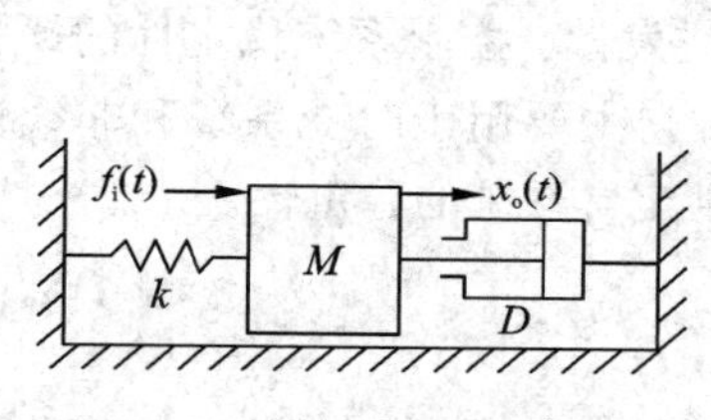

图 3-21　质量-弹簧-阻尼系统

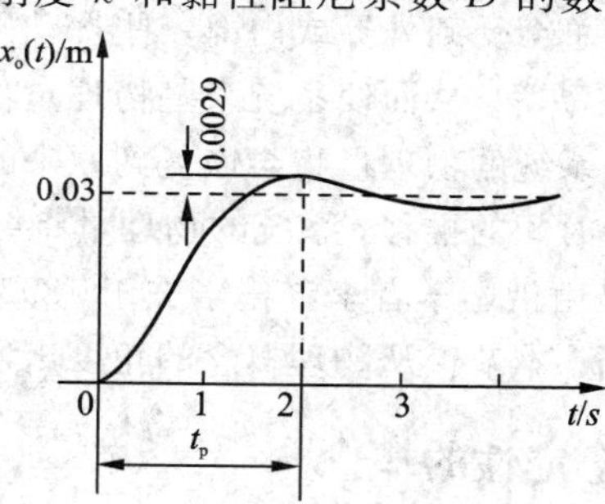

图 3-22　系统阶跃响应曲线

解　根据牛顿第二定律可得

$$f_i(t)-kx_o(t)-D\frac{\mathrm{d}x_o(t)}{\mathrm{d}t}=M\frac{\mathrm{d}x_o^2(t)}{\mathrm{d}t^2}$$

进行拉氏变换并整理得

$$(Ms^2+Ds+k)X_o(s)=F_i(s)$$

$$\frac{X_o(s)}{F_i(s)}=\frac{1}{Ms^2+Ds+k}=\frac{\dfrac{1}{k}\cdot\dfrac{k}{M}}{s^2+\dfrac{D}{M}s+\dfrac{k}{M}}=\frac{\dfrac{1}{k}\cdot\omega_n^2}{s^2+2\zeta\omega_n s+\omega_n^2}$$

由

$$M_p=\mathrm{e}^{-\frac{\zeta\pi}{\sqrt{1-\zeta^2}}}=\frac{0.0029}{0.03}$$

得 $\zeta=0.6$。

又由

$$t_p=\frac{\pi}{\omega_n\sqrt{1-\zeta^2}}=\frac{\pi}{\omega_n\sqrt{1-0.6^2}}=2$$

得 $\omega_n=1.96$ rad/s。

因为

$$x_o(\infty)=\lim_{s\to 0}sX_o(s)=\lim_{s\to 0}s\frac{1}{Ms^2+Ds+k}\cdot F_i(s)$$
$$=\lim_{s\to 0}s\frac{1}{Ms^2+Ds+k}\cdot\frac{8.9}{s}=\frac{8.9}{k}=0.03\ \text{m}$$

所以

$$k=\frac{8.9}{0.03}=297\ \text{N/m}$$
$$M=\frac{k}{\omega_n^2}=\frac{297}{1.96^2}=77.3\ \text{kg}$$
$$D=2\zeta\omega_n M=2\times 0.6\times 1.96\times 77.3=181.8\ \text{N/(rad}\cdot\text{s}^{-1})$$

3.4 控制系统的稳定性分析

稳定性是控制系统的重要性能，也是决定系统能否正常工作的首要条件。在控制系统实际运行中，总会受到外界或内部一些扰动因素的影响，如系统参数和环境的变化、系统负载和能源的波动等，从而使系统某些物理量偏离原来的工作状态。若系统是稳定的，则随着时间的推移，系统的物理量将会恢复到原来的工作状态或达到一个新的平衡状态。若系统不稳定，则随着时间的推移，系统的物理量将会持续振荡或发散。控制系统稳定性的严格定义和理论阐述是由俄国学者李雅普诺夫于 1892 年提出的，它主要用于时变系统和非线性系统的稳定性分析。本节仅从物理概念的角度出发，讨论线性定常系统的稳定性。

3.4.1 稳定性的概念

一个控制系统在实际应用中，如果受到扰动作用，就会偏离原来的平衡工作状态，产生初始偏差。所谓控制系统的稳定性，就是指当扰动消失后，系统能否恢复到原来的平衡状态或建立一个新平衡状态的能力。若系统能恢复到原平衡状态或其附近，系统就是稳定的；若扰动消失后不能恢复到原平衡状态，而且偏差越来越大，系统就是不稳定的。显然，不稳定的系统是不能正常工作的。

例如，图 3-23(a)所示是一个单摆的示意图。设在外界干扰 f 的作用下，单摆由原来的平衡点位置偏移到新的位置。当干扰 f 去除后，显然，单摆在重力的作用下，经过一定时间的振荡，会重新回到平衡位置。因此该系统就是稳定系统。而对于 3-23(b)所示的倒摆，一旦偏离平衡点，当干扰 f 去除后，无论经过多少时间，此摆也不会回到初始平衡位置。故该系统不稳定。

又如图 3-24 所示的小球。图(a)中的小球一旦偏离平衡点，小球就不可能自动恢复到平衡点；而图(b)中的小球偏离平衡点后，总能自动回到平衡点。

上述两个例子说明，稳定性反映在干扰消失后的过渡过程的性质上。当扰动消失时，系统与平衡状态的偏差可看作是系统的初始偏差。因此，线性定常系统的稳定性可以这样来定义：若系统在初始偏差状态下，其过渡过程随着时间的推移逐渐衰减并趋向于零，系统恢复到原来的平衡状态或建立一个新的平衡状态，则称该系统是稳定的；反之，该系统不稳定。

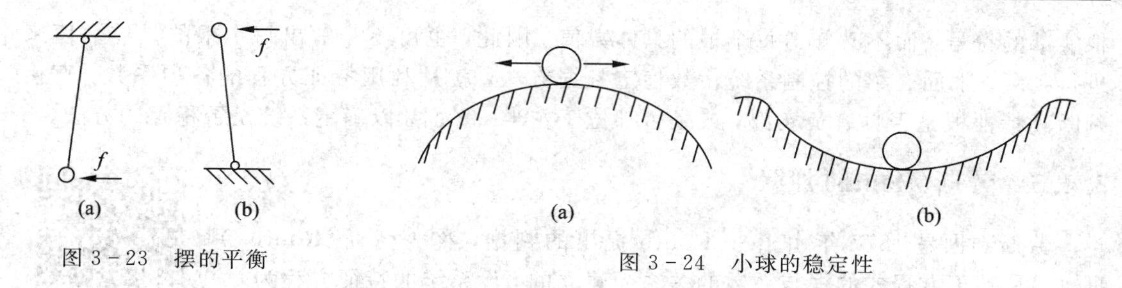

图 3-23　摆的平衡

图 3-24　小球的稳定性

3.4.2　系统稳定的充要条件

由前述分析，不失一般性，假设有干扰信号作用的系统方框图如图 3-25 所示。从干扰信号 $N(s)$ 到 $X_o(s)$ 的传递函数为

$$\frac{X_o(s)}{N(s)}=\frac{G_2(s)}{1+G_1(s)G_2(s)H(s)}=\frac{b_0s^m+b_1s^{m-1}+\cdots+b_{m-1}s+b_m}{a_0s^n+a_1s^{n-1}+\cdots+a_{n-1}s+a_n}\tag{3.4-1}$$

图 3-25　有干扰信号作用的系统方框图

设干扰 $n(t)$ 为单位脉冲函数，则 $N(s)=1$，脉冲响应函数为

$$\begin{aligned}X_o(s)&=\frac{b_0s^m+b_1s^{m-1}+\cdots+b_{m-1}s+b_m}{a_0s^n+a_1s^{n-1}+\cdots+a_{n-1}s+a_n}\\&=\sum_i\frac{c_i}{s+\sigma_i}+\sum_j\left(\frac{d_j}{s^2+2\zeta_j\omega_js+\omega_j^2}+\frac{e_js}{s^2+2\zeta_j\omega_js+\omega_j^2}\right)\end{aligned}\tag{3.4-2}$$

即高阶系统总可以写成若干一阶系统和二阶系统的叠加。由于上式的拉氏反变换必然可以写成

$$x_o(t)=\sum_i f_i\mathrm{e}^{-\sigma_it}+\sum_j\mathrm{e}^{-\zeta_j\omega_jt}[g_j\sin(\omega_jt)+h_j\cos(\omega_jt)]\tag{3.4-3}$$

如果系统稳定，则应有

$$\lim_{t\to\infty}x_o(t)=0\tag{3.4-4}$$

即 $-\sigma_i<0$，$-\zeta_j\omega_j<0$。

而 $-\sigma$、$-\zeta\omega$ 为系统闭环特征方程式的根的实部，故控制系统稳定的充分必要条件是：闭环特征方程式的根全部具有负实部。由于系统特征根即闭环极点，故也可以说充要条件为：闭环极点全部在左半 s 平面。

若控制系统的特征根中有一个或一个以上正实根，或有一对具有正实部的共轭复根，则系统脉冲响应就是发散的，系统是不稳定的。若控制系统的特征根中有一个或一个以上纯虚根，而其余特征根均具有负实部，则系统脉冲响应趋于常数或等幅振荡，系统处于临界稳定状态，实际工程中视临界稳定系统为不稳定系统。

由上述充要条件可知，只要求出系统特征方程的根，即可判断系统稳定与否。然而，对于高阶系统而言，求根却不是一件容易的事。事实上，系统稳定与否，只需知道其特征根实部的符号，而不必知道每个根的具体数值。因此，也可不必解出每个根的具体数值来进行判断。下面介绍的控制系统代数稳定判据方法，就是利用特征方程的各项系数，直接判断其特征根是否具有负实部，或是否都位于左半 s 平面，以确定系统是否稳定的方法。

3.4.3 劳斯(Routh)判据

劳斯稳定判据——稳定裕量

劳斯判据是 1877 年由 E. J. Routh 提出的判据，称为劳斯(Routh)判据，它是基于方程式的根与系数的关系而建立的。设系统的特征方程为

$$D(s)=a_0 s^n+a_1 s^{n-1}+\cdots+a_{n-1}s+a_n=0 \tag{3.4-5}$$

则系统稳定的必要条件是 $a_i>0$，否则系统不稳定；系统稳定的充要条件是 $a_i>0$ 且劳斯表中第一列系数均大于零。劳斯表中各项系数如表 3-2 所示。

表 3-2 劳斯判据表

s^n	a_0	a_2	a_4	a_6	$\cdots$
s^{n-1}	a_1	a_3	a_5	a_7	$\cdots$
s^{n-2}	$b_1=\dfrac{a_1a_2-a_0a_3}{a_1}$	$b_2=\dfrac{a_1a_4-a_0a_5}{a_1}$	$b_3=\dfrac{a_1a_6-a_0a_7}{a_1}$	$b_4=\dfrac{a_1a_8-a_0a_9}{a_1}$	$\cdots$
s^{n-3}	$c_1=\dfrac{b_1a_3-a_1b_2}{b_1}$	$c_2=\dfrac{b_1a_5-a_1b_3}{b_1}$	$c_3=\dfrac{b_1a_7-a_1b_4}{b_1}$	$c_4=\dfrac{b_1a_9-a_1b_5}{b_1}$	$\cdots$
$\vdots$	$\vdots$	$\vdots$	$\vdots$	$\vdots$	$\vdots$
s^0	a_n				

判别方法：

(1) 如果劳斯表中第一列的系数均为正值，其特征方程式的根都在左半 s 平面，则相应的系统是稳定的。

(2) 如果劳斯表中第一列系数的符号有变化，其变化的次数等于该特征方程式的根在右半 s 平面上的个数，则相应的系统不稳定。

例 3-5 设控制系统的特征方程式为

$$s^4+8s^3+17s^2+16s+5=0$$

试应用劳斯稳定判据判断系统的稳定性。

解 首先，由方程系数可知满足稳定的必要条件。

其次，列劳斯表如下：

$$\begin{array}{llll}
s^4 & 1 & 17 & 5 \\
s^3 & 8 & 16 & \\
s^2 & \dfrac{8\times17-1\times16}{8}=15 & \dfrac{8\times5-1\times0}{8}=5 & \\
s & \dfrac{15\times16-8\times5}{15}=\dfrac{40}{3} & & \\
s^0 & 5 & &
\end{array}$$

由于劳斯表中第一列系数的符号全为正，因此控制系统稳定(可用 MATLAB 中的

roots 命令验证）。

例 3-6　设控制系统的特征方程式为

$$s^4+2s^3+3s^2+4s+3=0$$

试应用劳斯稳定判据判断系统的稳定性。

解　由方程系数可知系统已满足稳定的必要条件。列劳斯表如下：

$$\begin{array}{llll}
s^4 & 1 & 3 & 3 \\
s^3 & 2 & 4 & \\
s^2 & \dfrac{2\times3-1\times4}{2}=1 & \dfrac{2\times3-1\times0}{2}=3 & \\
s & \dfrac{1\times4-2\times3}{1}=-2 & & \\
s^0 & 3 & &
\end{array}$$

第一列系数的符号改变 2 次，闭环系统的根中有 2 个实部为正，控制系统不稳定。

对于特征方程阶次低($n\leqslant3$)的系统，劳斯判据可简化如下：

二阶系统特征式为

$$a_0s^2+a_1s+a_2$$

劳斯表为

$$\begin{array}{lll}
s^2 & a_0 & a_2 \\
s & a_1 & \\
s^0 & a_2 &
\end{array}$$

故二阶系统稳定的充要条件是

$$a_0>0,\ a_1>0,\ a_2>0$$

三阶系统特征方程式为

$$a_0s^3+a_1s^2+a_2s+a_3=0$$

劳斯表为

$$\begin{array}{lll}
s^3 & a_0 & a_2 \\
s^2 & a_1 & a_3 \\
s & \dfrac{a_1a_2-a_0a_3}{a_1} & 0 \\
s^0 & a_3 &
\end{array}$$

故三阶系统稳定的充分必要条件是

$$a_0>0,\ a_1>0,\ a_2>0,\ a_3>0,\ a_1a_2>a_0a_3$$

例 3-7　设某反馈控制系统如图 3-26 所示，试计算使系统稳定的 K 值范围。

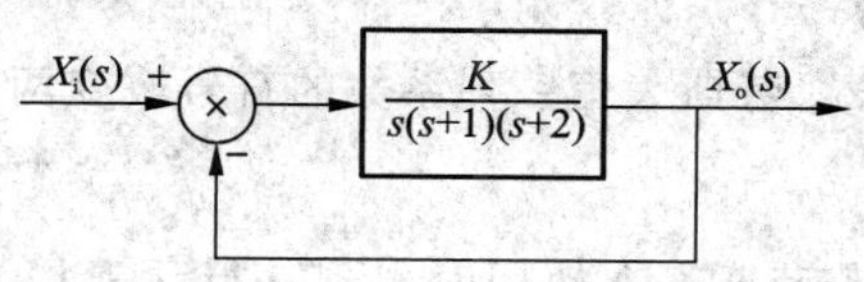

图 3-26　控制系统的方框图

解　系统闭环传递函数为

$$\frac{X_o(s)}{X_i(s)}=\frac{K}{s(s+1)(s+2)+K}$$

特征方程为

$$s(s+1)(s+2)+K=s^3+3s^2+2s+K=0$$

根据三阶系统稳定的充要条件，可知使系统稳定须满足

$$\begin{cases}K>0\\2\times3>K\times1\end{cases}$$

故使系统稳定的 K 值范围为 $0<K<6$。

例 3-8　某磁盘驱动器磁头读取系统的特征方程为 $s^3+1020s^2+20\ 000s+5000K=0$，试计算使系统稳定的 K 值范围。

解　列劳斯表如下：

$$\begin{array}{lll}s^3 & 1 & 20\ 000\\ s^2 & 1020 & 5000K\\ s & \dfrac{1020\times20\ 000-1\times5000K}{1020} & \\ s^0 & 5000K & \end{array}$$

可知使系统稳定须满足

$$\begin{cases}5000K>0\\1020\times20\ 000-1\times5000K>0\end{cases}$$

故使系统稳定的 K 值范围为 $0<K<4080$。

在使用劳斯表进行系统稳定性判断时，因为系数构造中以某一行的第一项为分母，而该数值有可能出现为零的情况，所以在计算下一行各元素时，会出现无穷大的现象而使计算无法继续。

劳斯判据特殊情况 1：劳斯表某一行中第一列元素为零，而该行其余各列元素不为零或不全为零，此时可以用一个无穷小的数 ε 代替 0，继续后面的计算，再令 $\varepsilon\to0$ 求极限来判断劳斯表第一列系数的符号。

例 3-9　已知系统特征方程为 $s^4+2s^3+s^2+2s+1=0$，试判别系统的稳定性。

解　列劳斯表如下：

$$\begin{array}{llll}s^4 & 1 & 1 & 1\\ s^3 & 2 & 2 & \\ s^2 & \varepsilon & 1 & \\ s & \dfrac{2\varepsilon-2}{\varepsilon} & 0 & \\ s^0 & 1 & & \end{array}$$

当 $\varepsilon\to0$ 时，$\dfrac{2\varepsilon-2}{\varepsilon}\to-\infty$，劳斯表第一列系数的符号改变两次，故有两个根位于右半平面，系统不稳定。

劳斯判据特殊情况 2：若劳斯表在使用时出现一行元素均为零的情况，则特征方程可能出现以下三种情况：(1) 有一对实根，大小相等，符号相反；(2) 有一对虚根；(3) 有对称于 s 平面原点的共轭复根。此时，可利用该行的上一行元素构成一个辅助多项式，并利

用这个多项式方程的导数的系数代替劳斯表的全零行，继续后面的计算。

例 3-10　已知系统特征方程为：$s^6+2s^5+7s^4+12s^3+20s^2+28s+14=0$，试判别系统的稳定性。

解　列劳斯表如下：

$$
\begin{array}{lcccc}
s^6 & 1 & 7 & 20 & 14 \\
s^5 & 2 & 12 & 28 & 0 \\
s^4 & 1 & 6 & 14 & \\
s^3 & 0 & 0 & 0 & \\
s^3 & 4 & 12 & 0 & \\
s^2 & 3 & 14 & & \\
s & -\dfrac{20}{3} & 0 & & \\
s^0 & 14 & & &
\end{array}
$$

可列辅助方程：

$$A(s)=s^4+6s^2+14$$
$$A'(s)=4s^3+12s$$

因为第一列的符号改变两次，右半平面有两个正根，所以系统不稳定。

劳斯判据虽然避免了解方程的困难，但有一定的局限性。例如，当系统结构、参数发生变化时，将会使特征方程的阶次、方程的系数发生变化，而且这种变化是很复杂的，从而相应的劳斯表也需要重新列写，重新判别系统的稳定性。另外，如果系统不稳定，应该如何改变系统结构、参数使其变为稳定的系统，代数判据也没有给出答案。

3.4.4　胡尔维茨(Hurwitz)判据

胡尔维茨判据是 1895 年由 Hurwitz 提出的判据，也是根据系统特征方程的系数来判断系统的稳定性。构造胡尔维茨行列式如下：

$$
\Delta_n=\begin{vmatrix}
a_1 & a_3 & a_5 & a_7 & \cdots & 0 \\
a_0 & a_2 & a_4 & a_6 & \cdots & 0 \\
0 & a_1 & a_3 & a_5 & \cdots & 0 \\
0 & a_0 & a_2 & a_4 & \cdots & 0 \\
\vdots & \vdots & \vdots & \vdots & & \vdots \\
0 & 0 & 0 & 0 & \cdots & a_n
\end{vmatrix}>0
$$

线性系统稳定的充要条件是 $a_i>0$，并且由特征方程的系数所构成的胡尔维茨行列式的各阶顺序主子式均大于零，即

$$\Delta_1=a_1>0$$

$$\Delta_2=\begin{vmatrix} a_1 & a_3 \\ a_0 & a_2 \end{vmatrix}>0$$

$$\Delta_3=\begin{vmatrix} a_1 & a_3 & a_5 \\ a_0 & a_2 & a_4 \\ 0 & a_1 & a_3 \end{vmatrix}>0$$

$$\vdots$$

$$\Delta_n>0$$

例 3-11　已知系统特征方程为 $s^4+8s^3+17s+16s+5=0$，试用胡尔维茨判据判别系统的稳定性。

解　列写各阶顺序主子式如下：

$$\Delta_1=8>0$$

$$\Delta_2=\begin{vmatrix}8 & 16\\1 & 17\end{vmatrix}>0$$

$$\Delta_3=\begin{vmatrix}8 & 16 & 0\\1 & 17 & 5\\0 & 8 & 16\end{vmatrix}>0$$

$$\Delta_4=\begin{vmatrix}8 & 16 & 0 & 0\\1 & 17 & 5 & 0\\0 & 8 & 16 & 0\\0 & 1 & 17 & 5\end{vmatrix}>0$$

由于各阶顺序主子式均大于零，因此控制系统稳定。

赫尔维茨稳定性判据

李雅普诺夫稳定性方法

3.5　控制系统的稳态误差分析

“准确”是对控制系统提出的一个重要要求。对于实际系统来说，由于系统中不可避免地存在摩擦、间隙、零漂、不灵敏区等影响因素，输出量常常不能绝对精确地达到所期望的数值，期望数值与实际输出的差就是所谓的误差。

系统的输出量通常由瞬态分量和稳态分量组成。误差也由瞬态误差和稳态误差两部分组成。当过渡过程开始时，瞬态误差是误差的主要部分，但它随着时间推移而逐渐衰减，稳态误差逐渐成为误差的主要部分。只有稳定的系统才存在稳态误差，它表征了系统的精度及抗干扰能力。稳态误差也必须在允许范围之内，控制系统才能符合实际工程要求。例如，工业加热炉的炉温误差超过允许限度就会影响加工产品的质量，导弹跟踪超过允许误差就不能用于军事实战等。

3.5.1　误差、偏差和稳态误差

某一控制系统的系统方框图如图 3-27 所示。其中，实线部分与实际系统有对应关系，而虚线部分则是为了说明概念而额外画出的。

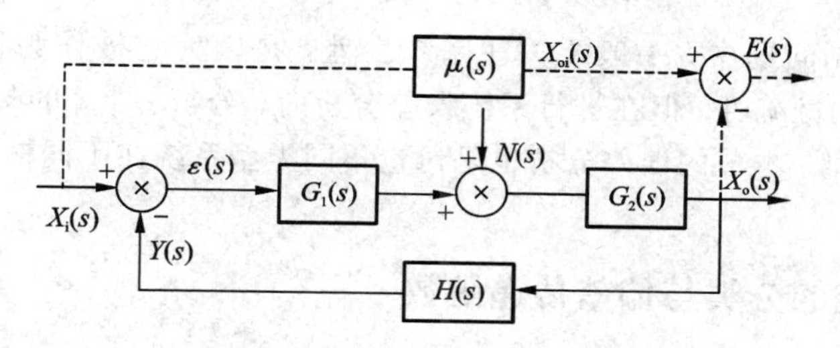

图 3-27　控制系统的误差和偏差

误差是以系统的输出端为基准来定义的：控制系统的理想输出量与实际输出量之差称为误差 $e(t)$。误差在实际系统中通常无法测量，因此一般只有数学意义。若设理想输出为 $x_{oi}(t)$，实际输出为 $x_o(t)$，则

$$e(t)=x_{oi}(t)-x_o(t) \tag{3.5-1}$$

拉氏变换为

$$E(s)=X_{oi}(s)-X_o(s) \tag{3.5-2}$$

偏差是以系统的输入端为基准来定义的：控制系统的输入量与实际输出反馈量之差称为偏差 $\varepsilon(t)$。偏差在实际系统中是可以测量的，因而具有实际意义。若设理想输入为 $x_i(t)$，实际输出反馈为 $y(t)$，则

$$\varepsilon(t)=x_i(t)-y(t) \tag{3.5-3}$$

拉氏变换为

$$\varepsilon(s)=X_i(s)-Y(s) \tag{3.5-4}$$

$E(s)$和 $\varepsilon(s)$间的关系为：当 $X_i(s)=0$ 时，$X_{oi}(s)=0$，由(3.5-2)和(3.5-4)得

$$E(s)=-X_o(s) \tag{3.5-5}$$

$$\varepsilon(s)=-Y(s) \tag{3.5-6}$$

又由图 3-27 得

$$Y(s)=H(s)X_o(s) \tag{3.5-7}$$

将式(3.5-7)代入式(3.5-6)得

$$X_o(s)=-\frac{\varepsilon(s)}{H(s)} \tag{3.5-8}$$

再将式(3.5-8)代入式(3.5-5)得

$$E(s)=\frac{\varepsilon(s)}{H(s)} \tag{3.5-9}$$

故求出偏差 $\varepsilon(s)$后，即可求出误差 $E(s)$。当 $H(s)=1$，即系统为单位负反馈系统时，误差和偏差是相等的。对于非单位负反馈系统，误差不等于偏差。但由于二者存在着确定性的关系，故往往也把偏差作为误差的度量。

系统的稳态误差是指系统进入稳态后的误差，其定义为

$$e_{ss}=\lim_{t\to\infty}e(t) \tag{3.5-10}$$

其计算可利用拉氏变换的终值定理进行：

$$e_{ss}=\lim_{t\to\infty}e(t)=\lim_{s\to 0}s\cdot E(s) \tag{3.5-11}$$

同理，系统的稳态偏差为

$$\varepsilon_{ss}=\lim_{t\to\infty}\varepsilon(t)=\lim_{s\to 0}s\cdot\varepsilon(s) \tag{3.5-12}$$

在实际工程控制问题中，一般要关注系统误差，是因为它被作为稳态性能要求提出来，反映的是系统的准确性。但在进行系统误差分析时，分析、计算的却是系统的偏差，这是因为偏差易于测量。本节的误差分析也是讨论不同类型系统在不同输入信号作用下的稳态偏差。

3.5.2　控制系统的分类与偏差传递函数

对于图 3－28 所示的一般控制系统框图，其闭环传递函数是 $\dfrac{G(s)}{1+G(s)H(s)}$，而 $G(s)H(s)$则称为开环传递函数。对于反馈控制系统，其开环传递函数的一般形式可以写成

$$G(s)H(s)=\frac{K(\tau_1 s+1)(\tau_2 s+1)\cdots}{s^v(T_1 s+1)(T_2 s+1)\cdots} \tag{3.5-13}$$

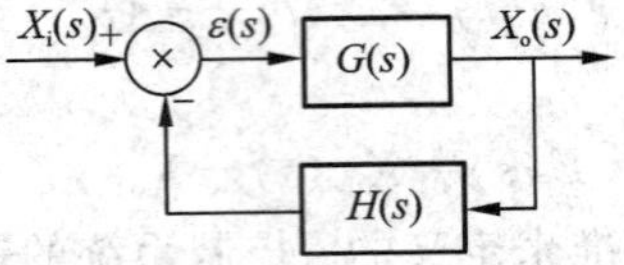

图 3－28　一般控制系统

式(3.5－13)的分母中包含 s^v 项，它表明在原点处有 v 重极点。在控制理论中常常以系统开环传递函数中包含的积分环节数来对系统的类型进行划分，定义：

$v=0$ —— 0 型系统；

$v=1$ —— Ⅰ型系统；

$v=2$ —— Ⅱ型系统。

由于实际上Ⅱ型以上系统不易稳定，因此Ⅱ型以上系统很少在实际工程中使用。

应当指出，这种分类方法与系统按阶次分类的方法不同。在进行误差分析时，之所以采用这种分类法，是因为随着类型号数的增加，系统的精度会得到改善，当然这会导致系统的稳定性下降。所以设计实际系统时，在稳态精度与相对稳定性之间进行折中总是有必要的。

由图 3－28 知，偏差信号 $\varepsilon(s)$与输入信号 $X_i(s)$之间的传递函数——偏差传递函数为

$$\frac{\varepsilon(s)}{X_i(s)}=\frac{1}{1+G(s)H(s)} \tag{3.5-14}$$

由终值定理得

$$\varepsilon_{ss}=\lim_{t\to\infty}\varepsilon(t)=\lim_{s\to 0}s\cdot\varepsilon(s)=\lim_{s\to 0}s\cdot\frac{1}{1+G(s)H(s)}X_i(s) \tag{3.5-15}$$

式(3.5－15)表明，稳态偏差不仅与系统的结构和参数有关，而且与输入信号的特性有关。

3.5.3　参考输入作用下系统的稳态偏差

考虑到误差和偏差之间存在确定性关系，同时，在单位负反馈控制系统中，误差和偏差相等，所以在此主要讨论稳态偏差 ε_{ss}。下面分别讨论在不同典型参考输入情况下，系统的稳态偏差及其计算。

1. 单位阶跃输入

由式(3.5－15)可得此时的稳态偏差为

$$\varepsilon_{ss}=\lim_{s\to 0}s\frac{1}{1+G(s)H(s)}\cdot\frac{1}{s}=\frac{1}{1+K_p}$$

其中，

$$K_p = \lim_{s\to 0} G(s)H(s)$$

称为静态位置误差系数。

根据系统的类型可知，0 型系统的静态位置误差系数和稳态偏差分别为

$$K_p = \lim_{s\to 0} G(s)H(s) = K$$

$$\varepsilon_{ss} = \frac{1}{1+K_p} = \frac{1}{1+K}$$

对于Ⅰ型及以上系统，有

$$K_p = \lim_{s\to 0} G(s)H(s) = \infty$$

$$\varepsilon_{ss} = 0$$

由此可见，单位阶跃输入，0 型系统的稳态偏差为有限值；Ⅰ型及以上系统的稳态偏差值等于 0，故Ⅰ型及以上系统称为无差系统，而Ⅰ型系统称为一阶无差系统。

2. 单位斜坡输入

由式(3.5-15)可得此时的稳态偏差为

$$\varepsilon_{ss} = \lim_{s\to 0} s \frac{1}{1+G(s)H(s)} \cdot \frac{1}{s^2} = \frac{1}{\lim\limits_{s\to 0} s \cdot G(s)H(s)} = \frac{1}{K_v}$$

其中，

$$K_v = \lim_{s\to 0} s \cdot G(s)H(s)$$

称为静态速度误差系数。

根据系统的类型可知，0 型系统的静态速度误差系数和稳态偏差分别为

$$K_v = 0,\ \varepsilon_{ss} = \frac{1}{K_v} = \infty$$

Ⅰ型系统为

$$K_v = K,\ \varepsilon_{ss} = \frac{1}{K_v} = \frac{1}{K}$$

Ⅱ型及以上系统为

$$K_v = \infty,\ \varepsilon_{ss} = \frac{1}{K_v} = 0$$

上述结果说明，0 型系统不能跟随斜坡输入，因为其稳态偏差为无穷；Ⅰ型系统可跟随斜坡输入，但存在稳态偏差，同样可增大 K 值来减小偏差；Ⅱ型及以上系统对斜坡输入响应的稳态是无差的。

3. 单位加速度输入

由式(3.5-15)可得此时的稳态偏差为

$$\varepsilon_{ss} = \lim_{s\to 0} s \frac{1}{1+G(s)H(s)} \cdot \frac{1}{s^3} = \frac{1}{\lim\limits_{s\to 0} s^2 \cdot G(s)H(s)} = \frac{1}{K_a}$$

其中，

$$K_a = \lim_{s\to 0} s^2 \cdot G(s)H(s)$$

称为静态加速度误差系数。

根据系统的类型可知，0 型系统的静态速度误差系数和稳态偏差分别为

$$K_a=0,\ \varepsilon_{ss}=\frac{1}{K_a}=\infty$$

Ⅰ型系统为

$$K_a=0,\ \varepsilon_{ss}=\frac{1}{K_a}=\infty$$

Ⅱ型系统为

$$K_v=K,\ \varepsilon_{ss}=\frac{1}{K}$$

可见，输入为加速度信号时，0型、Ⅰ型系统不能跟随变化；Ⅱ型系统为有差跟随，要无差跟随需要采用Ⅲ型或以上系统。表3-3给出了各类系统的稳态偏差。

表3-3　各类系统的稳态偏差

系统类别	单位阶跃	单位斜坡	单位加速度
0型	$\frac{1}{1+K}$	∞	∞
Ⅰ型	0	$\frac{1}{K}$	∞
Ⅱ型	0	0	$\frac{1}{K}$

K_p、K_v 和 K_a 描述了系统减小或消除稳态误差的能力，是衡量系统被控量的实际值与期望值接近程度的尺度，也是对系统稳态特性的一种描述方法。在系统设计过程中，可以通过增大稳态误差系数或提高系统的类型号数(增加积分环节数)来减小稳态误差，提高稳态精度。当然，这是在对系统的稳定性影响不大的前提下实施的。否则，可能出现虽然精度提高了，而系统的稳定性下降很多，最终结果可能得不偿失。

如果给定输入信号是阶跃信号、斜坡信号和加速度信号的线性组合，即

$$x_i(t)=A+Bt+\frac{1}{2}Ct^2$$

则系统相应的稳态偏差可由线性系统的叠加原理求出，即

$$\varepsilon_{ss}=\frac{A}{1+K_p}+\frac{B}{K_v}+\frac{C}{1+K_a}$$

例3-12　求图3-29所示系统当 $x_i(t)=1(t)$ 时的稳态误差。

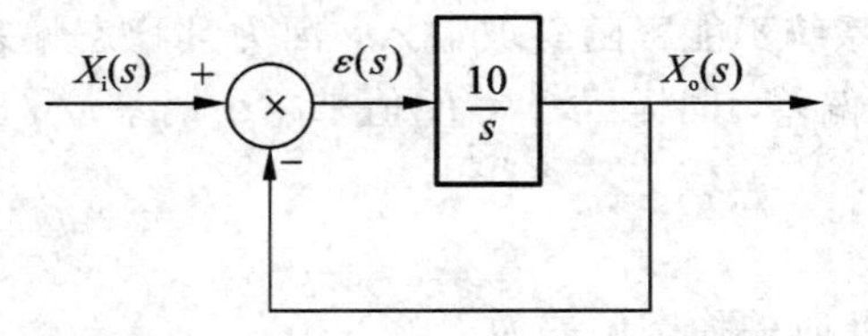

图3-29　控制系统方框图

解

$$\frac{\varepsilon(s)}{X_i(s)}=\frac{1}{1+G(s)H(s)}=\frac{1}{1+\frac{10}{s}}=\frac{s}{s+10}$$

因为系统为单位负反馈系统，$X_i(s)=\frac{1}{s}$，所以 $e_{ss}=\varepsilon_{ss}=\lim\limits_{s\to 0}s\cdot\frac{s}{s+10}\cdot\frac{1}{s}=0$。

例3-13　求图3-30所示系统在单位阶跃、斜坡、加速度输入时的稳态误差。

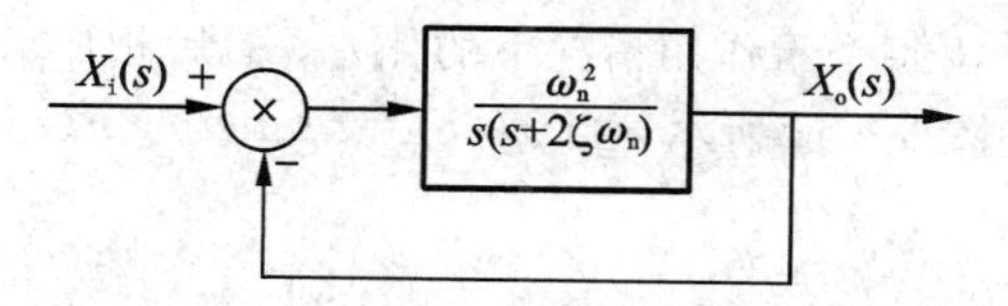

图 3-30　控制系统方框图

解　系统开环传递函数为

$$G(s)H(s)=\frac{\omega_n^2}{s(s+2\zeta\omega_n)}$$

所示系统为Ⅰ型系统，故

单位阶跃为

$$K_p=\infty,\ e_{ss}=0$$

单位斜坡为

$$K_v=\frac{\omega_n}{2\zeta},\ e_{ss}=\frac{1}{K_v}=\frac{2\zeta}{\omega_n}$$

单位加速度为

$$K_a=0,\ e_{ss}=\infty$$

故系统不能承受加速度输入。

3.5.4　干扰作用下系统的稳态偏差

3.5.3 小节在讨论系统的稳态偏差(误差)时，只考虑了输入量的作用。事实上，控制系统除了受到参考输入的作用外，还会受到来自系统内部和外部各种干扰因素的影响，如负载的变化、电源的波动等。系统在扰动作用下所引起的稳态偏差，在一定程度上反映了控制系统的抗干扰能力。

如图 3-31 所示的干扰引起误差的系统，为便于分析，此时先不考虑给定输入的作用，即 $X_i(s)=0$，得干扰传递函数为

$$\frac{\varepsilon(s)}{N(s)}=\frac{-G_2(s)H(s)}{1+G_2(s)G_1(s)H(s)}$$

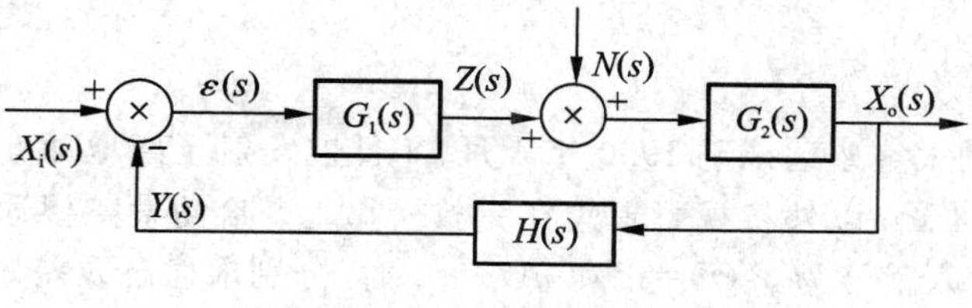

图 3-31　干扰引起误差的系统

终值定理同样是计算干扰引起稳态误差的基本方法。根据终值定理，可知干扰引起的稳态偏差为

$$\varepsilon_{ss}=\lim_{t\to\infty}\varepsilon(t)=\lim_{s\to 0}s\cdot\varepsilon(s)$$

则干扰引起的稳态误差为

$$e_{ss}=\frac{\varepsilon_{ss}}{H(0)}$$

求系统稳态误差应首先判断系统的稳定性。当求两个量同时作用线性系统的偏差时，

可利用叠加原理，分别求出每个量作用情况下的偏差，然后相加求出。

例 3-14　某系统如图 3-32 所示，当 $x_i(t)=t\cdot 1(t)$，$n(t)=0.5\cdot 1(t)$作用时，e_{ss}的值为多少？

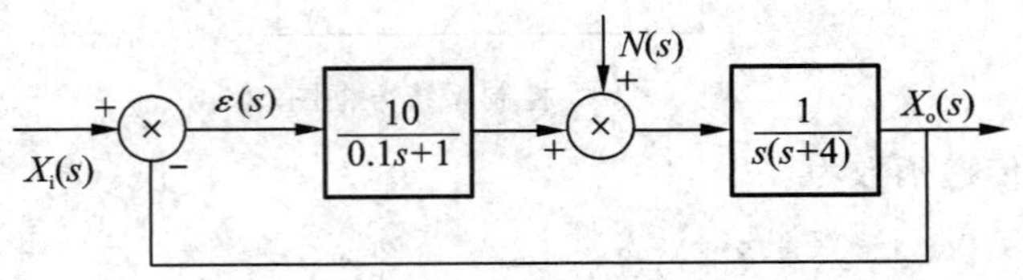

图 3-32　控制系统方框图

解　根据劳斯判据判断该系统稳定。

单位反馈系统的稳态偏差即为误差。

$$\frac{E_1(s)}{X_i(s)}=\frac{1}{1+\dfrac{10}{0.1s+1}\cdot\dfrac{1}{s(s+4)}}=\frac{s(0.1s+1)(s+4)}{s(0.1s+1)(s+4)+10}$$

$$X_i(s)=\frac{1}{s^2}$$

$$\frac{E_2(s)}{N(s)}=\frac{-\dfrac{1}{s(s+4)}}{1+\dfrac{10}{0.1s+1}\cdot\dfrac{1}{s(s+4)}}=-\frac{0.1s+1}{s(0.1s+1)(s+4)+10}$$

$$N(s)=\frac{0.5}{s}$$

$$E(s)=E_1(s)+E_2(s)$$

$$\begin{aligned}e(\infty)&=\lim_{s\to 0}sE(s)\\&=\lim_{s\to 0}s[E_1(s)+E_2(s)]\\&=\lim_{s\to 0}s\left[\frac{1}{s^2}\cdot\frac{s(0.1s+1)(s+4)}{s(0.1s+1)(s+4)+10}+\frac{0.5}{s}\cdot\frac{-(0.1s+1)}{s(0.1s+1)(s+4)+10}\right]\\&=\frac{1}{2.5}-\frac{1}{20}\\&=0.35\end{aligned}$$

即 $e_{ss}=0.35$。

例 3-15　哈勃太空望远镜于 1990 年 4 月 14 日被发射至离地球 611 km 的太空轨道，其指向系统能在 644 km 以外将视野聚集在一枚硬币上。哈勃太空望远镜指向控制系统如图3-33 所示，当输入信号为 $x_i(t)=1$ 和 $n(t)=1$ 时，分别求稳态误差 e_{ss1} 和 e_{ss2}。

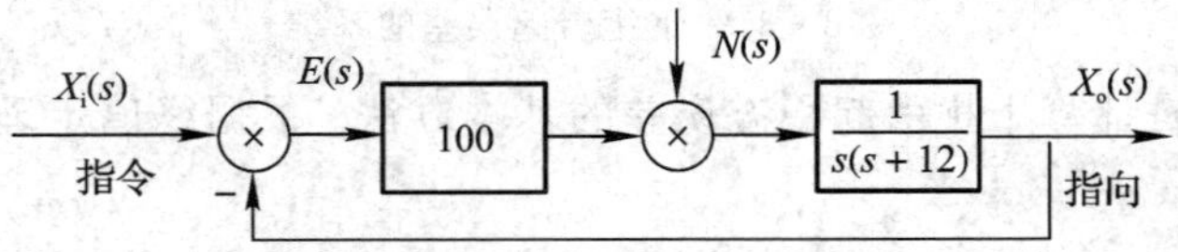

图 3-33　控制系统方框图

解　由 $G_o(s)=\dfrac{\dfrac{25}{3}}{s\left(\dfrac{1}{12}s+1\right)}$ 知 $v=1$，$K=\dfrac{25}{3}$。

由于系统为Ⅰ型系统，故单位阶跃响应稳态误差为 $e_{ss1}=0$，或者：

$$\Phi_{ei}(s)=\frac{1}{1+\dfrac{100}{s(s+12)}}=\frac{s(s+12)}{s^2+12s+100}$$

$$E_1(s)=\Phi_{ei}(s)\cdot R(s)=\frac{s(s+12)}{s^2+12s+100}\cdot\frac{1}{s}=\frac{s+12}{s^2+12s+100}$$

提高控制系统稳态精度的措施

$$e_{ss1}=\lim_{s\to 0}sE_1(s)=\lim_{s\to 0}s\,\frac{s+12}{s^2+12s+100}=0$$

$$\Phi_{en}(s)=\frac{-\dfrac{1}{s(s+12)}}{1+\dfrac{100}{s(s+12)}}=-\frac{1}{s^2+12s+100}$$

$$E_2(s)=\Phi_{en}(s)\cdot N(s)=-\frac{1}{s^2+12s+100}\cdot\frac{1}{s}=-\frac{1}{s(s^2+12s+100)}$$

$$e_{ss2}=\lim_{s\to 0}sE_2(s)=\lim_{s\to 0}s\,\frac{-1}{s(s^2+12s+100)}=-0.01$$

3.6　基于 MATLAB 的时域分析

第 3 章知识点

时域分析中的一个重要内容是求系统对典型输入作用下的响应。响应是指零初始条件下某种典型输入函数作用下系统的响应。系统分析中常用的输入函数有单位阶跃函数和单位脉冲函数。

在 MATLAB 的控制系统工具箱中，提供了对这两种输入信号进行时域分析的函数，它们分别是单位阶跃响应函数 step()、单位脉冲响应函数 impluse()以及对任意输入的响应函数 lsim()。

3.6.1　借助 MATLAB 绘制系统各种输入的响应曲线

1. 单位阶跃响应函数

单位阶跃响应函数 step()的三种使用格式如下：

```
step(num,den)
step(num,den,t)
step(G)
```

其中，num、den 为系统传递函数分子、分母多项式系数矩阵，G 为传递函数表达式(可用 tf 或 zpk 函数生成)，t 为选定的仿真时间向量。

实验讲解-比例环节的单位阶跃响应

例 3-16　已知闭环系统传递函数 $G(s)=\dfrac{1}{s^2+0.4s+1}$，试求其单位阶跃响应曲线。

解　其 MATLAB 程序文件如下：

```
num=1;
den=[1 0.4 1];
t=0:0.1:10;
```

```
[y x t]=step(num,den,t);
plot(t,y)
grid
xlabel('Time[sec]')
ylabel('y')
```

执行上述程序，运行结果如图 3-34(a)所示，所绘制图形为控制系统在[0,10]s 内，输入为单位阶跃信号所得到的响应曲线，如果不加 t，仿真时间范围则由 MATLAB 自动选择，程序语言如下所示：

```
num=1;
den=[1 0.4 1];
step(num,den);
grid
```

执行上述程序，运行结果如图 3-34(b)所示。

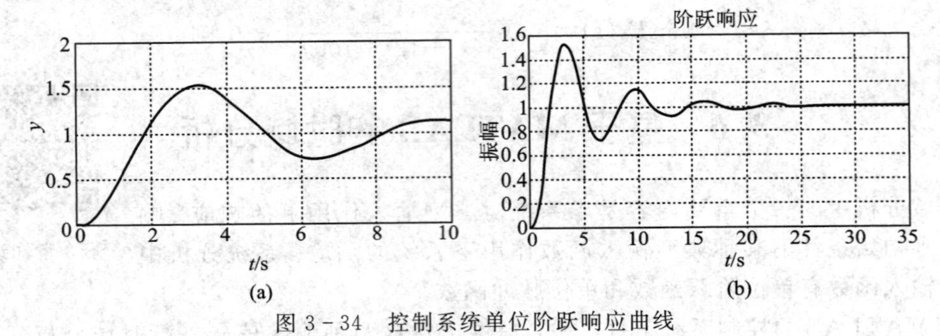

图 3-34　控制系统单位阶跃响应曲线

2. 单位脉冲响应函数

单位脉冲响应函数 impulse()的三种使用格式如下：

```
impulse(num,den)
impulse (num,den,t)
impulse (G)
```

单位脉冲响应函数 impulse ()和函数 step()的调用格式完全一致，下面用实例说明。

例 3-17　已知闭环系统传递函数 $G(s)=\dfrac{50}{25s^2+2s+1}$，试求其单位脉冲响应曲线。

解　其 MATLAB 程序如下：

```
num=50;
den=[25 2 1];
impulse(num,den);
grid
```

此处仅使用一种调用格式，所得运行结果如图 3-35 所示。

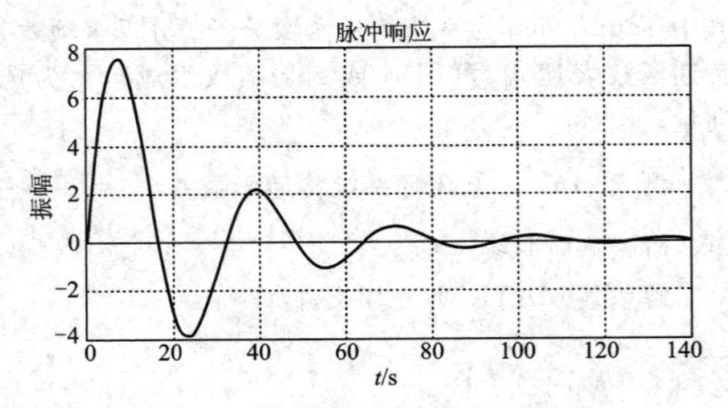

图 3-35　控制系统单位脉冲响应曲线

3. 任意输入响应函数

MATLAB 中对任意输入下的仿真可采用 lsim()实现，其调用格式与 impulse ()和 step()函数的调用格式

稍有不同，因为在调用此函数时还应该给出一个输入表向量，该函数的调用格式为

```
lsim(G,u,t)
```

其中，u 为给定输入构成的列向量，它的元素个数必须和 t 的个数一致。

例 3-18　已知闭环系统传递函数 $G(s)=\dfrac{50}{25s^2+2s+1}$，试求其单位斜坡曲线。

解　在 MATLAB 中没有斜坡响应命令，利用 lsim()求斜坡响应的程序如下：

```
num=50;
den=[25 2 1];
t=0:0.01:100;
u=t;
lsim(num,den,u,t);
grid
```

运行上述程序，所得结果如图 3-36 所示。此例也可使用阶跃响应命令求斜坡响应。因为对于系统输入单位斜坡信号 $X_i(s)=\dfrac{1}{s^2}$，有

$$X_o(s)=\frac{50}{25s^2+2s+1}\cdot\frac{1}{s^2}=\frac{50}{(25s^2+2s+1)s}\cdot\frac{1}{s}=\frac{50}{25s^3+2s^2+s}\cdot\frac{1}{s}$$

故可采用下述语句得到与图 3-36 所示相同的结果：

```
num=50;
den=[25 2 1 0];
t=0:0.01:100;
step(num,den,t);
grid
```

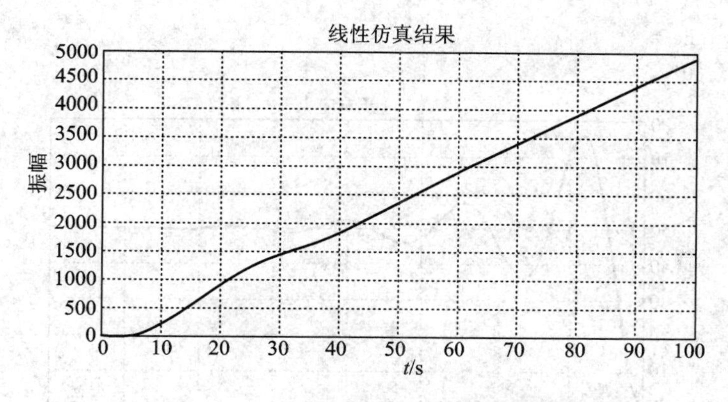

图 3-36　控制系统单位斜坡响应曲线

3.6.2　利用 MATLAB 求系统时域性能指标

在 MATLAB 中可以采用两种方法求取系统的性能指标：一是可以利用前述命令绘制系统的单位阶跃响应曲线，单击曲线上的任意点并沿曲线拖动，能够动态显示曲线上点的状态，可以由显示值直接读取；二是在理解性能指标含义的基础上，在 MATLAB 中编程实现。

例 3-19　求闭环系统传递函数 $G(s)=\dfrac{50}{25s^2+2s+1}$的性能指标。

解　其 MATLAB 程序如下：

```
num=50;
den=[25 2 1];
step(num,den);
grid
sys=tf(num,den);
[y,t]=step(sys);
ytr=find(y>=50);
rise_time=t(ytr(1))                    %计算上升时间
[ymax,tp]=max(y);
peak_time=t(tp)                        %计算峰值时间
max_overshoot=(ymax-50)/50             %计算超调量
s=length(t);
while y(s)>49 & y(s)<51
    s=s-1;
end
smooth_time=t(s+1)                     %计算调整时间
```

运行上述程序，所得图形如图 3－37 所示，结果如下：

```
rise_time =
    9.4248
peak_time =
    15.7080
max_overshoot =
    0.5255
smooth_time =
    98.9602
```

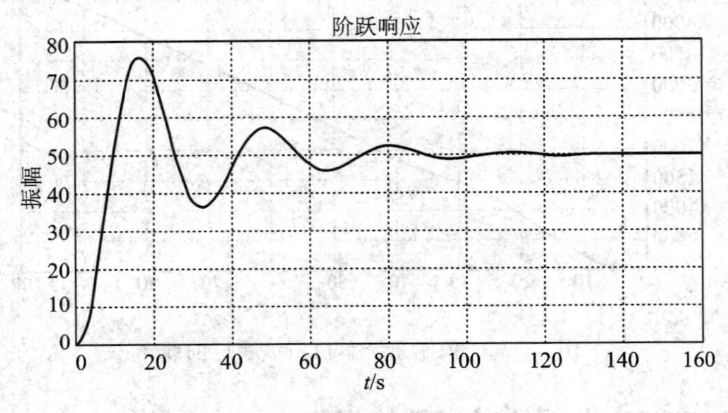

图 3－37　控制系统单位阶跃响应曲线

3.6.3　利用 MATLAB 判断系统的稳定性

利用第 2 章讲述的 MATLAB 中的 tf2zp()命令，可以将 tf(num,den)定义的传递函数直接求出零点、极点及增益，由求出的所有极点可判断系统所有的根的实部是否都小于零，便可判断系统是否稳定。除此以外，在 MATLAB 中还可以使用 roots()函数求解所有极点以进行控制系统判稳。

例 3-20　设系统的闭环特征方程为

$$s^3+41.5s^2+517s+2.3\times10^4=0$$

试判别该系统是否稳定。

解　编写下列 MATLAB 程序：

```
clear;
den=[1 41.5 517 2.3*10^4];
sys_roots=roots(den)
rootp_num=length(find(sys_roots>0));
if(rootp_num==0)
    sprintf('该系统稳定')
else
    sprintf('该系统不稳定，有%d个非负根',rootp_num)
end
```

运行结果为

```
sys_roots =
    -42.1728
    0.3364 +23.3508i
    0.3364 -23.3508i
ans =
```

该系统不稳定，有 2 个非负根。

传递函数用于分析控制系统性能

习　题

3-1　设系统的单位脉冲响应函数如下，试求这些函数的传递函数。

(1) $x_o(t)=10(e^{-0.5t}-e^{-0.4t})$；

(2) $x_o(t)=a\sin\omega t+b\cos\omega t$；

(3) $x_o(t)=5t+10\sin(4t+30°)$。

3-2　设某单位负反馈系统的开环传递函数为 $G(s)=\dfrac{4}{s(s+5)}$，试求系统的单位脉冲响应和系统的单位阶跃响应。

3-3　某系统传递函数为 $G(s)=\dfrac{s+1}{s^2+5s+6}$，试求其单位脉冲响应函数。

3-4　某伺服系统的单位阶跃响应为 $y(t)=1+0.2e^{-60t}-1.2e^{-10t}$，试求：

(1) 求系统的闭环传递函数；

(2) 求系统的阻尼比 ζ 和无阻尼固有频率 ω_n。

3-5　已知某二阶系统的单位阶跃响应为 $x_o(t)=10-12.5e^{-1.2t}\sin(1.6t+53.1°)$，试求系统的动态性能参数？

3-6　设某单位负反馈系统的开环传递函数为 $G(s)=\dfrac{K}{s(s+10)}$，当阻尼比为 0.5 时，求 K 值，试求系统在单位阶跃响应下的动态性能参数。

3-7　已知控制系统的方框图如图 3-38 所示，试求：

(1) 当主反馈开路时，系统的单位阶跃响应为 $0.5e^{-t}+0.5e^{-2t}$，计算 $G(s)$；

(2) 当 $G(s)=\dfrac{1}{s+3}$，且 $x_i(t)=10\cdot 1(t)$ 时，求 t_p、M_p。

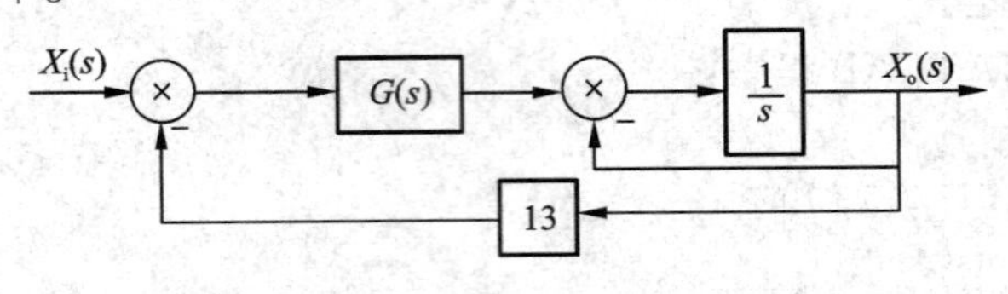

图 3-38

3-8　已知一阶环节的传递函数为 $G(s)=\dfrac{10}{0.2s+1}$，若采用负反馈的方法(图 3-39)，将调整时间 t_s 减小为原来的 0.1 倍，并且保证总的放大系数不变，试选择 k_h 和 k_0 的值。

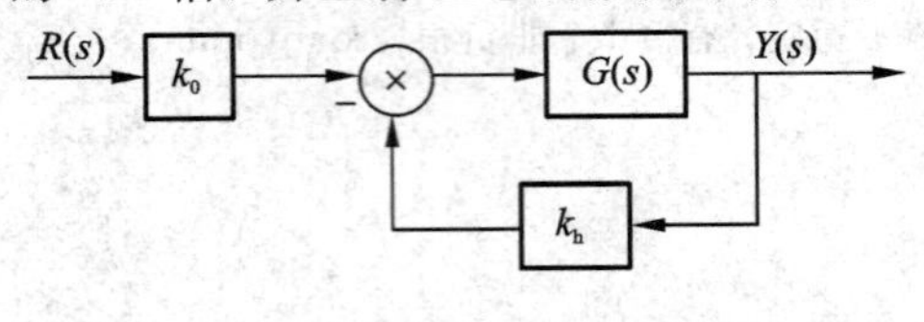

图 3-39

3-9　一阶系统结构图如图 3-40 所示。要求系统闭环增益 $K_\Phi=2$，调整时间 $t_s\leqslant 0.4$ s，试确定参数 K_1、K_2 的值。

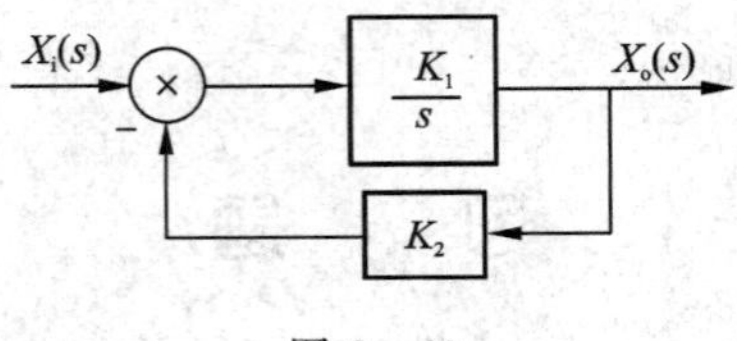

图 3-40

3-10　二阶系统单位阶跃响应曲线如图 3-41 所示，试确定系统开环传递函数。设系统为单位负反馈式。

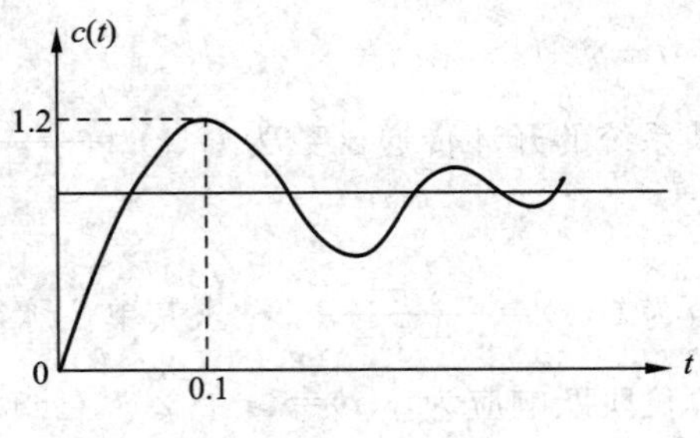

图 3-41

3-11　单位负反馈系统的开环传递函数 $G(s)=\dfrac{4}{s(s+2)}$，试求：

(1) 系统的单位阶跃响应和单位斜坡响应；

(2) 峰值时间、调整时间和超调量。

3-12　系统方框图如图 3-42 所示，若系统的超调量为 15%，峰值时间为 0.8 s。试求：

(1) K、K_h 的值；

(2) 输入 $X_i(s)=1(t)$时，调整时间和上升时间。

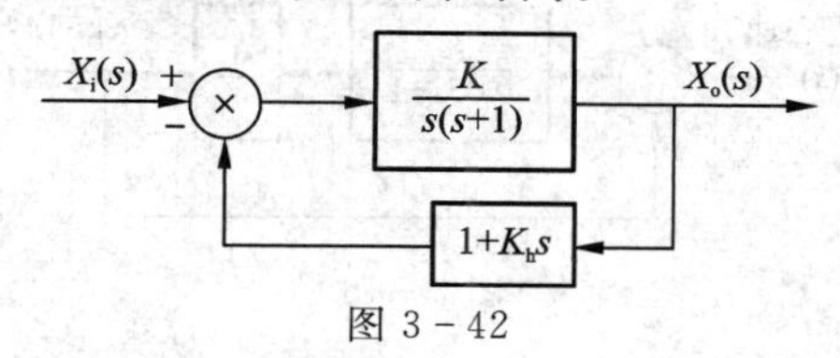

图 3-42

3-13　图 3-43 为由穿孔纸带输入的数控机床的位置控制系统方块图，试求：

(1) 系统的无阻尼自然频率 ω_n 和阻尼比 ζ。

(2) 单位阶跃输入下的超调量 M_p 和上升时间 t_r。

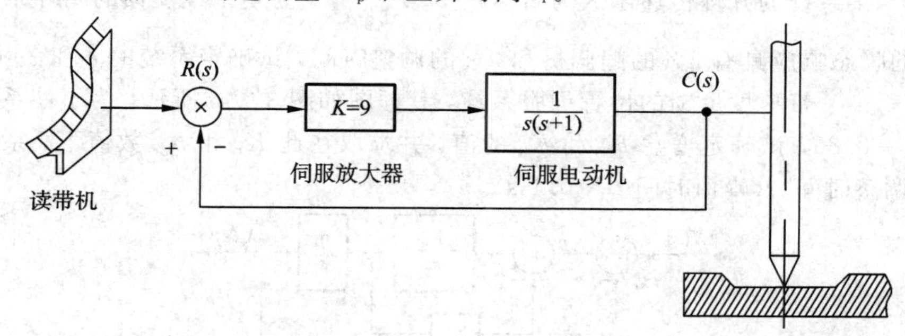

图 3-43

3-14　如图 3-44(a)所示的机械系统，当受到 $F=3\,\mathrm{N}$ 的作用力时，位移量 $x(t)$的阶跃响应如图 3-44(b)所示，试确定机械系统的参数 m、k、B 的值。此处 B 为黏性阻尼系数，k 为弹簧弹性系数。

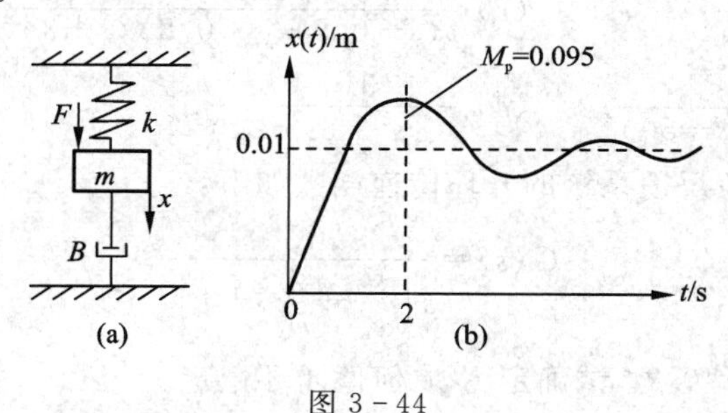

图 3-44

3-15　试分别画出二阶系统在下列不同阻尼比取值范围内，系统特征根在 s 平面上的分布及单位阶跃响应曲线。

(1) $0<\zeta<1$；

(2) $\zeta=1$；

(3) $\zeta>1$。

3-16　电子心脏起博器心律控制系统结构图如图 3-45 所示，其中模仿心脏的传递函数相当于一个纯积分环节。

(1) 若 $\zeta=0.5$ 对应最佳响应，则起博器增益 K 应取多大?

(2) 若期望心速为 60 次/min，并突然接通起博器，问 1 s 后实际心速为多少？瞬时最大心速为多大?

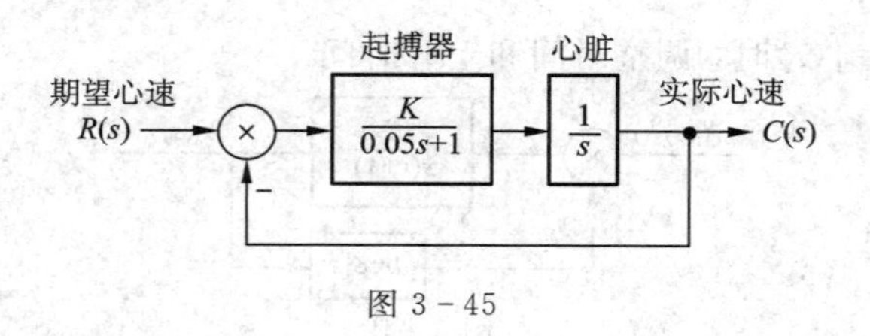

图 3-45

3-17 已知二阶系统的闭环传递函数为 $G(s)=\dfrac{\omega_n^2}{s^2+2\zeta\omega_n s+\omega_n^2}$,其中 $\zeta=0.6$,$\omega_n=5$ rad/s。试求在单位阶跃输入下的瞬态响应指标 t_r、t_p、M_p 和 t_s。

3-18 某系统的开环传递函数为 $G(s)=\dfrac{\omega_n^2}{s^2+2\zeta\omega_n s}$,为使单位反馈的闭环系统对单位阶跃输入的瞬态响应具有 5% 的超调量和 2 s 的调整时间,试确定系统的 ζ 和 ω_n 的值。

3-19 某一带速度反馈的位置伺服系统,其框图如图 3-46 所示。为了使系统的最大超调量 $M_p=0.85$,试确定增益 K_r 和 K_h 的值,并求取在此 K_r 和 K_h 数值下,系统的上升时间 t_r 和调整时间 t_s(峰值时间 $t_p=0.1$ s)。

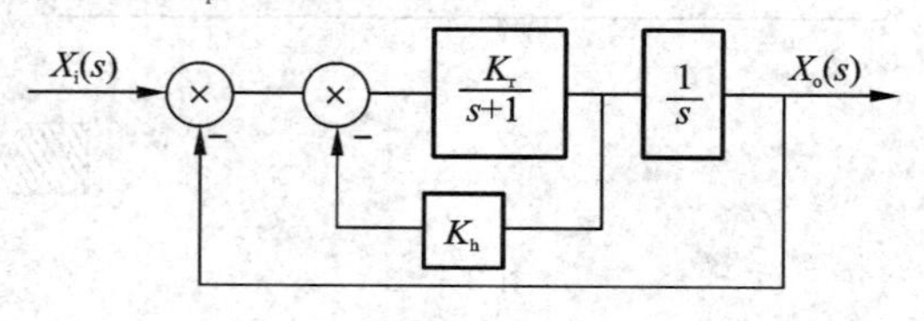

图 3-46

3-20 已知开环系统的传递函数如下,试用劳斯判据判别其闭环稳定性。

(1) $\dfrac{10(s+1)}{s(s+2)(s+3)}$; (2) $\dfrac{0.2(s+2)}{s(s+0.5)(s+0.8)(s+3)}$;

(3) $\dfrac{100}{s^2(300s^2+600s+50)}$; (4) $\dfrac{3s+1}{s^2(s^2+8s+24)}$。

3-21 已知单位负反馈系统的开环传递函数如下:

$$G(s)=\frac{K}{s\left(\dfrac{s^2}{\omega_n^2}+\dfrac{2\zeta}{\omega_n}s+1\right)}$$

其中,$\omega_n=90$ rad/s,$\zeta=0.2$。试确定 K 取何值闭环稳定。

3-22 已知系统的开环传递函数为

$$G(s)H(s)=\frac{10K(s+1)}{s(s-1)}$$

试确定闭环系统稳定时 K 的临界值。

3-23 对于有如下特征方程的反馈控制系统,试用代数判据求系统稳定的 K 值。

(1) $s^4+22s^3+10s^2+2s+K=0$;

(2) $s^4+20Ks^3+5s^2+(10+K)s+15=0$;

(3) $s^3+(K+0.5)s^2+4Ks+50=0$;

(4) $s^4+Ks^3+s^2+s+1=0$。

3-24 设闭环系统特征方程如下,试确定有几个根在右半 s 平面。

(1) $s^4+10s^3+35s^2+50s+24=0$；

(2) $s^4+2s^3+10s^2+24s+80=0$；

(3) $s^3-15s^2+126=0$；

(4) $s^5+3s^4-3s^3-9s^2-4s-12=0$。

3-25　一个单位反馈系统的开环传递函数为 $G(s)=\dfrac{10(s+a)}{s(s+2)(s+3)}$，试确定：

(1) 使系统稳定的 a 值；

(2) 使系统特征根均落在 s 平面中 $R_e=-1$ 这条线左边的 a 值。

3-26　某单位反馈闭环系统，具有一个不稳定的开环传递函数 $G(s)=\dfrac{10(s+1)}{s(s-3)}$，试问闭环系统是否稳定并作出该闭环系统的单位阶跃响应曲线。

3-27　图 3-47 所示为潜艇潜水深度控制系统方块图，试应用劳斯稳定判据分析该系统的稳定性。

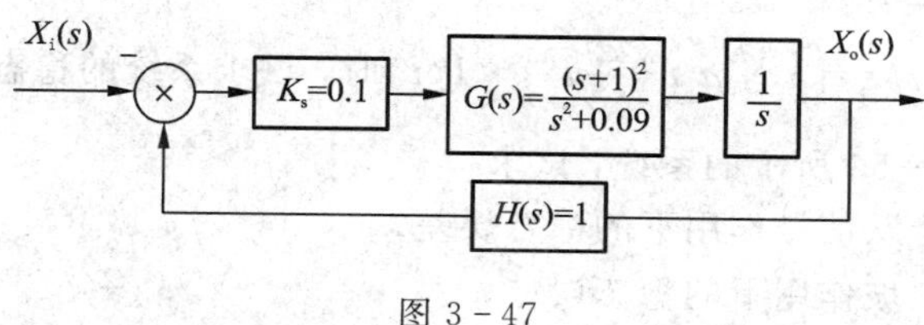

图 3-47

3-28　图 3-48 是某垂直起降飞机的高度控制系统结构图，试确定使系统稳定的 K 值范围。

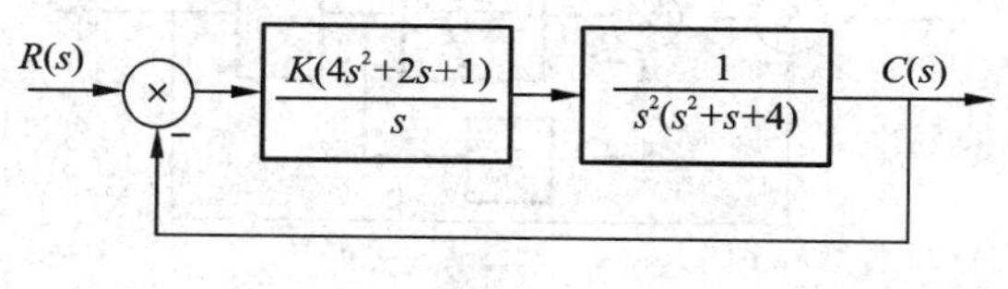

图 3-48

3-29　试求单位反馈系统的静态位置、速度、加速度误差系统及其稳态误差。设输入信号为单位阶跃、单位斜坡和单位加速度，其系统开环传递函数分别如下：

(1) $G(s)=\dfrac{50}{(0.1s+1)(2s+1)}$；　　(2) $G(s)=\dfrac{K}{s(0.1s+1)(0.5s+1)}$；

(3) $G(s)=\dfrac{K}{s(s^2+4s+200)}$；　　(4) $G(s)=\dfrac{K(2s+1)(4s+1)}{s^2(s^2+2s+10)}$。

3-30　设单位反馈系统的开环传递函数为 $G(s)=\dfrac{500}{s(0.1s+1)}$，试求系统的误差级数。分别求下列输入时系统的稳态误差。

(1) $x_i(t)=\dfrac{t^2}{2}\cdot 1(t)$；

(2) $x_i(t)=(1+2t+2t^2)\cdot 1(t)$。

3-31　某单位反馈系统闭环传递函数为 $\dfrac{X_o(s)}{X_i(s)}=\dfrac{a_{n-1}s+a_n}{s^n+a_1s^{n-1}+\cdots+a_{n-1}s+a_n}$，试证明该系统对斜坡输入的响应的稳态误差为零。

3-32　对于图 3-49 所示的系统，试求 $N(t)=2\cdot 1(t)$ 时系统的稳态误差。当

$x_i(t)=t\cdot 1(t)$，$n(t)=-2\cdot 1(t)$，其稳态误差又是多少？

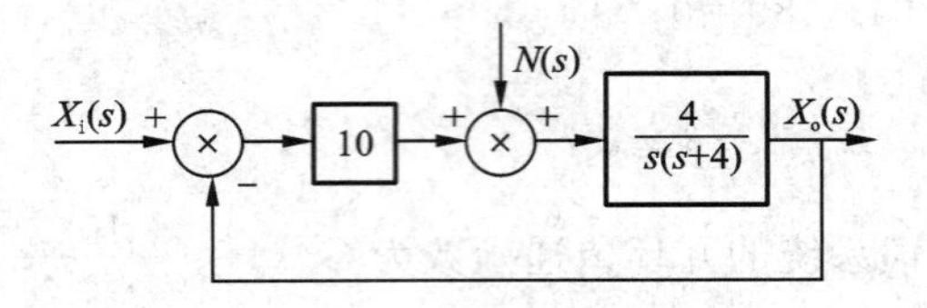

图 3-49

3-33　某单位反馈系统的开环传递函数为 $G(s)=\dfrac{100}{s(0.1s+1)}$，试求当输入为 $x_i(t)=(1+t+at^2)\cdot 1(t)(a\geqslant 0)$时的稳态误差。

3-34　某单位反馈系统，其开环传递函数为 $G(s)=\dfrac{10}{s(0.1s+1)}$。

(1) 试求静态误差系数；

(2) 当输入为 $x_i(t)=\left(a_0+a_1t+\dfrac{a_2}{2}t^2\right)\cdot 1(t)$时，试求系统的稳态误差。

3-35　对于图 3-50 所示的系统，试求：

(1) 系统在单位阶跃信号作用下的稳态误差；

(2) 系统在单位斜坡作用下的稳态误差；

(3) 讨论 K_h 和 K 对 e_{ss} 的影响。

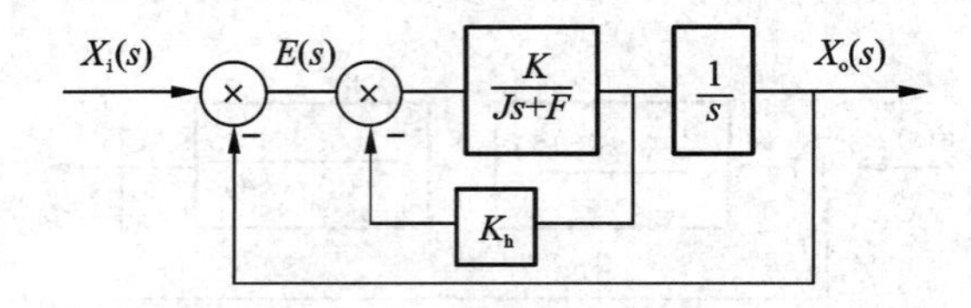

图 3-50

3-36　温度计的传递函数为 $\dfrac{1}{Ts+1}$，现用该温度计测量一容器内水的温度，发现需要 1 min的时间才能指示出实际水温 98%的数值，求此温度计的时间常数 T。若给容器加热，使水温以 10 ℃/min 的速度变化，问此温度计的稳态指示误差是多少？

3-37　如图 3-51 所示的系统，当 $x_i(t)=(10+2t)\cdot 1(t)$时，试求系统的稳态误差。当 $x_i(t)=\sin 6t$ 时，试求稳态时误差的幅值。

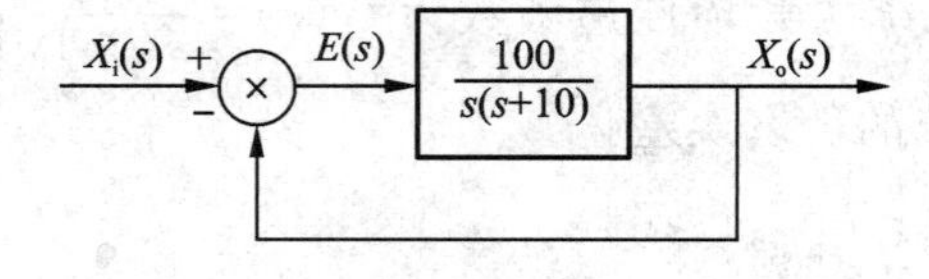

图 3-51

3-38　某系统如图 3-52 所示。

(1) 试求静态误差系数；

(2) 当速度输入为 5 rad/s 时，试求稳态速度误差。

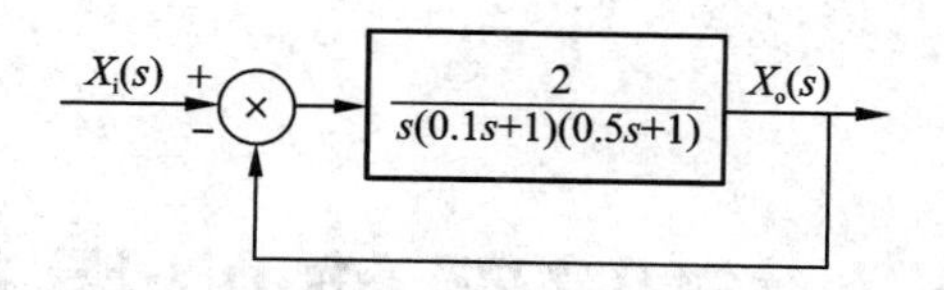

图 3-52

3-39　某系统如图 3-53 所示，其中 b 为速度的反馈系数。

(1) 当不存在速度反馈($b=0$)时，试求单位斜坡输入引起的稳态误差；

(2) 当 $b=0.15$ 时，试求单位斜坡输入引起的稳态误差。

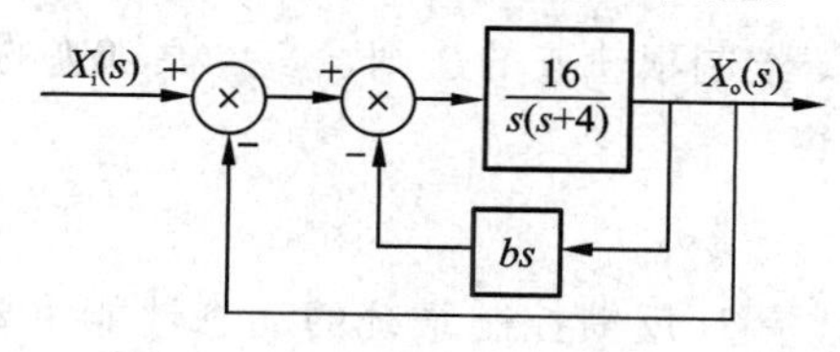

图 3-53

3-40　某系统的方块图如图 3-54 所示。

(1) 当输入 $x_i(t)=10t\cdot 1(t)$ 时，试求其稳态误差；

(2) 当输入 $x_i(t)=(4+6t+3t^2)\cdot 1(t)$ 时，试求其稳态误差。

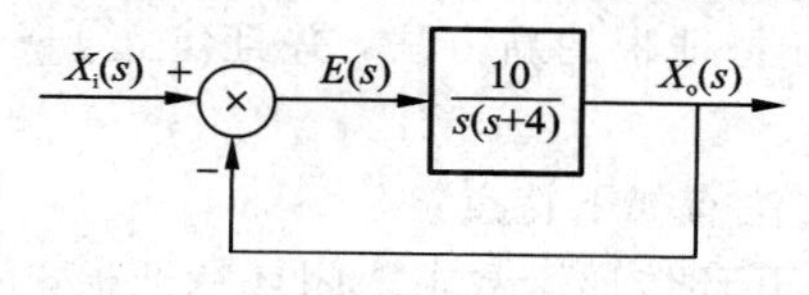

图 3-54

习题答案

第4章　控制系统的根轨迹法

内容提要

本章介绍根轨迹的概念、绘制根轨迹的法则、参数根轨迹的绘制，以及应用根轨迹分析控制系统性能等方面的内容。

引　言

由前面的时域分析可知，闭环反馈控制系统的动态性能主要由系统的极点分布决定，根据系统闭环传递函数的零点和极点的位置，可以很方便地研究控制系统的特性。然而，求解高阶系统特征方程很困难，且当系统某一参数发生变化时，又要重新计算，这就限制了时域分析法在二阶以上的控制系统中的应用。

1948年，伊凡思(W. R. Evans)根据反馈系统开、闭环传递函数之间的内在联系，提出了直接由开环传递函数求闭环特征根的新方法，并且建立了一套法则，这就是在工程上获得较广泛应用的根轨迹法。

与其他方法相比，根轨迹法有如下特点：

(1) 基于图解的方法，由开环传递函数求取闭环特征根，简单且直观。

(2) 特别适用于研究当系统的开环参数变化时，系统性能的变化趋势问题。

(3) 近似方法，不十分精确。

本章即主要介绍根轨迹法。

4.1　根轨迹的基本概念

4.1.1　根轨迹的定义

根轨迹是指系统开环传递函数中的某个参数从0变到∞时，闭环特征根(闭环极点)在s平面上移动的轨迹。一般来说，形成根轨迹系统的变化参数可以是任意的，这样作出的根轨迹称为广义根轨迹。通常以开环增益K作为可变参数。

下面通过一个简单的例子来介绍根轨迹的概念。

有如图4-1所示的单位负反馈系统，其开环传递函数为

$$G(s)H(s)=\frac{K}{s(0.5s+1)}$$

其中，K为开环增益。开环有两个极点，即0和−2，没有零点。其闭环传递函数为

$$\frac{X_o(s)}{X_i(s)}=\frac{2K}{s^2+2s+2K}$$

该闭环系统的闭环特征方程为

$$s^2+2s+2K=0$$

闭环特征根为

$$s_1=-1+\sqrt{1-2K},\ s_2=-1-\sqrt{1-2K}$$

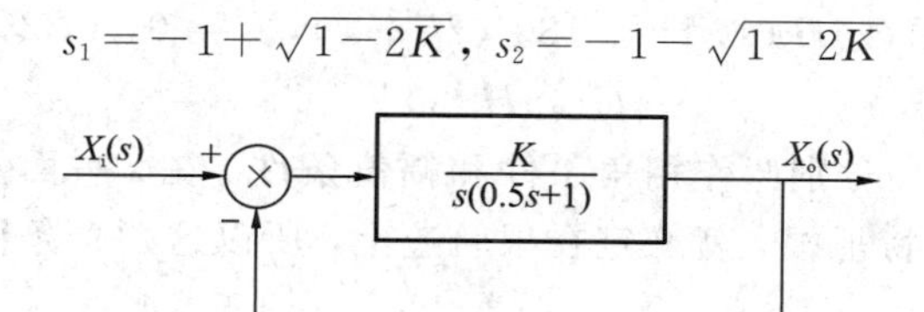

图 4-1　系统方框图

显然，闭环特征根 s_1 和 s_2 都是 K 的函数，当 K 由 0 到 ∞变化时，形成的闭环特征根 s_1 和 s_2 的图形称为根轨迹。若分别取不同的 K 值，可以绘制出这两条根轨迹的图形如图 4-2所示。

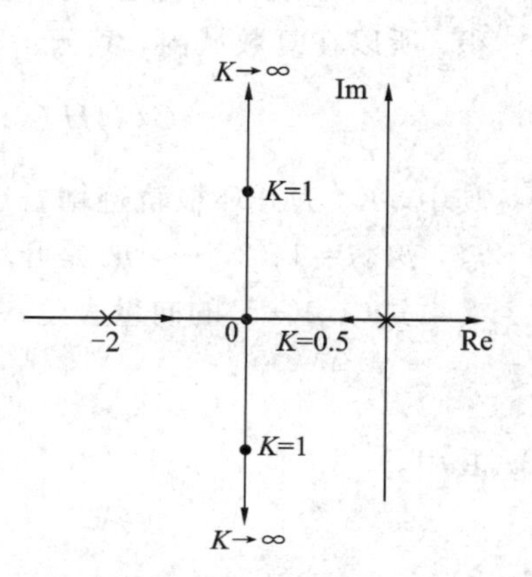

图 4-2　取不同 K 值的根轨迹

图 4-2 直观地表示了参数 K 变化时闭环特征根所发生的变化。由此可知，根轨迹图全面地描述了参数 K 对闭环特征根分布的影响。

由图 4-2 的根轨迹可以直观地得到有关系统的下述分析结果：

(1) 当开环增益 K 由 0 到∞变化时，根轨迹均在 s 平面的左半部，因此，系统对所有大于 0 的 K 值都是稳定的。

(2) 系统是二阶系统，因此当 $0<K<0.5$ 时，闭环极点为负实根，系统呈过阻尼状态，阶跃响应没有超调；当 $K=0.5$ 时，系统阻尼比为 1，出现重根；当 $K>0.5$ 时，闭环极点为共轭复根，系统呈欠阻尼状态，有超调。

(3) 因为开环传递函数有一个位于坐标原点的极点，所以系统为Ⅰ型系统，阶跃作用下稳态误差为 0，而静态误差系数可从根轨迹对应的 K 值求得。

由上述分析可见，根轨迹图对于系统分析十分方便，因此，在工程实践中得到了广泛应用。然而，上述绘制根轨迹图采用的是直接解闭环特征根的方法，是逐点绘制根轨迹的，这对高阶系统是不现实的。伊凡思(W. R. Evans)依据反馈系统中开环、闭环传递函数的确定关系，提出了通过开环传递函数直接寻找根轨迹的新方法。

4.1.2　根轨迹方程

为绘制根轨迹，需要从对系统的闭环特征方程的分析入手。

典型反馈控制系统的闭环传递函数为

$$\frac{X_o(s)}{X_i(s)}=\frac{G(s)}{1+G(s)H(s)} \tag{4.1-1}$$

其闭环特征方程为

$$1+G(s)H(s)=0$$

或

$$G(s)H(s)=-1 \tag{4.1-2}$$

满足式(4.1-2)的点，必定是根轨迹上的点，故把式(4.1-2)叫作根轨迹方程。由于根轨

迹方程是复数方程，其解可以用幅值和相角表示，故根据式(4.1-2)等式两边幅值和相角应分别相等的条件可以得到

$$\angle[G(s)H(s)]=\pm 180°(2k+1),\ k=0,1,2,\cdots \tag{4.1-3}$$

$$|G(s)H(s)|=1 \tag{4.1-4}$$

式(4.1-3)和式(4.1-4)分别叫作相角条件和幅值条件。在 s 平面上，凡是同时满足这两个条件的点都是系统的特征根，就必定在根轨迹上，所以这两个条件是绘制根轨迹的重要依据。

因为系统开环传递函数是组成系统的前向通道和反馈通道各串联环节传递函数的乘积，所以在复数域内，其分子和分母均可写成 s 的一次因式积的形式，即

$$G(s)H(s)=\frac{K^*(s-z_1)(s-z_2)\cdots(s-z_m)}{(s-p_1)(s-p_2)\cdots(s-p_n)}=-1 \tag{4.1-5}$$

其中，K^* 为开环根轨迹增益(注意它与开环增益 K 不同)，$z_i(i=1,2,\cdots,m)$是开环零点，$p_j(j=1,2,\cdots,n)$是开环极点。

式(4.1-5)的向量表达式为

$$G(s)H(s)=\frac{K^* A_{z1}e^{j\theta_{z1}}\cdots A_{zm}e^{j\theta_{zm}}}{A_{p1}e^{j\theta_{p1}}\cdots A_{pn}e^{j\theta_{pn}}} \tag{4.1-6}$$

其中，

$$A_{zi}=|s-z_i|,\ \theta_{zi}=\angle(s-z_i),\ i=1,2,\cdots,m$$

$$A_{pj}=|s-p_j|,\ \theta_{pj}=\angle(s-p_j),\ j=1,2,\cdots,n$$

因此相角条件和幅值条件又可表示为

$$\sum_{i=1}^{m}\theta_{zi}-\sum_{j=1}^{n}\theta_{pj}=\pm 180°(2k+1),\ k=1,2,\cdots \tag{4.1-7}$$

$$K^*\frac{\prod_{i=1}^{m}A_{zi}}{\prod_{j=1}^{n}A_{pj}}=1 \tag{4.1-8}$$

由式(4.1-7)和式(4.1-8)可知，相角条件与根轨迹增益 K^* 无关。仅幅值条件中含有 K^*，K^* 可以在 0～∞变化。因此，复平面上所有满足幅值和相角条件的点都是特征方程的根，这些点所连成的线就是根轨迹曲线。各个点所对应的 K^* 值可由幅值条件确定。

图 4-2 也可以用相角条件和幅值条件来进行绘制，方法如下。

已知开环极点为 0、−2，首先在复平面上标识这两点。

由相角条件可得

$$-[\angle s+\angle(s+2)]=180°(2k+1),\ k=1,2,\cdots$$

用试探的方法找出满足上述条件的 s 点。

在(0，+∞)上任选一点 s_1，可得$\angle s_1=0°$，$\angle(s_1+2)=0°$，故不满足相角条件，因此右半实轴不是根轨迹。

在(−2，0)上任选一点 s_2，可得$\angle s_2=180°$，$\angle(s_2+2)=0°$，满足相角条件，因此(−2，0)是根轨迹。

在(−∞，−2)上任选一点 s_3，可得$\angle s_3=180°$，$\angle(s_3+2)=180°$，故不满足相角条件，

因此$(-\infty, -2)$不是根轨迹。

在实轴之外的 s 平面上任选一点 s_4，欲使$\angle s_4+\angle(s_4+2)=180°$，则 s_4 一定在点-2 和 0 两点间的中垂线上，中垂线外的任何一点都不满足相角条件，不是根轨迹。

用幅值条件可以计算根轨迹各点的 K^* 值。如$-1+j$ 点，其 $K=|s|\cdot|s+2|/2=1$，$K^*=2$。

4.2　绘制根轨迹的基本法则

由闭环系统特征根的特点、根轨迹的相角条件和幅值条件，可以总结出绘制根轨迹的基本法则。熟练掌握这些法则，可以帮助我们快速方便地绘制系统的根轨迹图。

1. 根轨迹的分支数、连续性和对称性

分支数：根轨迹 s 平面上的分支数等于闭环特征方程的阶数 n，也就是分支数与闭环极点的数目相同。

这是因为 n 阶特征方程对应 n 个特征根，当开环增益 K 由零变化到无穷大时，这 n 个特征根随 K 的变化必然会出现 n 条根轨迹。

连续性：当根轨迹的增益 K^* 由 0 到∞变化时是连续的，系统闭环特征方程的根也应该是连续变化的，即 s 平面上的根轨迹是连续的。

对称性：因为开环极点、零点或闭环极点都是实数或者成对的共轭复数，它们在 s 平面上的分布对称于实轴，所以根轨迹也对称于实轴。

2. 根轨迹的起点和终点

根轨迹起始于开环极点，终止于开环零点，如果开环零点数 m 小于开环极点数 n，则有 $n-m$ 条根轨迹终止于无穷远处。

当 $K=0$ 时，根轨迹方程变为

$$(s-p_1)(s-p_2)\cdots(s-p_n)=0$$

由此求得根轨迹的起点为 $p_j(j=1, 2, \cdots, n)$。

根轨迹的终点即开环增益 $K\to\infty$时的闭环极点，由根轨迹方程可知

$$\frac{\prod_{i=1}^{m}(s-z_i)}{\prod_{j=1}^{n}(s-p_j)}=-\frac{1}{K^*}$$

当 $K^*\to\infty$时，只有 $s-z_i=0$，上式才满足。故当 $K\to\infty$时，根轨迹终止于开环零点。

当 $n>m$，$s\to\infty$时，上式可写成$\frac{1}{s^{n-m}}\to 0$，故当 $K\to\infty$时，有 $n-m$ 条根轨迹趋向于无穷远处。

3. 实轴上的根轨迹

在实轴上根轨迹区段的右侧，开环零点、极点数目之和应为奇数。

由于成对的共轭复根在实轴上产生的相角之和总是等于 360°，不会影响实轴上根轨迹的位置，故上述结论由相角条件很容易得出。

4. 根轨迹的渐近线

如果开环零点数 m 小于开环极点数 n，则当 $K^*\to\infty$时，趋向无穷远处的根轨迹共有

$n-m$条，这 $n-m$ 条根轨迹趋向于无穷远处的方位可由渐近线决定。

设系统开环传递函数为式(4.1-5)，有 $n-m$ 条渐近线。当 s 很大时，式(4.1-5)可近似为

$$G(s)H(s)=\frac{K^*}{(s-\sigma_a)^{n-m}} \tag{4.2-1}$$

式(4.2-1)中

$$(s-\sigma_a)^{n-m}=s^{n-m}-(n-m)\sigma_a s^{n-m-1}+\cdots \tag{4.2-2}$$

式(4.1-5)中

$$\frac{(s-p_1)(s-p_2)\cdots(s-p_n)}{(s-z_1)(s-z_2)\cdots(s-z_m)}=s^{n-m}-\left(\sum_{i=1}^{n}p_i-\sum_{j=1}^{m}z_j\right)s^{n-m-1}+\cdots \tag{4.2-3}$$

由式(4.2-2)、式(4.2-3)中项 s^{n-m-1} 系数相等，得渐近线与实轴交点的坐标为

$$\sigma_a=\frac{\sum_{i=1}^{n}p_i-\sum_{j=1}^{m}z_j}{n-m} \tag{4.2-4}$$

即其分子是极点之和减去零点之和。渐近线与实轴正方向的夹角为

$$\varphi_a=\frac{(2k+1)\pi}{n-m} \tag{4.2-5}$$

其中，k 依次取 0，±1，± 2，…，一直到获得$(n-m)$个倾角为止。

例 4-1　已知系统开环传递函数为 $G(s)H(s)=\dfrac{K^*}{s(s+1)(s+2)}$，试绘制其渐近线。

解　开环传递函数有 3 个极点，即 0、−1、−2，没有零点，即 $n=3$，$m=0$，故有 3 条渐近线，与实轴交点的坐标为

$$\sigma_a=\frac{\sum_{i=1}^{n}p_i-\sum_{j=1}^{m}z_j}{n-m}=\frac{0-1-2-0}{3-0}=-1$$

$$\varphi_a=\frac{(2k+1)\pi}{n-m}=\frac{(2k+1)\pi}{3}$$

$$k=0，\varphi_a=\frac{\pi}{3}；k=1，\varphi_a=\pi$$

$$k=-1，\varphi_a=-\frac{\pi}{3}$$

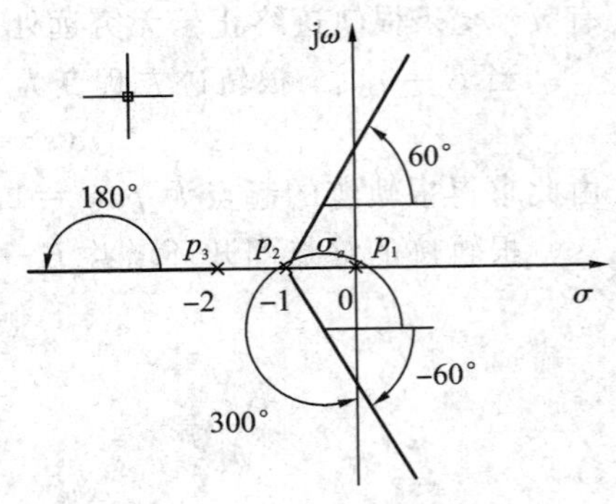

图 4-3　渐近线的夹角

3 条渐近线如图 4-3 所示。

5. 根轨迹分离点(会合点)的坐标

几条根轨迹在 s 平面上相遇后又分开(或分开后又相遇)的点，称为根轨迹的分离点(或会合点)。求取分离点的方法如下。

方法 1：因分离点(或会合点)是特征方程的重根，因此可用求重根的方法确定它们的位置。

设系统开环传递函数为

$$G(s)H(s)=\frac{K^*N(s)}{D(s)} \tag{4.2-6}$$

系统闭环特征方程为

$$K^* N(s)+D(s)=0 \tag{4.2-7}$$

分离点(或会合点)为重根，必然同时满足方程

$$K^* N'(s)+D'(s)=0 \tag{4.2-8}$$

由式(4.2-7)与式(4.2-8)可得

$$D(s)N'(s)-D'(s)N(s)=0 \tag{4.2-9}$$

即

$$\frac{\mathrm{d}[G(s)H(s)]}{\mathrm{d}s}=0 \tag{4.2-10}$$

根据该式，即可确定分离点(或会合点)的参数。

例 4-2　某系统开环传递函数为下式所示，求其分离点。

$$G(s)H(s)=\frac{K^*(s+6)}{s(s+4)}$$

解　由 $\dfrac{\mathrm{d}[G(s)H(s)]}{\mathrm{d}s}=0$ 得

$$s^2+12s+24=0$$

解之得

$$s_1=-2.54,\ s_2=-9.46$$

相应的根轨迹增益为

$$K_1^*=1.07,\ K_2^*=14.9$$

根轨迹图如图 4-4 所示。

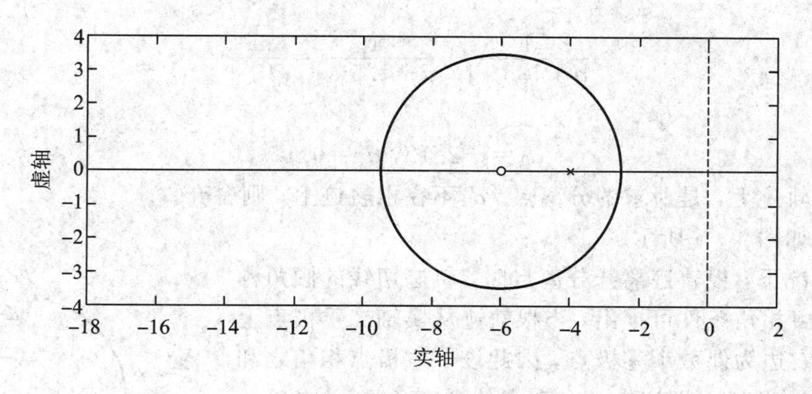

图 4-4　例 4-2 根轨迹图

方法 2：设系统开环传递函数为

$$G(s)H(s)=\frac{K^*(s-z_1)(s-z_2)\cdots(s-z_m)}{(s-p_1)(s-p_2)\cdots(s-p_n)}$$

由系统闭环特征方程，得

$$K^*=-\frac{(s-p_1)(s-p_2)\cdots(s-p_n)}{(s-z_1)(s-z_2)\cdots(s-z_m)}$$

求极值

$$\frac{dK^*}{ds}=0 \tag{4.2-11}$$

即可确定分离点(或会合点)的参数。仍以例题 4-2 为例使用该方法求取分离点。

$$K^*=-\frac{s(s+4)}{s+6}=-\frac{s^2+4s}{s+6}$$

$$\frac{dK^*}{ds}=0 \quad 即 \quad s^2+12s+24=0$$

解之得

$$s_1=-2.54,\ s_2=-9.46$$

相应的根轨迹增益为

$$K_1^*=1.07,\ K_2^*=14.9$$

方法 3：分离点(或会合点)的坐标可由方程

$$\sum_{j=1}^{n}\frac{1}{d-p_j}=\sum_{i=1}^{m}\frac{1}{d-z_i} \tag{4.2-12}$$

解出，其中 p_j 为开环极点，z_i 为开环零点。

例 4-3　已知系统开环传递函数为

$$G(s)H(s)=\frac{K^*(s+1)}{s^2+3s+3.25}$$

试求系统闭环根轨迹的分离点坐标。

解　由

$$G(s)H(s)=\frac{K^*(s+1)}{(s+1.5+j)(s+1.5-j)}$$

得

$$\frac{1}{d+1.5+j}+\frac{1}{d+1.5-j}=\frac{1}{d+1}$$

解此方程得

$$d_1=-2.12,\ d_2=0.12$$

d_1 在根轨迹上，是所求的分离点。d_2 不在根轨迹上，则舍弃。

根轨迹如图 4-5 所示。

一般情况下，根轨迹离开分离点时，轨迹切线的倾角称为分离角。由相角条件可推出，当根轨迹从实轴二重极点上分离时，其右边为偶数个零极点，因此该二重极点相角之和为 $\pm(2n+1)\times180°$，即实轴上分离点的分离角恒为 $\pm90°$。

同理，实轴上会合点的会合角也恒为 $\pm90°$。

6. 根轨迹的起始角与终止角

根轨迹的起始角(或称出射角)是指根轨迹起点处的切线与水平线正方向的夹角，如图 4-6(a)所示，为

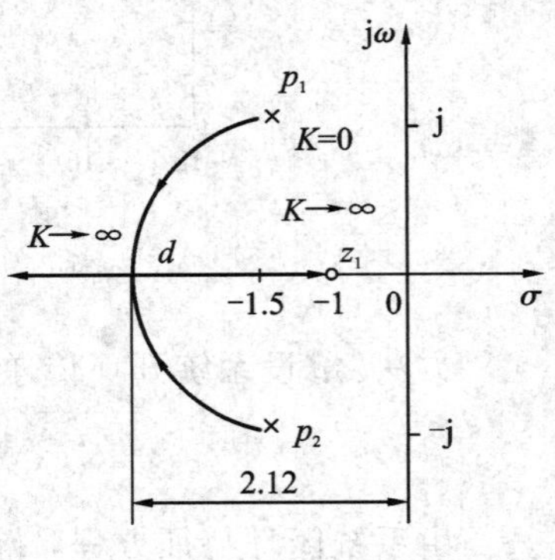

图 4-5　例 4-3 根轨迹图

$$\theta=\pm180°(2k+1)-\sum_{\substack{j=1\\j\neq a}}^{n}\theta_j+\sum_{i=1}^{m}\varphi_i \tag{4.2-13}$$

其中

$$\theta_j=\angle(p_j-p_a),\ \varphi_i=\angle(z_i-p_a)$$

p_a为所要求起始角的根轨迹的极点。

这里以图 4-6(a)所示开环零点、极点分布为例，说明起始角的求法。在图 4-6(a)中所示的根轨迹上，从靠近极点 p_1处取一点 s_1，根据相角条件有

$$\angle(s_1-z_1)-\angle(s_1-p_1)-\angle(s_1-p_2)-\angle(s_1-p_3)=\pm180°(2k+1),\ k=1,\ 2,\ \cdots$$

当 s_1无限靠近 p_1时，各开环零点、极点至 s_1的矢量就变成至 p_1的矢量，而此时$\angle(s_1-p_1)$即为射出角，其表达式为

$$\angle(s_1-p_1)=\pm180°(2k+1)+\angle(p_1-z_1)-\angle(p_1-p_2)-\angle(p_1-p_3),\ k=1,\ 2,\ \cdots$$

此式加以推广，可得根轨迹起始角的一般式如式(4.2-13)所示。

根轨迹的终止角(也称入射角)是指根轨迹终点处的切线与水平线正方向的夹角，如图 4-6(b)所示，为

$$\varphi=\pm180°(2k+1)+\sum_{j=1}^{n}\theta_j-\sum_{\substack{i=1\\i\neq b}}^{m}\varphi_i \tag{4.2-14}$$

其中

$$\theta_j=\angle(p_j-z_b),\ \varphi_i=\angle(z_i-z_b)$$

z_b为所要求终止角的根轨迹的零点。

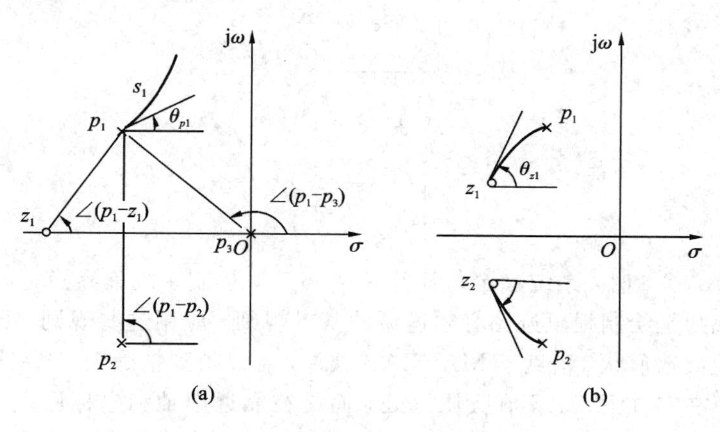

图 4-6　根轨迹的起始角与终止角

7. 根轨迹与虚轴的交点

根轨迹与虚轴相交，意味着闭环极点中有极点位于虚轴上，即闭环特征方程有纯虚根$\pm j\omega$，系统处于临界稳定状态。求根轨迹与虚轴交点的方法如下。

方法 1：将 $s=j\omega$ 代入特征方程中得

$$1+G(j\omega)H(j\omega)=0$$

或

$$\text{Re}[1+G(j\omega)H(j\omega)]+\text{Im}[1+G(j\omega)H(j\omega)]=0$$

令

$$\begin{cases}\text{Re}[1+G(j\omega)H(j\omega)]=0\\ \text{Im}[1+G(j\omega)H(j\omega)]=0\end{cases} \tag{4.2-15}$$

则可解出 ω 值及对应的临界开环增益 K^* 及 K。

例 4-4　已知系统开环传递函数

$$G(s)=\frac{K^*}{s(s+1)(s+2)}$$

求根轨迹与虚轴的交点。

解　系统闭环特征方程为

$$D(s)=s(s+1)(s+2)+K^*=s^3+3s^2+2s+K^*=0$$

令 $s=\mathrm{j}\omega$，代入上式得

$$D(\mathrm{j}\omega)=(\mathrm{j}\omega)^3+3(\mathrm{j}\omega)^2+2(\mathrm{j}\omega)+K^*=0$$

即

$$\begin{cases}-3\omega^2+K^*=0\\ -\omega^3+2\omega=0\end{cases}$$

联立得

$$\omega_1=0，\omega_{2,3}=\pm 1.414$$

$$K^*=6，K=3$$

方法2：根轨迹与虚轴交点坐标也可通过劳斯判据求出。仍以上例为例，其劳斯表为

$$\begin{array}{lll} s^3 & 1 & 2 \\ s^2 & 3 & K^* \\ s & \dfrac{6-K^*}{3} & \\ s^0 & K^* & \end{array}$$

解

$$\begin{cases}\dfrac{6-K^*}{3}>0\\ K^*>0\end{cases}$$

得当 K^* 取 $0<K^*<6$ 时，系统稳定，而当 $K^*=6$ 时，控制系统临界稳定，即为所求。

以上7条规则是绘制根轨迹图必须遵循的基本规则。应用这些规则，可以方便快捷地绘制出根轨迹的大致形状。借助于MATLAB软件，可以得到精确图形。必须指出，根轨迹最重要的部分不在实轴上，也不在无限远处，而是在靠近虚轴和坐标原点的区域。对于这个区域，根轨迹的绘制一般没有什么规则可循，只能按相角条件画出。此外，绘制一幅完整的根轨迹图尚需注意以下几点：

(1) 根轨迹的起点用符号"×"表示，终点用"o"表示。

(2) 根轨迹由起点到终点是随系统 K^* 值的增加而运动的，要用箭头表示根轨迹运动的方向。

(3) 为便于对系统的分析与综合，通常对于一些特殊点的 K^*，图中应予以标出。

4.3　控制系统的根轨迹绘制与分析举例

仿真实验讲解_系统性能的根轨迹分析

4.3.1　根轨迹绘制举例

例 4-5　已知某单位负反馈系统的开环传递函数为

$$G(s)=\frac{K^*(s+1)}{s(s+2)(s+3)}$$

绘制其根轨迹。

解　根据法则 1 得分支数为 max(3，1)＝3。

根据法则 2 得起点为 0，－2，－3；终点为－1，无穷远。

根据法则 3 得实轴上的根轨迹为[－1，0]和[－3，－2]。

根据法则 4 得渐近线为 $n-m=2$ 条。

$$\sigma_a=\frac{0-2-3+1}{2}=-2$$

$$\varphi_a=\pm\frac{(2k+1)\pi}{n-m}=\pm 90°$$

根据法则 5 得分离点在[－3，－2]内。

因为

$$1+G(s)H(s)=1+\frac{K^*(s+1)}{s(s+2)(s+3)}=0$$

或

$$K^*=-\frac{s(s+2)(s+3)}{(s+1)}$$

将上式对 s 求导，并令其为零，得

$$\frac{\mathrm{d}K^*}{\mathrm{d}s}=-(2s^3+8s^2+10s+6)=0$$

解得 $s_1=-2.47$(分离点)，$s_{2,3}=-0.77\pm \mathrm{j}0.79$(舍去)。

根据以上规则绘制出该系统的完整根轨迹图如图 4－7 所示。

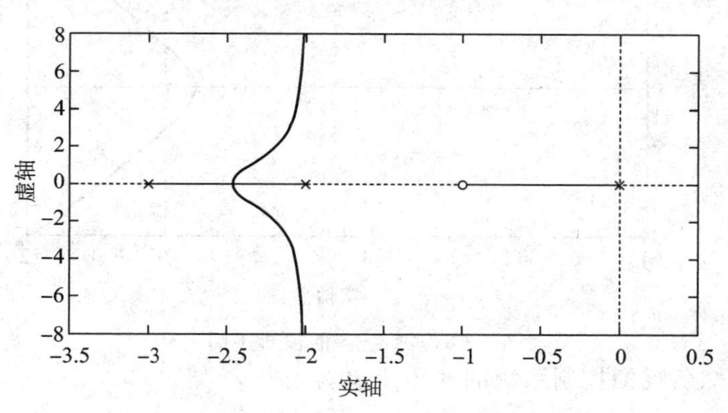

图 4－7　例 4－5 的根轨迹图

例 4－6　已知负反馈控制系统的开环传递函数为

$$G(s)H(s)=\frac{K^*}{s(s+1)(s+2)}$$

试绘制该系统的根轨迹。

根轨迹解题动画_课本例 4－6

解　根据法则 1 得分支数为 max(3，0)＝3。

根据法则 2 得起点为 0，－1，－2；终点为无穷远。

根据法则 3 得实轴上的根轨迹为(－∞，－2]和[－1，0]。

根据法则 4 得渐近线为 $n-m=3$ 条。

$$\sigma_a=\frac{-1-2}{3}=-1$$

$$\varphi_{a_1,a_2}=\pm\frac{(2k+1)\pi}{n-m}=\pm60°,\ \varphi_{a_3}=180°$$

根据法则 5 得分离点：

$$\sum_{j=1}^{3}\frac{1}{d-p_j}=0$$

解得 $d_1=-0.42$(分离点)，$d_2=-1.58$(舍去)。

根据法则 6 得无起始角和终止角。

根据法则 7 求根轨迹与虚轴的交点：

令 $s=j\omega$,则

$$-j\omega^3-3\omega^2+j2\omega+K^*=0$$

实部为

$$K^*-3\omega^2=0$$

虚部为

$$2\omega-\omega^3=0$$

得

$$\omega_c=\pm\sqrt{2},\ K_c^*=6$$

根据以上规则绘制出该系统的完整根轨迹图如图 4－8 所示。

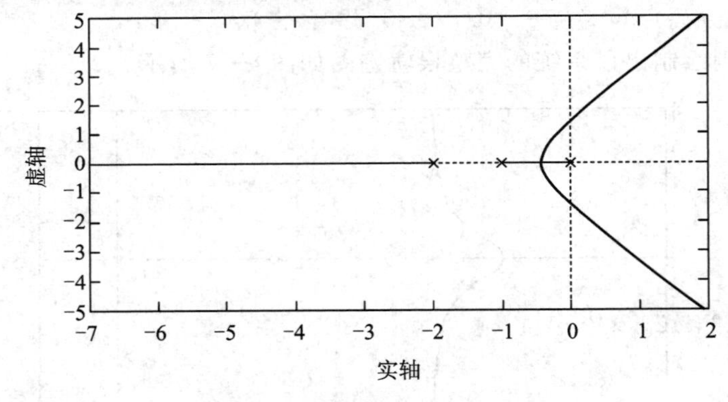

图 4－8　例 4－6 的根轨迹图

例 4－7　已知负反馈控制系统的开环传递函数为

$$G(s)H(s)=\frac{K^*(s+2)}{s^2+2s+2}$$

试绘制该系统的根轨迹。

解　根据法则 1 得分支数为 max(1，2)＝2。

根据法则 2 得起点为 $-1\pm j$，终点为 -2 和无穷远。

根据法则 3 得实轴上的根轨迹为 $(-\infty,\ -2]$。

根据法则 4 得渐近线为 $n-m=1$ 条。

$$\sigma_a=-2,\ \varphi_{a1}=180°$$

根据法则 5 得分离点：

$$\sum_{j=1}^{2}\frac{1}{d-p_j}=\sum_{i=1}^{1}\frac{1}{d-z_i}$$

根轨迹为圆证明

解得 $d_1=-3.414$(分离点)，$d_2=-0.586$(舍去)。

根据法则 6 得起始角：

$$\theta_{p1}=\pm 180°+\angle(p_1-z_1)-\angle(p_1-p_2)=\pm 180°+45°-90°=135°$$

$$\theta_{p2}=-135°$$

根据以上规则绘制出该系统的完整根轨迹图如图 4－9 所示。

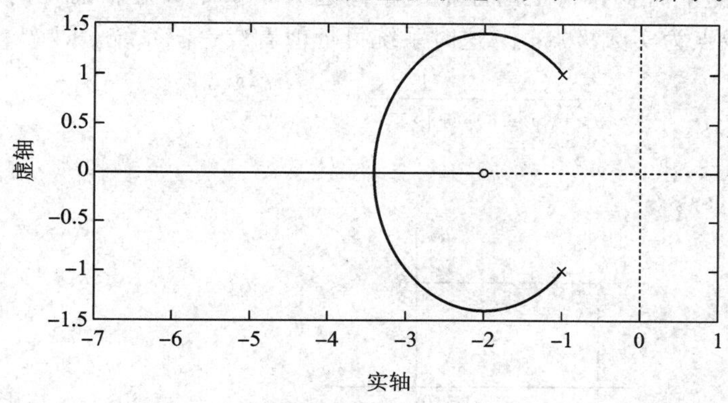

图 4－9　例 4－7 的根轨迹图

绘制根轨迹
例题动画 1

绘制根轨迹
例题动画 2

4.3.2　根轨迹分析举例

绘制系统根轨迹是为系统分析、设计服务的。在时域分析法中，一般通过系统的单位阶跃响应来分析系统的性能；而利用根轨迹法分析系统则是由系统的零点、极点分布，分析闭环极点随系统参数变化而改变其在复平面上的分布位置，来估算系统的性能指标。

对控制系统的基本要求是稳、准、快。要满足这些要求，闭环的零点、极点应如何分布呢?

(1) 为保证系统稳定，闭环极点都必须在左半 s 平面上。

(2) 若闭环极点远离虚轴，则阶跃响应的每个对应的分量都衰减得快，系统的快速性就好。

(3) 若共轭复数极点处于 s 平面中与负实轴成 $\pm 45°$ 的直线附近，则系统的响应比较平稳。因为由二阶系统的分析可知，共轭复数极点位于 $\pm 45°$ 线上时，其对应的阻尼比 $\zeta=\cos 45°=0.707$ 时为最佳阻尼比，这时系统的平稳性与快速性均比较理想。若超过 45°线，则阻尼比减小，振荡加剧。

(4) 距虚轴最近的闭环极点为主导极点，工程上当极点 A 与虚轴的距离大于极点 B 与虚轴距离的 5 倍时，分析系统时可忽略极点 A 。此时，将高阶系统近似看作一、二阶系统，可直接利用时域分析章节中的时域响应公式计算性能指标。

(5) 在工程上，若某极点与对应的零点之间的间距小于它们本身到原点距离的 1/10，则可认为其为偶极子。

系统传递函数中，如果分子、分母具有负实部的零点、极点数值上相近，则可将该零点和极点一起消掉，称之为偶极子相消。

利用偶极子相消原理时，可有意识地在系统中加入适当的零点，以抵消对动态过程影响较大的不利极点，使动态过程尽快消失，使系统的动态特性获得改善。

例 4-8　某系统闭环传递函数为

$$\frac{X_o(s)}{X_i(s)}=\frac{1}{(0.67s+1)(0.01s^2+0.16s+1)}$$

试利用根轨迹计算系统的动态性能指标。

解　闭环有 3 个极点，分别是 $s_1=-1.5$，$s_{2,3}=-8\pm j6$，根的分布如图 4-10 所示。

实数极点 s_1 离虚轴最近，而 s_2 和 s_3 距离虚轴的距离远大于 s_1 距离虚轴的距离(5 倍以上)，所以此系统的主导极点为实数极点 s_1。这时系统可近似看成一阶系统，即

$$\frac{X_o(s)}{X_i(s)}=\frac{1}{0.67s+1}$$

故系统无超调。

调整时间 $t_s\approx3\times0.67=2(\text{s})$。

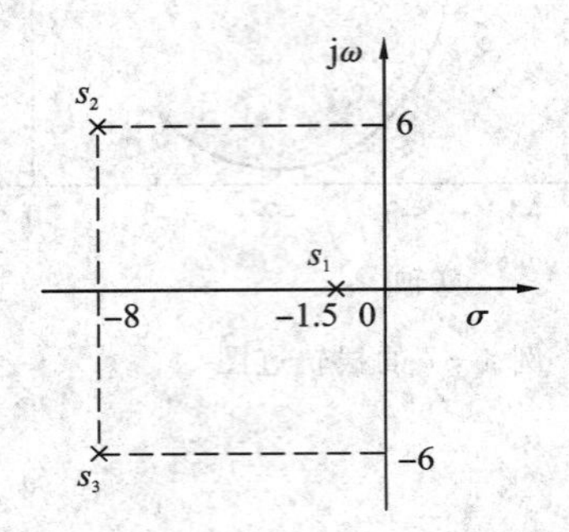

图 4-10　例 4-8 根的分布

例 4-9　某反馈控制系统闭环传递函数为

$$\frac{X_o(s)}{X_i(s)}=\frac{0.62s+1}{(0.67s+1)(0.01s^2+0.08s+1)}$$

试估算系统的性能指标。

解　闭环有 3 个极点，分别是 $p_1=-1.5$，$p_{2,3}=-4\pm j9.2$；有一个零点，即 $z_1=-1.6$，其零点、极点分布如图 4-11 所示。

极点 p_1 与零点 z_1 间的距离远远小于它们本身与原点的距离，故二者构成一对偶极子，使用偶极子相消原理，原系统可近似看成二阶系统，即

$$\frac{X_o(s)}{X_i(s)}=\frac{1}{0.01s^2+0.08s+1}$$

系统的阻尼比 $\zeta=0.4$，$\omega_n=10$ rad/s，对应的性能指标为

$$M_p=25\%$$

$$t_s=\frac{3}{\zeta\omega_n}=\frac{3}{0.4\times10}=0.75(\text{s})$$

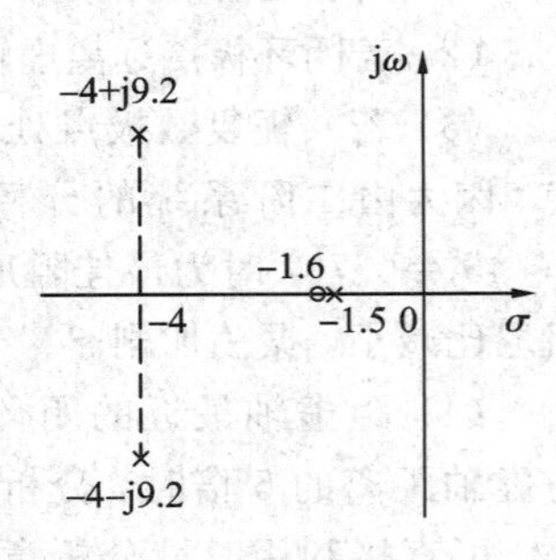

图 4-11　例 4-9 根的分布

例 4-10　某系统开环传递函数为

$$G(s)H(s)=\frac{K^*(s+4)}{s(s+2)}$$

试利用根轨迹法分析该系统的动态性能。

解　(1) $G(s)H(s)=\dfrac{K^*(s+4)}{s(s+2)}=\dfrac{K(0.25s+1)}{s(0.5s+1)}$

式中 $K=2K^*$。

(2) 利用根轨迹绘制法则，绘制根轨迹如图 4-12 所示。

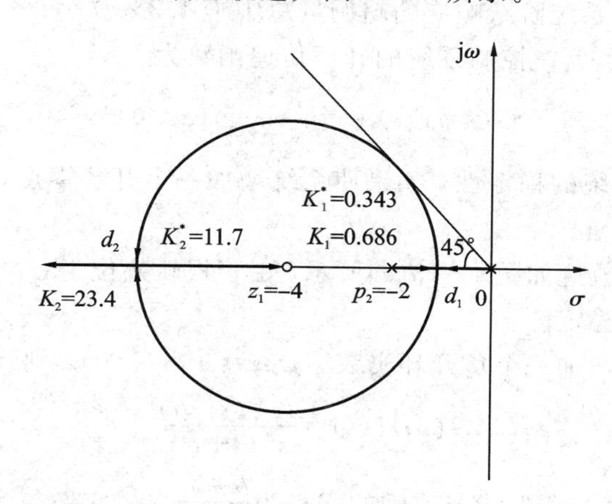

图 4-12　例 4-10 的根轨迹

系统开环传递函数有 2 个极点，分别是 $p_1=0$，$p_2=-2$；有一个零点，即 $z_1=-4$，其零点为复数根轨迹的圆心，半径为零点到分离点的距离，如图 4-12 所示。

系统根轨迹的分离点和会合点分别为

$$d_1=-1.172,\ d_2=-6.83$$

利用幅值条件求得分离点处 d_1 的增益为

$$K_1^*=\frac{|d_1|\cdot|d_1+2|}{|d_1+4|}=0.343$$

$$K_1=2K_1^*=0.686$$

同理，可求得在会合点处 d_2 的增益为

$$K_2^*=11.7,\ K_2=23.4$$

由图 4-12 可知，过原点与根轨迹相切的直线和负实轴的夹角为 45°，两个切点为 $s_{1,2}=-2\pm j2$，其对应的开环根轨迹增益为

$$K^*=\frac{2\sqrt{2}\times 2}{2\sqrt{2}}=2,\ K=4$$

此时，系统的阻尼比为 $\zeta=\cos 45°=0.707$。

(3) 根据根轨迹可以分析开环增益 K 不同时刻的系统动态性能。

根轨迹全部位于左半 s 平面，因此，当 K 由 0→∞变化时，系统都是稳定的。

当 K 在 0～0.686 范围内时，闭环为两个负实数极点，其阶跃响应没有振荡趋势。

当 K 在 0.686～23.4 范围内时，闭环为一对共轭复数极点，其阶跃响应为振荡衰减过程。

当 K 在 23.4～∞范围内时，闭环又变为负实数极点，其阶跃响应又成为没有振荡趋势的单调上升过程。

(4) 当 $K=4$ 时，系统具有最佳阻尼比 $\zeta=0.707$，其阶跃响应具有较好的平稳性和快速性。

(5) 由于

$$M_p=e^{-\frac{\zeta\pi}{\sqrt{1-\zeta^2}}}=e^{-\frac{0.707\pi}{\sqrt{1-0.707^2}}}=4.3\%$$

所以不论 K 取值如何，系统阶跃响应的超调量总小于4.3%。

例 4-11　已知一负反馈控制系统的开环传递函数为

$$G(s)H(s)=\frac{K^*}{s^2(s+a)}\ (a>0)$$

试用根轨迹法分析该系统的稳定性，如果使系统增加一个开环零点，试分析附加开环零点对根轨迹的影响。

解　(1) 系统的根轨迹如图4-13(a)所示。由于根轨迹位于右半 s 平面，因此无论 K^* 取何值，该系统都是不稳定的。

(2) 如果给该系统增加一个负开环实数零点 $z=-b(b>0)$，则开环传递函数为

$$G(s)H(s)=\frac{K^*(s+b)}{s^2(s+a)}$$

当 $b<a$ 时，根轨迹的渐近线与实轴的交点为 $\frac{b-a}{2}<0$，它们与实轴正方向的夹角分别为90°和−90°，三条根轨迹均在左半 s 平面，如图4-13(b)所示。这时，无论 K^* 取何值，系统始终是稳定的。

当 $b>a$ 时，根轨迹的渐近线与实轴的交点为 $\frac{b-a}{2}>0$，根轨迹如图4-13(c)所示，与原系统相比，虽然根轨迹的形状发生了变化，但仍有两条根轨迹位于右半 s 平面，系统仍不稳定。

由例4-11可知，选择合适的开环零点，可使原来不稳定的系统变得稳定。

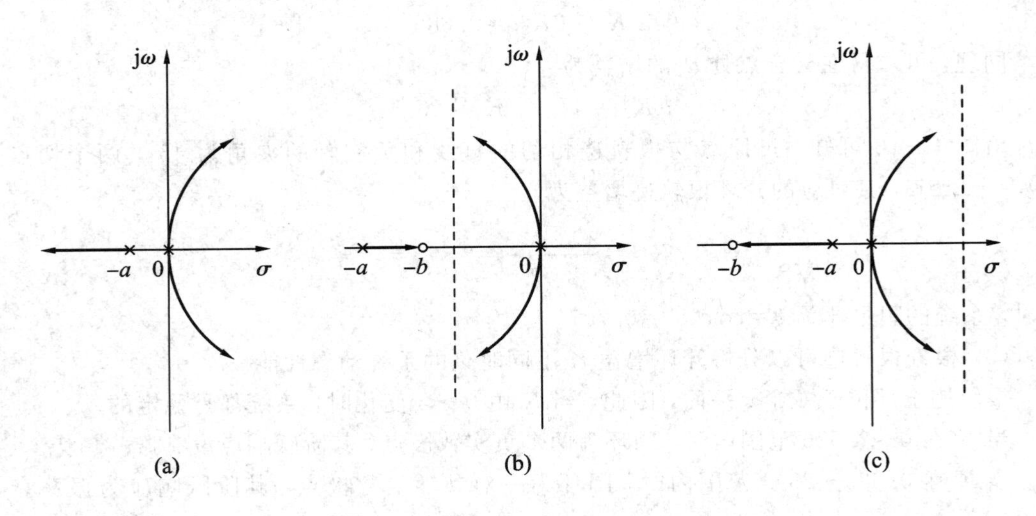

图4-13　增加开环零点对根轨迹的影响

附加开环零点、极点对根轨迹的影响

系统性能的分析

4.4　基于 MATLAB 的根轨迹分析

用 MATLAB 软件可以方便、准确地绘制控制系统的根轨迹，并可以求出根轨迹上任意一点所对应的特征参数，为分析系统的性能提供必要的数据。

第 4 章知识点

4.4.1　pzmap 命令

使用 pzmap 命令可以求系统的零点、极点或绘制系统的零点极点图。

例 4-12　已知系统的开环传递函数为 $G(s)H(s)=\dfrac{s+4}{s^3+3s^2+6s+9}$，试求系统的零点和极点。

解　利用 pzmap 函数可以求出系统的零点和极点，即在 MATLAB 命令窗写入以下程序段：

```
num=[1 4];
den=[1 3 6 9];
pzmap(num, den)
```

所得结果如下：

```
p =
  -2.1542
  -0.4229 + 1.9998i
  -0.4229 - 1.9998i
z = -4
```

所得结果如图 4-14 所示。

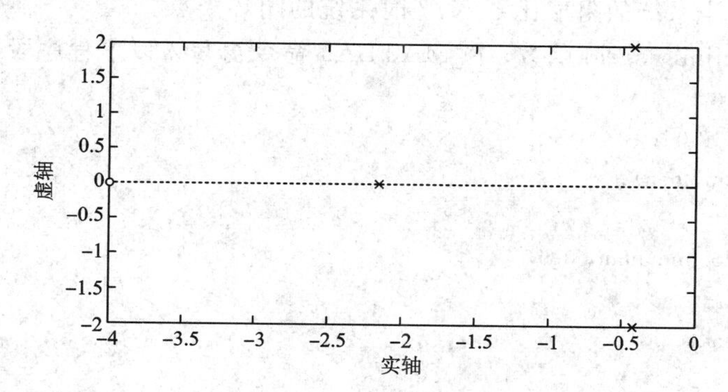

图 4-14　例 4-12 的零点、极点图

4.4.2 rlocus 命令

使用 rlocus 命令可以得到根轨迹图。

例 4-13　已知系统的开环传递函数为 $G(s)H(s)=\dfrac{s+4}{s^3+3s^2+6s+9}$，请绘制系统的根轨迹。

解　利用 rlocus 函数可以绘制系统的根轨迹，在 MATLAB 命令窗写入以下程序段：

```
num=[1 4];
den=[1 3 6 9];
rlocus (num, den)
```

所得结果如图 4-15 所示。

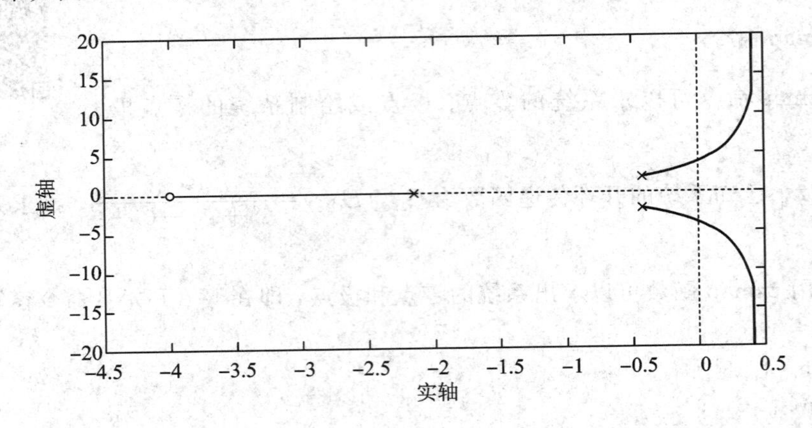

图 4-15　例 4-13 的根轨迹图

4.4.3 rlocfind 和 sgrid 命令

rlocfind：使用该函数可以计算根轨迹上给定一组极点对应的增益。

sgrid：使用该命令在已知的根轨迹图上绘制等阻尼系数和等自然频率栅格。

例 4-14　已知单位负反馈系统的开环传递函数为 $G(s)=\dfrac{K(4s^2+3s+1)}{s(s+2)(s+3)}$，试绘制系统的根轨迹，确定当系统的阻尼比 $\zeta=0.7$ 时系统的闭环极点。

解　利用 rlocfind、sgrid 函数，在 MATLAB 命令窗写入以下程序段：

```
num=[4 3 1];
den=[3 7 2 0];
rlocus(num, den);
sgrid;
[k p]=rlocfind(num, den)
```

可以得到

```
k=
  4.3550
p=
  -7.4959
```

```
-0.3220 + 0.2999i
-0.3220 - 0.2999i
```

所得结果如图 4－16 所示。

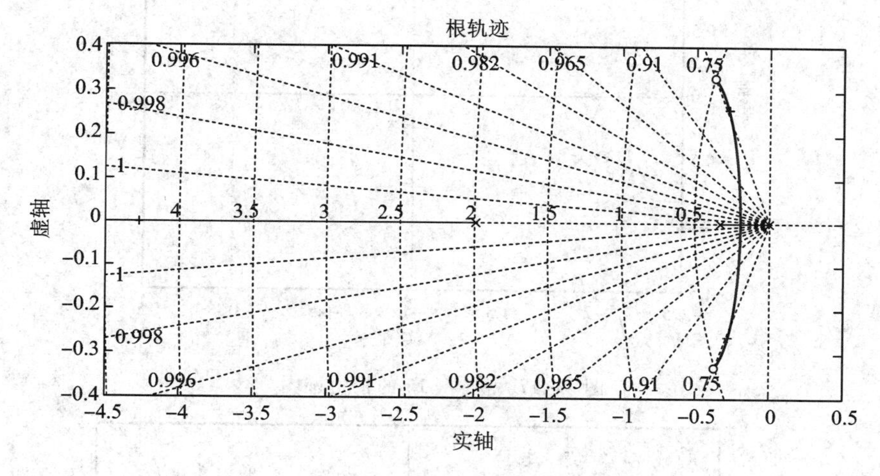

图 4－16　例 4－14 的根轨迹图

4.4.4　MATLAB 根轨迹分析举例

例 4－15　若单位负反馈控制系统的开环传递函数为

$$G(s)=\frac{K^*}{s(s+2)}$$

试绘制系统的根轨迹，求 $\zeta=0.707$ 时的 K 值，并绘制 $\zeta=0.707$ 时系统的单位阶跃响应曲线。

解　在 MATLAB 命令窗写入以下程序段：

```
num=1;
den=[1 2 0];
G=tf (num, den);
rlocus(G)
```

运行上述程序后，所得图形如图 4－17 所示。此时，用鼠标点在根轨迹的任意位置，出现鼠标随动菜单；拖动鼠标，观察随动菜单"Damping"项的变化（Damping 项表示鼠标点取位置系统的阻尼比）。当在任意一条根轨迹上变化 Damping，使之为 0.707 时，"Gain"值即为系统的根轨迹增益 K^*。如图 4－18 所示，当 $\zeta=0.707$ 时，$K^*=2$，此时二阶系统有共轭复根 $1\pm j1$，而开环增益 $K=K^*/2=1$（请与本章开篇例题图 4－2对照）。

当 $K^*=2$ 时，继续输入以下程序：

```
num=2;
den=[1 2 0];
Gb=feedback(tf(num,den),1);
step(Gb)
```

所得结果如图 4－19 所示。

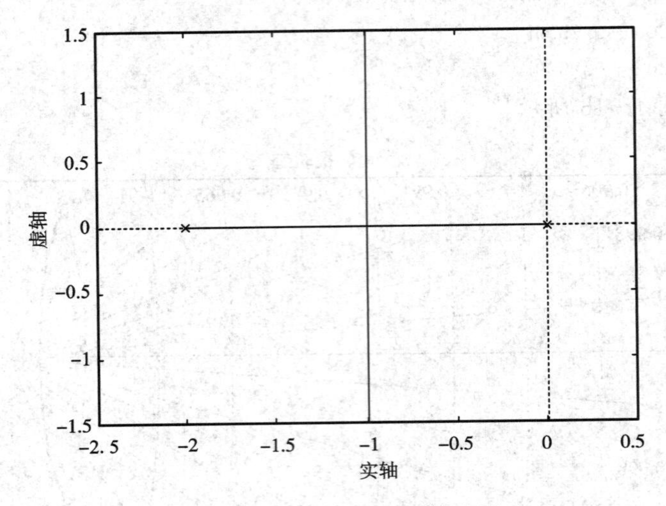

图 4-17　例 4-15 的根轨迹图

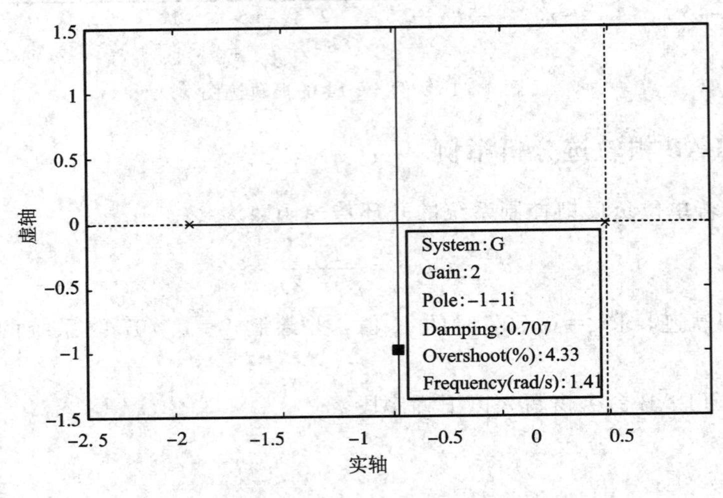

图 4-18　阻尼比所对应的根轨迹增益

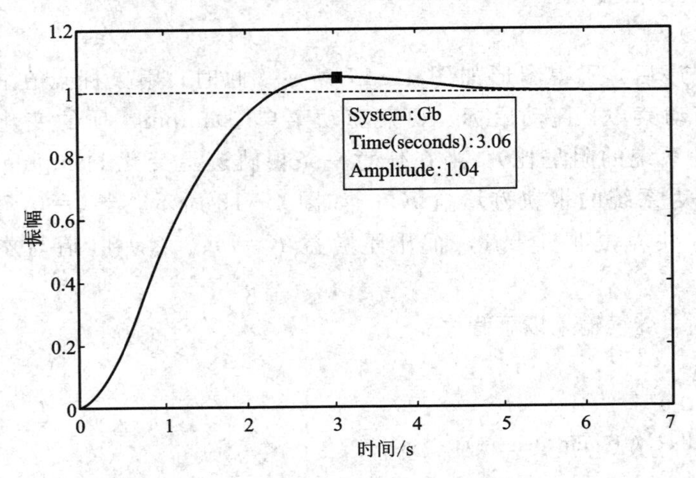

图 4-19　指定阻尼比的系统单位阶跃响应

习　题

4－1　什么是根轨迹，作用是什么？

4－2　已知某单位负反馈的开环传递函数为 $G(s)=\dfrac{K(0.25s+1)}{(s^2+1)(0.2s+1)}$，试绘制系统的根轨迹图。

4－3　系统的开环传递函数为 $G(s)H(s)=\dfrac{K^*}{(s+1)(s+2)(s+4)}$，试证明点 $s_1=-1+\mathrm{j}\sqrt{3}$ 在根轨迹上，并求出相应的根轨迹增益 K^* 和开环增益 K。

4－4　已知单位负反馈系统的开环传递函数，试概略地绘出系统根轨迹。

(1) $G(s)=\dfrac{K}{s(0.2s+1)(0.5s+1)}$；

(2) $G(s)=\dfrac{K^*(s+5)}{s(s+2)(s+3)}$；

(3) $G(s)=\dfrac{K(s+1)}{s(2s+1)}$；

(4) $G(s)=\dfrac{K^*(s+2)}{(s+1+\mathrm{j}2)(s+1-\mathrm{j}2)}$；

(5) $G(s)=\dfrac{K^*(s+20)}{s(s+10+\mathrm{j}10)(s+10-\mathrm{j}10)}$。

4－5　已知单位负反馈系统的开环传递函数，要求：

(1) 确定 $G(s)=\dfrac{K^*(s+z)}{s^2(s+10)(s+20)}$ 产生纯虚根为 $\pm\mathrm{j}1$ 的 z 值和 K^* 值。

(2) 概略地绘出 $G(s)=\dfrac{K^*}{s(s+1)(s+3.5)(s+3+\mathrm{j}2)(s+3-\mathrm{j}2)}$ 的闭环根轨迹图(要求确定根轨迹的渐近线、分离点、与虚轴的交点和起始角)。

4－6　已知系统的开环传递函数为 $G(s)=\dfrac{K^*}{s(s^2+3s+9)}$，试用根轨迹法确定使闭环系统稳定的开环增益 K 值的范围。

4－7　单位反馈系统的开环传递函数为 $G(s)=\dfrac{K(2s+1)}{(s+1)^2\left(\dfrac{4}{7}s-1\right)}$，试绘制系统根轨迹，并确定使系统稳定的 K 值的范围。

4－8　设单位反馈系统的开环传递函数为 $G(s)=\dfrac{K^*(1-s)}{s(s+2)}$，试绘制其根轨迹，并求出使系统产生重实根和纯虚根的 K^* 值。

4－9　已知单位反馈系统的开环传递函数，试绘制参数 b 从零变化到无穷大时的根轨迹，并写出 $b=2$ 时系统的闭环传递函数。

(1) $G(s)=\dfrac{20}{(s+4)(s+b)}$；

(2) $G(s)=\dfrac{30(s+b)}{s(s+10)}$。

4-10　设系统的闭环特征方程为 $s^2(s+a)+K(s+1)=0$，当 a 取不同值时，系统的根轨迹($0<K<\infty$)是不相同的。试分别作出 $a>1$，$a=1$，$a<1$，$a=0$ 时的根轨迹图。

4-11　设单位负反馈系统的开环传递函数为 $G(s)=\dfrac{K^*(s+2)}{s(s+1)(s+3)}$。

(1) 作 K^* 从 $0\sim\infty$ 时的闭环根轨迹图；

(2) 求当 $\zeta=0.707$ 时闭环的一对主导极点，并求其 K 值。

4-12　已知单位反馈控制系统的前向传递函数为 $G(s)=\dfrac{K^*}{s(s+1)(s+2)(s+8)}$，为了使系统闭环主导极点的阻尼比 $\zeta=0.5$，试确定 K 值。

习题答案

第5章　控制系统的频域分析方法

内容提要

本章主要研究系统对正弦输入信号的稳态响应，即频域分析法。首先，阐述频率特性的基本概念及4种图解表示法；其次，介绍频率特性的极坐标图(polar plot)和伯德图(Bode diagram)，这是本章的重点；再次，阐述Nyquist稳定判据和Bode稳定判据，即如何通过开环系统频率特性来判定相应的闭环系统的稳定性；最后，简单介绍频率特性分析的MATLAB实现方法。

引　言

控制系统的基本任务是分析控制系统的稳定性、快速性和准确性。对于高阶复杂系统而言，时域分析法的求解过程非常烦琐，且难于分析和掌握系统结构或参数对系统动态性能的影响，这使得时域分析法在实际使用中受到了一定的限制。因此，工程上相继出现了频率响应法和根轨迹法两种简便的分析方法，其中频率响应法是工程上广为采用的分析和综合系统的主要方法，它将传递函数从复域引到具有明确物理概念的频域来分析系统的特性。

频率响应法(frequency-response approach)是利用控制系统对不同频率正弦信号的响应特性来研究与分析系统特性的一种重要方法，简称频域分析法(或频域法)。频域分析法的主要优点有：第一，不需要求解系统闭环特征方程的根，而是利用系统的开环频率特性去分析闭环控制系统的稳定性、快速性和准确性等特性，而且开环频率特性是容易绘制或通过实验方法获得的；第二，可以通过实验的方法精确测量出系统的频率特性，进而可获得该系统的频域模型，这对于一些复杂系统或难以直接列写微分方程的系统建模问题，具有很大的现实意义；第三，采用频域分析法便于对系统进行分析、综合与校正，可以简单迅速地判断某些环节或参数对系统性能的影响，并能指明改进系统性能的方向，以有效地改善控制系统的品质，且在一定条件下，还能推广应用于某些非线性系统。因此，频域分析法在工程上得到了广泛的应用，是经典控制理论中的主要内容。

5.1　频率特性的基本概念

5.1.1　频率响应与频率特性

频率响应是指线性系统对正弦输入信号的稳态响应。就是说，给线性系统输入某一频率的正弦信号，经过足够长的时间后，系统的输出响应仍是同频率的正弦信号，而且输出与输入的正弦幅值之比以及输出与输入的相位之差，对于给定的系统来说是完全确定的。然而，仅仅有在某个特定频率时的幅值比和相位差是不能完整地说明系统的特性的。当不断改变输入的正弦波频率(由零变化到无穷大)时，该幅值比和相位差的变化情况即称为系统的频率特性。

如图 5-1 所示，当给线性系统输入幅值为 1、频率为 ω、相角为 0°的正弦信号时，得到的输出仍然是频率为 ω 的正弦信号，只不过幅值变为 A，相角变为 φ，且 A 和 φ 均为 ω 的函数，即 $A(\omega)$ 和 $\varphi(\omega)$。这里的输出信号 $A(\omega)\sin[\omega t+\varphi(\omega)]$就称为系统的频率响应，而把幅值比 $A(\omega)/1$ 和相位差 $\varphi(\omega)-0°$统称为系统的频率特性。频域分析法就是建立在对系统的频率特性进行分析的基础上以探讨系统性能的一种分析方法。

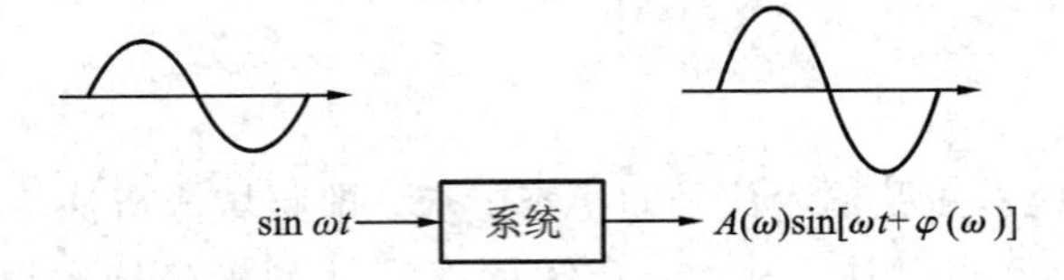

图 5-1　线性定常系统的频率响应

5.1.2　求取频率特性的数学方法

此处以图 5-2 所示 RC 网络电路为例说明求取频率特性的方法，不进行数学推证。其传递函数如前述章节所求为

$$G(s)=\frac{U_o(s)}{U_i(s)}=\frac{1}{Ts+1},\ T=RC \tag{5.1-1}$$

图 5-2　RC 网络电路

设输入信号$u_i(t)=\sin\omega t$，其拉氏变换为

$$U_i(s)=\frac{\omega}{s^2+\omega^2} \tag{5.1-2}$$

所以系统的输出为

$$U_o(s)=G(s)U_i(s)=\frac{1}{Ts+1}\cdot\frac{\omega}{s^2+\omega^2} \tag{5.1-3}$$

再进行部分分式分解和拉氏反变换得输出为

$$u_o(t)=\frac{T\omega}{1+T^2\omega^2}e^{-\frac{t}{T}}+\frac{1}{\sqrt{1+T^2\omega^2}}\sin(\omega t-\arctan\omega T) \tag{5.1-4}$$

式中：第一项随时间增大而趋于零，为输出的瞬态分量；而第二项正弦信号为输出的稳态分量，则

$$\lim_{t\to\infty}u_o(t)=\frac{1}{\sqrt{1+T^2\omega^2}}\sin(\omega t-\arctan\omega T)=A(\omega)\sin[\omega t+\varphi(\omega)] \tag{5.1-5}$$

比较上式，$A(\omega)=1/\sqrt{1+T^2\omega^2}$，$\varphi(\omega)=-\arctan\omega T$，分别反映了 RC 电路在正弦信号作用下，输出稳态分量的幅值和相位的变化，称为幅值比和相位差，且为与输入信号同频率的 ω 的正弦函数。由于 $A(\omega)$和 $\varphi(\omega)$均为 ω 的函数，这里取 ω 由零变化到无穷大，观察二者的变化规律，其结果如表 5-1 和图 5-3 所示。

表 5-1　RC 电路频率特性的取值表

ω	0	$1/(2T)$	$1/T$	$2/T$	$3/T$	$4/T$	$5/T$	∞
$1/\sqrt{1+T^2\omega^2}$	1	0.89	0.707	0.45	0.32	0.24	0.20	0
$-\arctan\omega T$	0	−26.6°	−45°	−63.5°	−71.5°	−76°	−78.7°	−90°

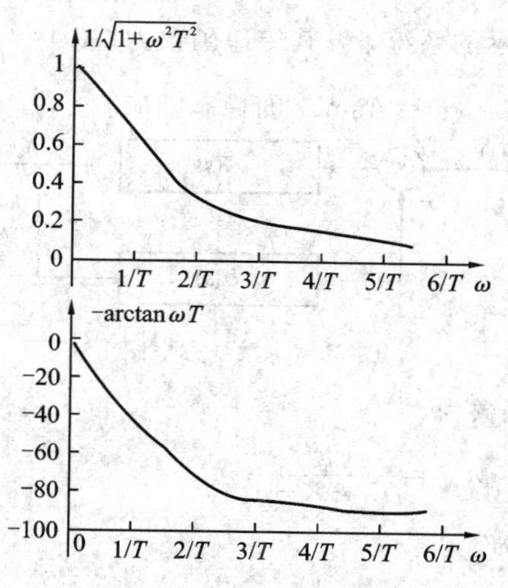

图 5-3　*RC* 电路的频率特性曲线

由频率特性曲线可知，当输入电压频率较低时，输出和输入的幅值几乎相等，相角滞后不大；当频率增大时，输出幅值减小，相角滞后增大；当频率趋于无穷时，输出幅值为 0，相角滞后 90°。以上结论和电路分析中电容阻抗随频率变化而得出的结论是一致的。

在式(5.1-5)中，注意

$$\frac{1}{\sqrt{1+T^2\omega^2}}\sin(\omega t-\arctan\omega T)\Rightarrow\frac{1}{\sqrt{1+T^2\omega^2}}e^{-j\arctan\omega T}=\left|\frac{1}{1+j\omega T}\right|e^{-j\angle\frac{1}{1+j\omega T}} \tag{5.1-6}$$

可知函数 $1/(1+j\omega T)$ 完整地描述了 *RC* 网络在正弦信号输入下到稳态输出电压幅值和相角随正弦输入信号频率 ω 变化的规律，称 $1/(1+j\omega T)$ 为 *RC* 网络的频率特性。通过和 *RC* 网络的传递函数相比较可知，只要把传递函数的 s 以 $j\omega$ 置换，就可以得到频率特性，即

$$\frac{1}{1+j\omega T}=\left.\frac{1}{1+Ts}\right|_{s=j\omega} \tag{5.1-7}$$

从 *RC* 网络电路得到的这一重要结论对于任何线性定常系统都是正确的，即

$$G(j\omega)=G(s)|_{s=j\omega} \tag{5.1-8}$$

将 $G(j\omega)$ 以模和相角式表示，即

$$G(j\omega)=|G(j\omega)|e^{\angle G(j\omega)}=A(\omega)e^{j\varphi(\omega)} \tag{5.1-9}$$

其中，

$$A(\omega)=|G(j\omega)| \tag{5.1-10}$$

称为系统的幅频特性，

$$\varphi(\omega)=\angle G(j\omega) \tag{5.1-11}$$

称为系统的相频特性。

因此，已知一个系统的微分方程或传递函数，只要将复变量 s 置换为纯虚变量 $j\omega$，即可得到频率特性的数学表达式，并可依此作出频率特性曲线。频率特性和传递函数、微分方程一样，也表征了系统的运动规律，这就是采用频率法能够从频率特性出发研究系统特性的理论根据。

评价函数

例 5-1 如图 5-4 所示的系统，设其传递函数为 $G(s)=\dfrac{K}{Ts+1}$，$H(s)=1$，求系统的频率特性及系统对正弦输入 $x_i(t)=A\sin\omega t$ 的稳态响应。

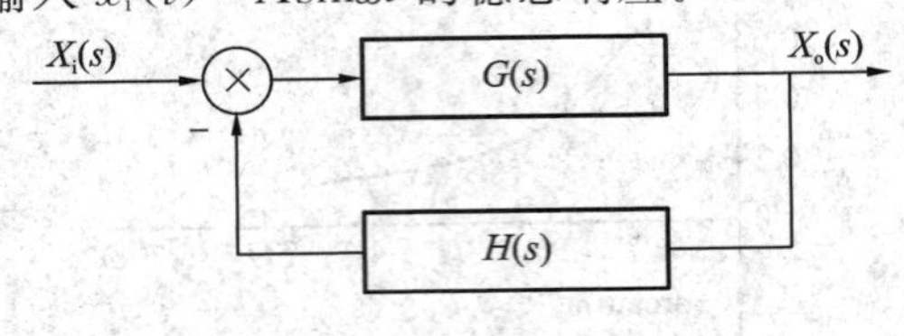

图 5-4 系统方框图

解 系统的闭环传递函数为

$$\Phi(s)=\frac{K}{Ts+K+1}$$

频率特性的例证

令 $s=\mathrm{j}\omega$，系统的频率特性为

$$\Phi(\mathrm{j}\omega)=\frac{K}{\mathrm{j}\omega T+K+1}$$

频率特性的幅值为

$$A(\omega)=|\Phi(\mathrm{j}\omega)|=\frac{K}{\sqrt{(K+1)^2+\omega^2T^2}}$$

频率特性的相位为

$$\varphi(\omega)=\angle\Phi(\mathrm{j}\omega)=-\arctan\frac{\omega T}{K+1}$$

系统的稳态输出响应为

$$x_o(t)=\frac{AK}{\sqrt{(K+1)^2+\omega^2T^2}}\sin\left(\omega t-\arctan\frac{\omega T}{K+1}\right)\quad(t\geqslant 0)$$

5.1.3 频率特性的图示方法

已知系统的传递函数，即可求出系统的频率特性。但是为了在较宽的频率范围内直观地表示系统的频率响应，可使频率 ω 从 0 变化到无穷大，将控制系统所对应的频率特性在坐标系上绘制成一些曲线，借助于曲线图形来判断系统的稳定性、快速性和准确性，以及对系统进行综合和校正。在频率特性的图形表示方法中，常用的方法有以下几种：

(1) 直角坐标图。

直角坐标图包含幅频特性曲线和相频特性曲线，二者的纵坐标分别表示幅值和相角，横坐标为 ω，均以线性分度，如图 5-3 中 RC 电路的频率特性曲线。

(2) 极坐标图。

极坐标图又称奈奎斯特(Nyquist)图，简称奈氏图。因为频率特性可以表示成复数向量的形式，所以当 ω 从 0 到∞变化时，复数的模和相角也随之变化，因而复数向量的端点在复平面内可描绘出一条轨迹，所获得的这条轨迹就称为极坐标图。如图 5-5 所示为前述 RC 网络电路的极坐标图。由于 ω 从 0 到∞变化和 ω 从 0 到$-\infty$变化的曲线关于实轴对称，因此通常只绘制 ω 从 0 到∞变化的曲线。

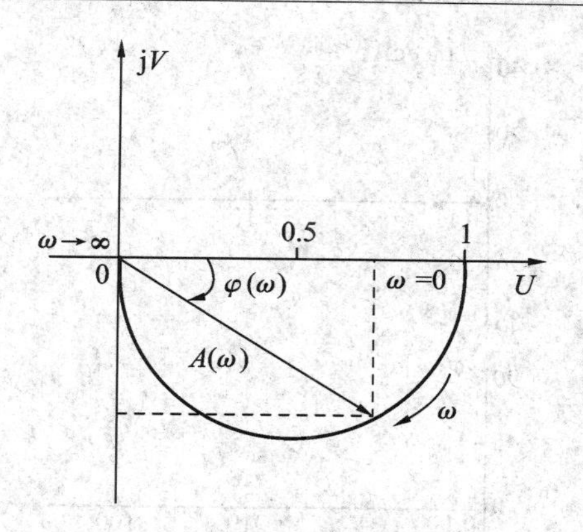

图 5-5　RC 网络电路的极坐标图

采用极坐标图的优点是可以在一张图上同时给出系统在整个频率域的频率响应特性，缺点是不能明显地表示出系统传递函数中每个典型环节的作用，绘制较麻烦。

(3) 对数坐标图。

对数坐标图又称伯德(Bode)图，它由对数幅频和对数相频两张图组成，是频域分析法中广泛使用的一组曲线。在前述直角坐标图示法中，横坐标 ω 以线性分度，所表示的频率范围有限。为克服此缺陷，对数坐标图将频率 ω 以对数 $\lg\omega$ 分度。如图 5-6 所示。

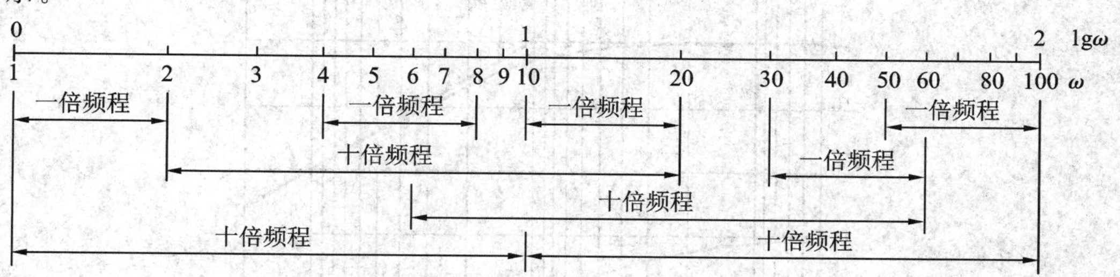

图 5-6　对数坐标图的横坐标

由图 5-6 可知，频率 ω 的数值每变化 10 倍，在对数坐标上变化 1 个单位，将该频带宽度称为十倍频程，记作 dec。例如，ω 从 1 到 10，从 2 到 20，从 10 到 100 等；频率 ω 的数值每变化 1 倍，称为一倍频程。例如，ω 从 1 到 2，从 4 到 8，从 10 到 20 等。因为 $\lg 0=-\infty$，所以横轴上画不出频率为 0 的点。至于横轴的起始频率取何值，应视所要表示的实际频率范围而定。横轴的单位是 s^{-1} 或 rad^{-1}。

对数幅频特性曲线图的纵轴单位为分贝，记做 dB，定义如下：

$$L(\omega)=20\lg|G(j\omega)| \tag{5.1-12}$$

纵轴按分贝值进行线性分度。纵轴上 0 dB 表示 $|G(j\omega)|=1$，没有 $|G(j\omega)|=0$ 的点。幅值 $|G(j\omega)|$ 每增大 10 倍或缩小到原来的 $\frac{1}{10}$，$L(\omega)$ 就相应地增大或减小 20 dB。对数相频特性的纵坐标表示输出与输入的相位差 $\varphi(\omega)$，单位是度(°)或弧度(rad)，也采用线性分度。

图 5-7 表示了对数坐标图的坐标系。

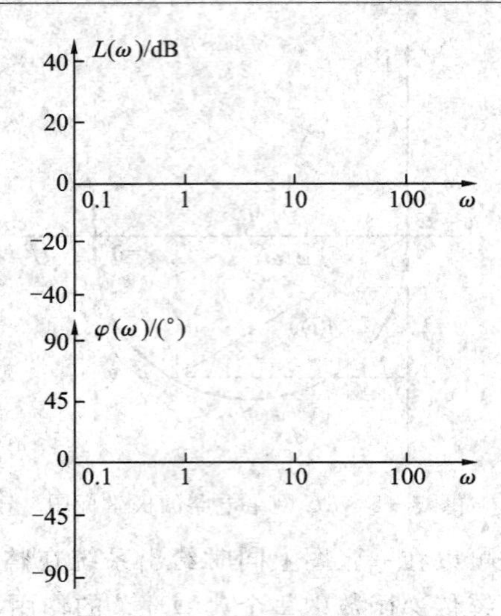

图 5-7　对数坐标系

前述 RC 网络的对数坐标图如图 5-8 所示。由于对数幅频特性和对数相频特性的纵坐标都采用线性分度，横坐标都采用对数分度，因此可将两张图绘制在同一张对数坐标纸上，并且可将两张图按频率上下对齐，容易看出同一频率时的幅值和相位。

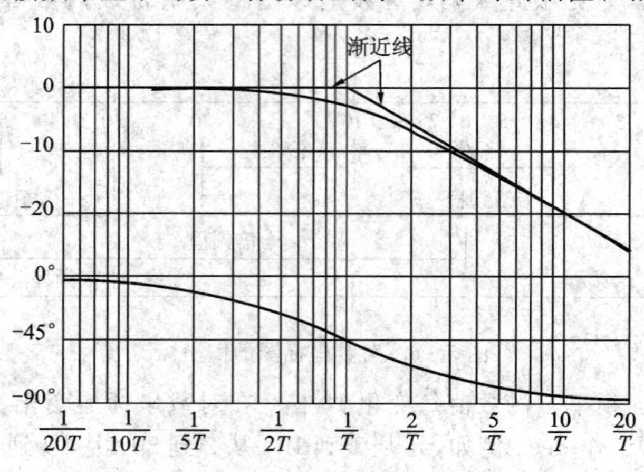

图 5-8　RC 网络的对数坐标图

采用对数坐标图的优点主要有：

(1) 由于频率坐标按照对数分度，故可合理利用纸张，以有限的纸张空间表示很宽的频率范围。

(2) 由于幅值采用分贝作单位，可以将串联环节幅值的相乘、除，化为幅值的相加、减，简化计算和作图过程。

(3) 提供了绘制近似对数幅频曲线的简便方法。幅频特性往往用直线作出对数幅频特性曲线的近似线，系统的幅频特性用组成该系统各环节的幅频特性折线叠加使得作图非常方便。

(4) 因为在实际系统中，低频特性最为重要，所以通过对频率采用对数分度，以扩展低频范围是很有利的。

(5) 当频率响应数据以伯德图的形式表示时，可以容易地通过实验确定传递函数。

5.2　极坐标图

5.2.1　典型环节的极坐标图

1. 比例环节 K

比例环节的传递函数是

$$G(s)=K \tag{5.2-1}$$

其频率特性为

$$G(\mathrm{j}\omega)=K \tag{5.2-2}$$

幅频特性和相频特性为

$$A(\omega)=|G(\mathrm{j}\omega)|=K,\ \varphi(\omega)=\angle G(\mathrm{j}\omega)=0^\circ \tag{5.2-3}$$

实频特性和虚频特性为

$$U(\omega)=K,\ V(\omega)=0$$

所以比例环节的幅频特性和相频特性与频率无关，其极坐标图为实轴上距离原点为 K 的一个点，如图 5-9 所示。

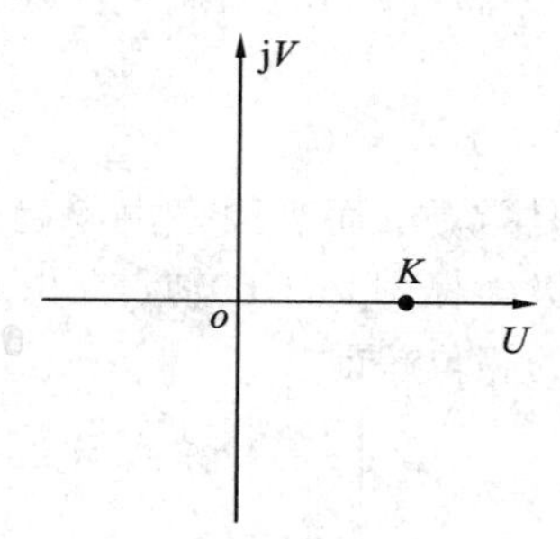

图 5-9　比例环节的极坐标图

2. 积分环节

积分环节的传递函数是

$$G(s)=\frac{1}{s} \tag{5.2-4}$$

其频率特性为

$$G(\mathrm{j}\omega)=\frac{1}{\mathrm{j}\omega} \tag{5.2-5}$$

幅频特性和相频特性为

$$A(\omega)=|G(\mathrm{j}\omega)|=\frac{1}{\omega},\ \varphi(\omega)=\angle G(\mathrm{j}\omega)=-90^\circ \tag{5.2-6}$$

实频特性和虚频特性为

$$U(\omega)=0,\ V(\omega)=-\frac{1}{\omega}$$

积分环节相角$\angle G(\mathrm{j}\omega)=-90^\circ$是常数，而当频率由零趋于无穷大时，幅值$|G(\mathrm{j}\omega)|$则由无穷大趋于零，所以积分环节的极坐标图是负虚轴，且由无穷远处趋于原点，如图 5-10

所示，可看出积分环节具有恒定的相位滞后。

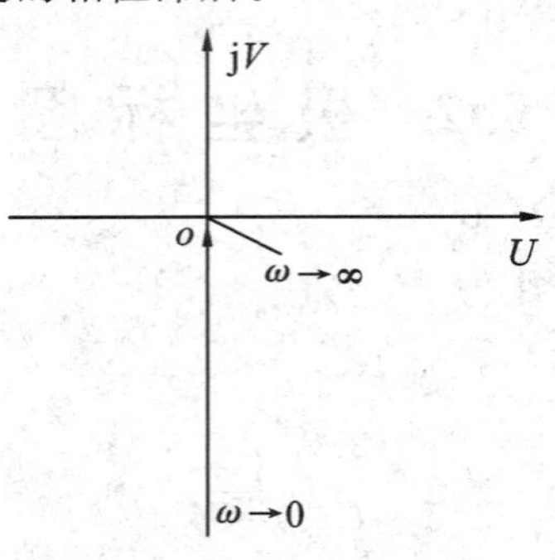

图 5-10　积分环节的极坐标图

3. 微分环节

微分环节的传递函数是

$$G(s) = s \tag{5.2-7}$$

其频率特性为

$$G(\mathrm{j}\omega)=\mathrm{j}\omega \tag{5.2-8}$$

幅频特性和相频特性为

$$A(\omega)=|G(\mathrm{j}\omega)|=\omega,\ \varphi(\omega)=\angle G(\mathrm{j}\omega)=90^\circ \tag{5.2-9}$$

实频特性和虚频特性为

$$U(\omega)=0,\ V(\omega)=\omega$$

微分环节相角$\angle G(\mathrm{j}\omega)=90^\circ$是常数，而当频率由零趋于无穷大时，幅值$|G(\mathrm{j}\omega)|$则由零趋于无穷大，所以微分环节的极坐标图是正虚轴，且由原点趋于无穷远处，如图 5-11 所示，可看出微分环节具有恒定的相位超前。

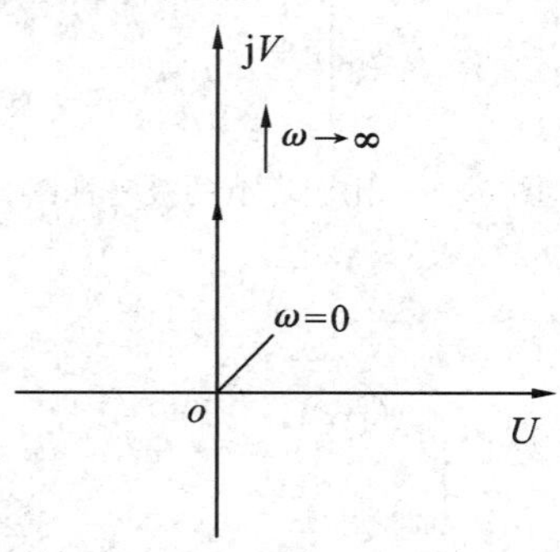

图 5-11　微分环节的极坐标图

4. 惯性环节

惯性环节的传递函数是

$$G(s) = \frac{1}{Ts+1} \tag{5.2-10}$$

其频率特性为

$$G(\mathrm{j}\omega)=\frac{1}{\mathrm{j}\omega T+1} \tag{5.2-11}$$

幅频特性和相频特性为

$$A(\omega) = |G(j\omega)| = \frac{1}{\sqrt{1+T^2\omega^2}},\ \varphi(\omega) = \angle G(j\omega) = -\arctan T\omega \qquad (5.2-12)$$

实频特性和虚频特性为

$$U(\omega)=\frac{1}{1+T^2\omega^2},\ V(\omega)=-\frac{T\omega}{1+T^2\omega^2}$$

当 $\omega=0$ 时，$|G(j\omega)|=1$，$\angle G(j\omega)=0°$；当 $\omega=\frac{1}{T}$时，$|G(j\omega)|=\frac{1}{\sqrt{2}}$，$\angle G(j\omega)=-45°$；当 $\omega\to\infty$时，$|G(j\omega)|\to 0$，$\angle G(j\omega)\to -90°$。可见，当频率由零趋于无穷大时，惯性环节的极坐标图均处于复平面上的第四象限内。由图 5-12 可见，惯性环节的极坐标图是一个圆心为(0.5，j0)，半径为 0.5 的半圆。

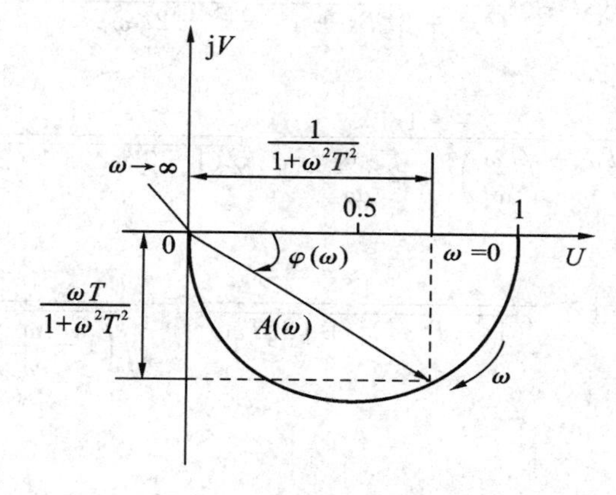

图 5-12　惯性环节的极坐标图

惯性环节频率特性幅值随着频率的增大而减小，是一种低通滤波器，具有通低频阻高频的作用。此外，由相频特性可知，惯性环节存在相位滞后，滞后相角随频率的增大而增大，最大滞后相角为 90°。

5. 一阶微分环节

一阶微分环节的传递函数是

$$G(s) = \tau s + 1 \qquad (5.2-13)$$

其频率特性为

$$G(j\omega)=j\omega\tau+1 \qquad (5.2-14)$$

幅频特性和相频特性为

$$A(\omega) = |G(j\omega)| = \sqrt{\omega^2\tau^2+1},\ \varphi(\omega) = \angle G(j\omega) = \arctan\omega\tau \qquad (5.2-15)$$

实频特性和虚频特性为

$$U(\omega)=1,\ V(\omega)=\omega\tau$$

当 $\omega=0$ 时，$|G(j\omega)|=1$，$\angle G(j\omega)=0°$；当 $\omega=\frac{1}{\tau}$时，$|G(j\omega)|=\sqrt{2}$，$\angle G(j\omega)=45°$；当 $\omega\to\infty$时，$|G(j\omega)|\to\infty$，$\angle G(j\omega)\to 90°$。可见，当频率从零趋于无穷大时，一阶微分环节的极坐标图处于第一象限内，为过点(1，j0)、平行于虚轴的上半部的直线，如图 5-13 所示。

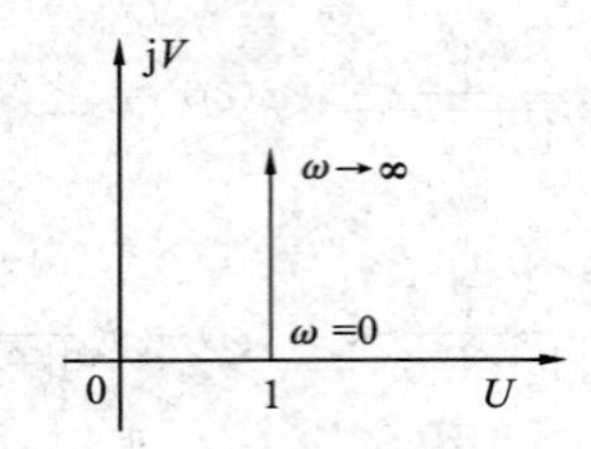

图 5-13　一阶微分环节的极坐标图

6. 二阶振荡环节

二阶振荡环节的传递函数是

$$G(s)=\frac{1}{T^2s^2+2\zeta Ts+1}=\frac{\omega_n^2}{s^2+2\zeta\omega_n s+\omega_n^2} \tag{5.2-16}$$

其频率特性为

$$G(j\omega)=\frac{1}{1-T^2\omega^2+j2\zeta T\omega}=\frac{1}{\left(j\frac{\omega}{\omega_n}\right)^2+j2\zeta\frac{\omega}{\omega_n}+1}=\frac{1}{\sqrt{(1-T^2\omega^2)^2+(2\zeta T\omega)^2}}e^{-j\arctan\left(\frac{2\zeta T\omega}{1-T^2\omega^2}\right)}$$

幅频特性为

$$A(\omega)=|G(j\omega)|=\frac{1}{\sqrt{(1-T^2\omega^2)^2+(2\zeta T\omega)^2}}=\frac{1}{\sqrt{\left(1-\frac{\omega^2}{\omega_n^2}\right)^2+\left(2\zeta\frac{\omega}{\omega_n}\right)^2}} \tag{5.2-17}$$

相频特性为

$$\varphi(\omega)=\angle G(j\omega)=\begin{cases}-\arctan\dfrac{2\zeta\frac{\omega}{\omega_n}}{1-\frac{\omega^2}{\omega_n^2}} & (0\leqslant\omega\leqslant\omega_n)\\[2ex] -\pi-\arctan\dfrac{2\zeta\frac{\omega}{\omega_n}}{1-\frac{\omega^2}{\omega_n^2}} & (\omega>\omega_n)\end{cases} \tag{5.2-18}$$

实频特性为

$$U(\omega)=\frac{1-T^2\omega^2}{(1-T^2\omega^2)^2+(2\zeta T\omega)^2}$$

虚频特性为

$$V(\omega)=-\frac{2\zeta T\omega}{(1-T^2\omega^2)^2+(2\zeta T\omega)^2}$$

当 $\omega=0$ 时，$|G(j\omega)|=1$，$\angle G(j\omega)=0°$；当 $\omega=\omega_n$时，$|G(j\omega)|=\frac{1}{2\zeta}$，$\angle G(j\omega)=-90°$；当 $\omega\to\infty$时，$|G(j\omega)|\to 0$，$\angle G(j\omega)\to -180°$。可见，当频率从零趋于无穷大时，振荡环节的极坐标图处于下半平面上，而且与阻尼比 ζ 有关，当取不同阻尼比 ζ 时的极坐标图如图 5-14所示。

对于欠阻尼情况 $0<\zeta<1$，随着 $\omega=0\to\infty$ 变化，$|G(j\omega)|$先增加然后逐渐衰减至零。$|G(j\omega)|$达到极大值时所对应的峰值称为谐振峰值，用 M_r表示；谐振峰值对应的

频率称为谐振频率，用 ω_r 表示。对于过阻尼情况 $\zeta>1$，$G(j\omega)$ 有两个相异的实数极点，其中一个极点远离虚轴。显然，远离虚轴的这个极点对瞬态性能的影响很小，而起主导作用的是靠近原点的实极点，它的极坐标图近似于一个半圆，此时系统已经接近为一个惯性环节。

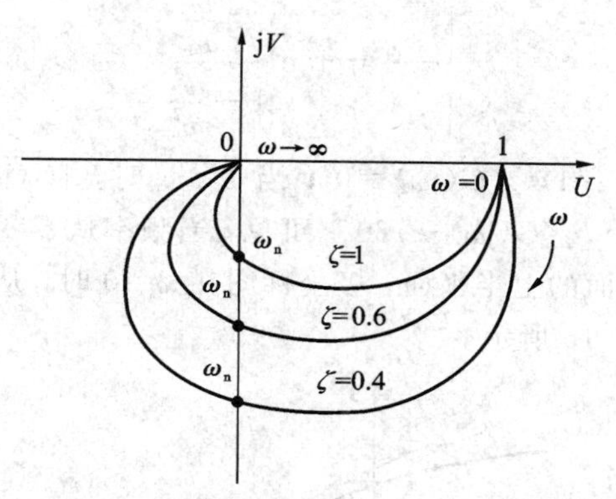

图 5-14 振荡环节的极坐标图

由于当 $\omega=\omega_r$ 时，$|G(j\omega)|=M_r$，有

$$\frac{d|G(j\omega)|}{d\omega}=0$$

推导可得谐振频率为

$$\omega_r=\omega_n\sqrt{1-2\zeta^2} \tag{5.2-19}$$

谐振峰值为

$$M_r=\frac{1}{2\zeta\sqrt{1-\zeta^2}} \tag{5.2-20}$$

式(5.2-19)表明，只有当 $1-2\zeta^2>0$，即 $0<\zeta<0.707$ 时，$|G(j\omega)|$ 才会出现谐振峰值。对于实际系统，谐振频率 ω_r 不等于它的无阻尼固有频率 ω_n，而比 ω_n 小。式(5.2-20)表明，谐振峰值 M_r 随阻尼比 ζ 的减小而增大。当 ζ 趋于零时，M_r 值便趋于无穷大，此时 $\omega_r=\omega_n$。也就是说，在这种情况下，当输入正弦函数的频率等于无阻尼固有频率时，二阶振荡环节将引起共振。

7. 二阶微分环节

二阶微分环节的传递函数是

$$G(s)=T^2s^2+2\zeta Ts+1=\frac{s^2+2\zeta\omega_n s+\omega_n^2}{\omega_n^2} \tag{5.2-21}$$

其频率特性为

$$G(j\omega)=\left(j\frac{\omega}{\omega_n}\right)^2+j2\zeta\frac{\omega}{\omega_n}+1 \tag{5.2-22}$$

幅频特性为

$$|G(j\omega)|=\sqrt{\left(1-\frac{\omega}{\omega_n}\right)^2+\left(2\zeta\frac{\omega}{\omega_n}\right)^2} \tag{5.2-23}$$

相频特性为

$$\angle G(\mathrm{j}\omega)=\begin{cases}\arctan\dfrac{2\zeta\dfrac{\omega}{\omega_{\mathrm{n}}}}{1-\dfrac{\omega^{2}}{\omega_{\mathrm{n}}^{2}}} & (0\leqslant\omega\leqslant\omega_{\mathrm{n}})\\ \pi+\arctan\dfrac{2\zeta\dfrac{\omega}{\omega_{\mathrm{n}}}}{1-\dfrac{\omega^{2}}{\omega_{\mathrm{n}}^{2}}} & (\omega>\omega_{\mathrm{n}})\end{cases} \tag{5.2-24}$$

当 $\omega=0$ 时，$|G(\mathrm{j}\omega)|=1$，$\angle G(\mathrm{j}\omega)=0°$；当 $\omega=\omega_{\mathrm{n}}$时，$|G(\mathrm{j}\omega)|=2\zeta$，$\angle G(\mathrm{j}\omega)=90°$；当 $\omega\to\infty$时，$|G(\mathrm{j}\omega)|\to\infty$，$\angle G(\mathrm{j}\omega)\to180°$。可见，当频率从零变化到无穷大时，二阶微分环节的极坐标图处于复平面的上半平面，极坐标图在 $\omega=0$ 时，从点(1，j0)开始，在 $\omega\to\infty$ 时指向无穷远处，如图 5-15 所示。

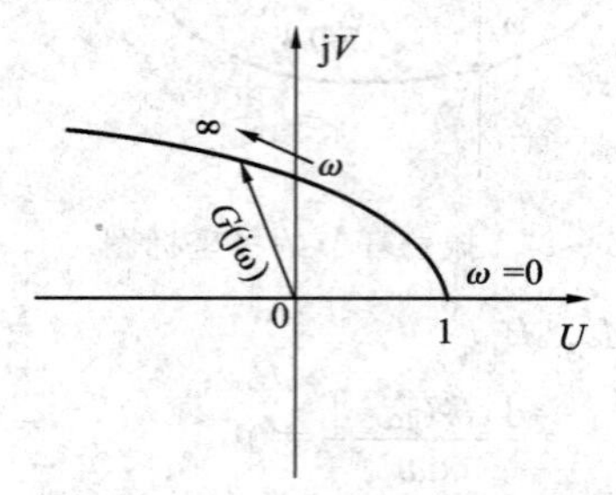

图 5-15 二阶微分环节的极坐标图

8. 延迟环节

延迟环节的传递函数为

$$G(s)=\mathrm{e}^{-\tau s} \tag{5.2-25}$$

其频率特性为

$$G(\mathrm{j}\omega)=\mathrm{e}^{-\mathrm{j}\omega\tau}=\cos\omega\tau-\mathrm{j}\sin\omega\tau \tag{5.2-26}$$

幅频特性为

$$A(\omega)=|G(\mathrm{j}\omega)|=1 \tag{5.2-27}$$

相频特性为

$$\varphi(\omega)=\angle G(\mathrm{j}\omega)=\arctan\frac{-\sin\omega\tau}{\cos\omega\tau}=-\omega\tau \tag{5.2-28}$$

由于延迟环节的幅值恒为 1，而其相角随 ω 顺时针的变化成比例变化，因而它的极坐标图是以原点为圆心的单位圆，如图 5-16 所示。

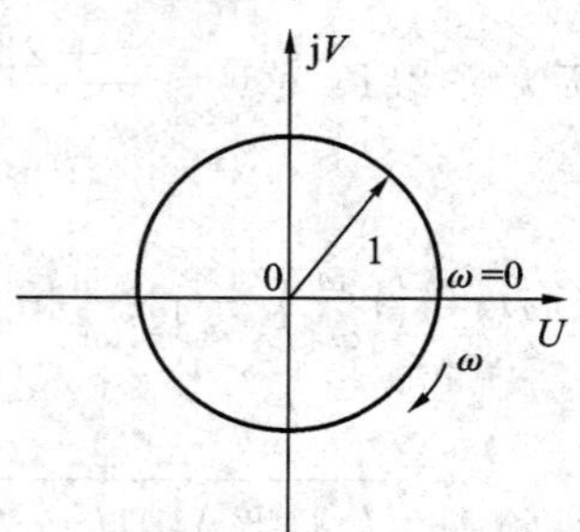

图 5-16 延迟环节的极坐标图

5.2.2　开环系统极坐标图的绘制

设开环传递函数 $G(s)$ 由 n 个典型环节串联而成，其频率特性为

$$G(\mathrm{j}\omega)=G_1(\mathrm{j}\omega)G_2(\mathrm{j}\omega)\cdots G_n(\mathrm{j}\omega)=\prod_{i=1}^{n}[A_i(\omega)\mathrm{e}^{\mathrm{j}\varphi_i(\omega)}]=\prod_{i=1}^{n}A_i(\omega)\mathrm{e}^{\mathrm{j}\sum_{i=1}^{n}\varphi_i(\omega)} \tag{5.2-29}$$

式(5.2-29)表明，如果要准确绘制 $\omega=0\to\infty$ 整个频率范围内的系统幅相频率特性图，可以按照逐点描图法，将组成开环传递函数的各典型环节的频率特性叠加起来，即可绘出系统的幅相频率特性。在实际系统分析过程中，通常并不需要精确知道 $\omega=0\to\infty$ 整个频率范围内系统每一点的幅值和相角，而只需要知道幅相频率特性图与实轴和虚轴的交点以及 $|G(\mathrm{j}\omega)|=1$ 时的点，其余部分只需知道它的一般形式即可。绘制这种概略的幅相频率特性图时，只要根据幅相频率特性图的特点便可方便地绘出。

设开环系统传递函数的一般形式如下：

$$G(\mathrm{j}\omega)=\frac{K\prod_{i=1}^{m}(\mathrm{j}\tau_i\omega+1)}{(\mathrm{j}\omega)^{\nu}\prod_{i=1}^{\alpha}(T_i\omega+1)\prod_{i=1}^{\beta}\left[\left(\mathrm{j}\frac{\omega}{\omega_\mathrm{n}}\right)^2+\mathrm{j}2\zeta_i\frac{\omega}{\omega_\mathrm{n}}+1\right]} \tag{5.2-30}$$

式中，$\nu+\alpha+\beta=n$，$n\geqslant m$。

系统的开环频率特性曲线具有以下规律：

(1) 起始段($\omega=0$)。

① 对于 0 型系统，由于 $|G(\mathrm{j}\omega)|=K$，$\angle G(\mathrm{j}\omega)=0°$，则极坐标图的起点是位于正实轴上的点($K$，j0)。

② 对于Ⅰ型系统，由于 $|G(\mathrm{j}\omega)|\to\infty$，$\angle G(\mathrm{j}\omega)=-90°$，在低频时，极坐标图渐近于与负虚轴平行的直线。

③ 对于Ⅱ型系统，由于 $|G(\mathrm{j}\omega)|\to\infty$，$\angle G(\mathrm{j}\omega)=-180°$，在低频时，极坐标图是一条渐近线，它趋近于一条平行于负实轴的直线。

0 型、Ⅰ型、Ⅱ型系统极坐标图低频部分的一般形状如图 5-17(a)所示。

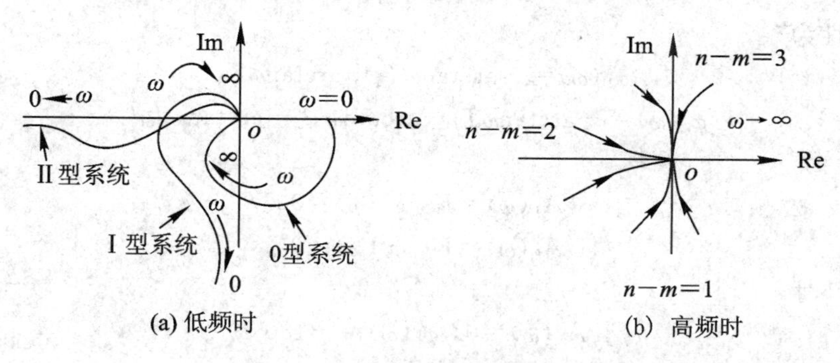

图 5-17　极坐标图低频段和高频段的形状

(2) 高频段($\omega=\infty$)。

对于 0 型、Ⅰ型、Ⅱ型系统，$|G(\mathrm{j}\omega)|=0$，$\angle G(\mathrm{j}\omega)=-(n-m)\times 90°$($n$ 为极点数，m 为零点数)。因此对于任何 $n>m$ 的系统，$\omega\to\infty$ 时极坐标图的幅值必趋于零，而相角趋于

$-(n-m)\times 90°$。0 型、Ⅰ型、Ⅱ型系统极坐标图高频部分的一般形状如图 5-17(b)所示。

(3) 与坐标轴的交点。

令 $\mathrm{Im}[G(\mathrm{j}\omega)]=0$，可以求得极坐标图与实轴的交点。同理，令 $\mathrm{Re}[G(\mathrm{j}\omega)]=0$，可以求得极坐标图与虚轴的交点。

(4) $G(\mathrm{j}\omega)$包含一阶微分环节。

若相位非单调下降，则极坐标图将发生“弯曲”现象。

按照上述特点，便可方便地画出系统的极坐标图。由此，我们可以归纳出画极坐标图的一般步骤：

① 写出$|G(\mathrm{j}\omega)|$和$\angle G(\mathrm{j}\omega)$的表达式。

② 分别求出 $\omega=0$ 和 $\omega\to\infty$时的 $G(\mathrm{j}\omega)$。

③ 令 $\mathrm{Im}[G(\mathrm{j}\omega)]=0$，求极坐标图与实轴的交点。

④ 令 $\mathrm{Re}[G(\mathrm{j}\omega)]=0$，求极坐标图与虚轴的交点。

⑤ 判断极坐标图的变化象限、单调性，勾画出大致曲线。

例 5-2　画出下列两个 0 型系统的极坐标图，式中 K、T_1、T_2、T_3 均大于 0。

$$G_1(s)=\frac{K}{(T_1 s+1)(T_2 s+1)}$$

$$G_2(s)=\frac{K}{(T_1 s+1)(T_2 s+1)(T_3 s+1)}$$

解　系统的频率特性分别为

$$G_1(\mathrm{j}\omega)=\frac{K}{(1+\mathrm{j}\omega T_1)(1+\mathrm{j}\omega T_2)}$$

$$G_2(\mathrm{j}\omega)=\frac{K}{(1+\mathrm{j}\omega T_1)(1+\mathrm{j}\omega T_2)(1+\mathrm{j}\omega T_3)}$$

幅频特性为

$$A_1(\omega)=\frac{K}{\sqrt{1+\omega^2 T_1^2}\cdot\sqrt{1+\omega^2 T_2^2}}$$

$$A_2(\omega)=\frac{K}{\sqrt{1+\omega^2 T_1^2}\cdot\sqrt{1+\omega^2 T_2^2}\cdot\sqrt{1+\omega^2 T_3^2}}$$

相频特性为

$$\varphi_1(\omega)=-\arctan\omega T_1-\arctan\omega T_2$$

$$\varphi_2(\omega)=-\arctan\omega T_1-\arctan\omega T_2-\arctan\omega T_3$$

当 $\omega=0$ 时

$$A_1(\omega)=K,\ \varphi_1(\omega)=0°$$

$$A_2(\omega)=K,\ \varphi_2(\omega)=0°$$

当 $\omega\to\infty$时

$$A_1(\omega)=0,\ \varphi_1(\omega)=-180°$$

$$A_2(\omega)=0,\ \varphi_2(\omega)=-270°$$

以上分析说明 0 型系统 $G_1(\mathrm{j}\omega)$、$G_2(\mathrm{j}\omega)$的极坐标图的起始点位于正实轴上的一个有限点$(K,\mathrm{j}0)$，而当 $\omega\to\infty$时分别以$-180°$和$-270°$趋于坐标原点，它们的极坐标图分别如图 5-18(a)、(b)所示。

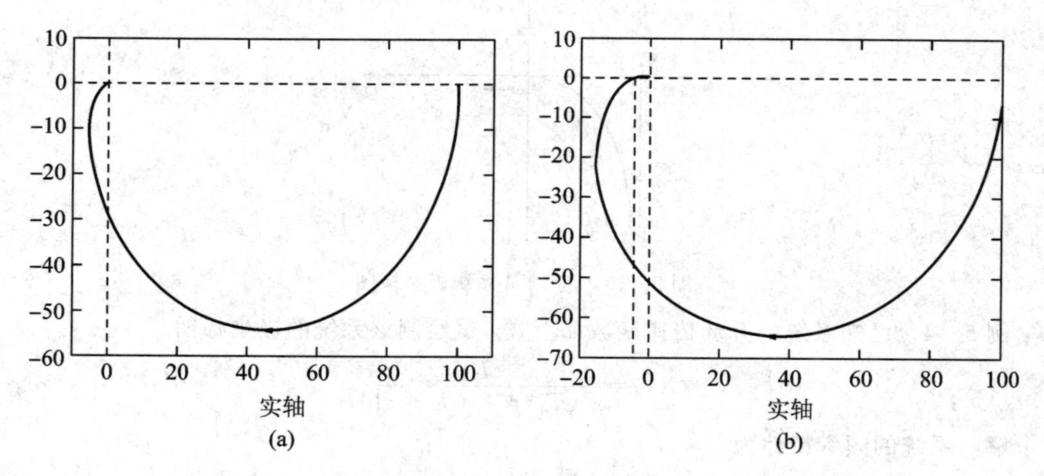

图 5-18　例 5-2 系统极坐标图

例 5-3　画出 I 型系统的极坐标图，式中 K、T 均大于 0。

$$G(s)=\frac{K}{s(Ts+1)}$$

解　系统的频率特性为

$$G(\mathrm{j}\omega)=\frac{K}{\mathrm{j}\omega(1+\mathrm{j}\omega T)}$$

幅频特性为

$$A(\omega)=\frac{K}{\omega\cdot\sqrt{1+\omega^2T^2}}$$

相频特性为

$$\varphi(\omega)=-90^\circ-\arctan\omega T$$

当 $\omega=0$ 时

$$A(\omega)\to\infty，\varphi(\omega)=-90^\circ$$

当 $\omega\to\infty$ 时

$$A(\omega)=0，\varphi(\omega)=-180^\circ$$

上述分析表明当 $\omega=0$ 时，系统的极坐标图的起始点在无穷远处，所以下面求出系统起始于无穷远处时的渐近线。

令 $\omega\to0$，对 $G(\mathrm{j}\omega)$ 的实部和虚部分别取极限得

$$\lim_{\omega\to0}\mathrm{Re}[G(\mathrm{j}\omega)]=\lim_{\omega\to0}\frac{-KT}{1+T^2\omega^2}=-KT$$

$$\lim_{\omega\to0}\mathrm{Im}[G(\mathrm{j}\omega)]=\lim_{\omega\to0}\frac{-K}{1+T^2\omega^2}=-\infty$$

上式表明，$G(\mathrm{j}\omega)$ 的极坐标图在 $\omega\to0$ 时，即图形的起始点，位于相角为 -90° 的无穷远处，且趋于一条渐近线，该渐近线为过点 $(-KT,\mathrm{j}0)$ 且平行于虚轴的直线；当 $\omega\to\infty$ 时，幅值趋于 0，相角趋于 -180°，如图 5-19 所示。

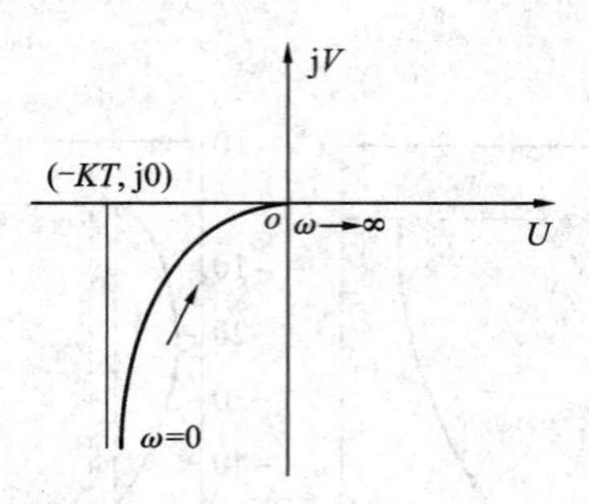

图 5－19　例 5－3 系统极坐标图

例 5－4　已知系统的开环传递函数如下式，试绘制该系统的极坐标图。

$$G(s)=\frac{K}{s^2(T_1s+1)(T_2s+1)}$$

解　系统的频率特性为

$$G(j\omega)=\frac{K}{-\omega^2\cdot(1+j\omega T_1)(1+j\omega T_2)}$$

幅频特性为

$$A(\omega)=\frac{K}{\omega^2\cdot\sqrt{1+\omega^2T_1^2}\cdot\sqrt{1+\omega^2T_2^2}}$$

相频特性为

$$\varphi(\omega)=-180°-\arctan\omega T_1-\arctan\omega T_2$$

当 $\omega=0$ 时

$$A(\omega)\to\infty,\ \varphi(\omega)=-180°$$

当 $\omega\to\infty$ 时

$$A(\omega)=0,\ \varphi(\omega)=-360°$$

上述分析表明当 $\omega=0$ 时，系统的极坐标图的起始点在无穷远处，当 $\omega\to\infty$ 时，幅值趋于 0，相角趋于－360°，如图 5－20 所示。

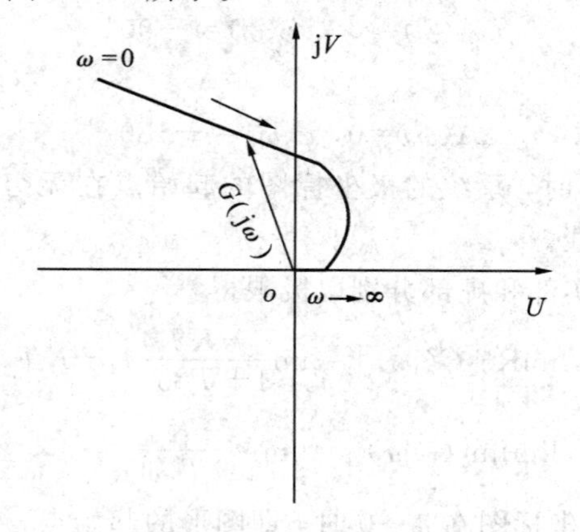

图 5－20　例 5－4 极坐标图

5.2.3　奈氏(Nyquist)稳定判据

通过前面的学习我们已经知道，闭环系统的稳定性是非常重要的问题。奈氏判据是频域中通过开环频率特性判定闭环系统稳定性的理论依据，后续所讲的对数频率稳定判据也是奈氏稳定判据的另一种表达形式。因此，在介绍完系统开环极坐标图的绘制方法后，本节重点介绍如何利用开环极坐标图进行控制系统的稳定性判别。首先介绍奈氏稳定判据的数学基础——柯西辐角原理。

案例分析_奈奎斯特判据

1. 辐角原理

设 $F(s)$为一单值复变函数，如图 5－21 所示，则对于 s 平面上的每一点 s，在 $F(s)$平面上必有相应的映射点与之对应。若在 s 平面上任意选定一条封闭曲线 Γ_s，只要 Γ_s 不通过 $F(s)$的任一极点和零点，则曲线 Γ_s 通过 $F(s)$ 映射到 $F(s)$平面上也是一条连续封闭曲线 Γ_F。

显然，Γ_F 的具体形状由 $F(s)$决定，一般比较复杂，但是 Γ_F 绕 $F(s)$平面的原点圈数与 Γ_s 所包围的 $F(s)$的零点和极点的数目存在简单的关系，这就是柯西的辐角原理。

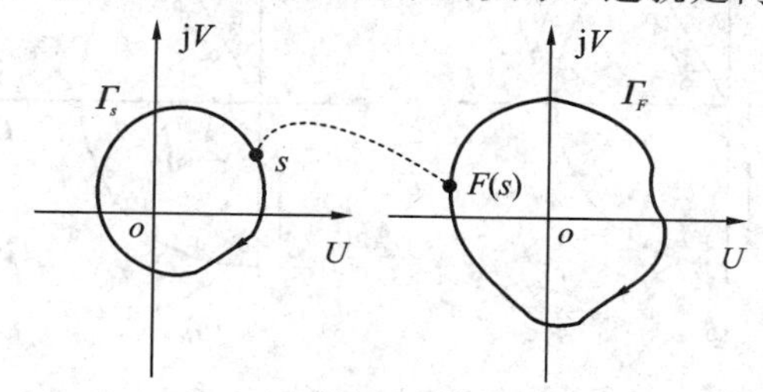

图 5－21　s 和 $F(s)$平面之间的映射关系

辐角原理　设 Γ_s 包围了 $F(s)$在 s 平面上的 Z 个零点和 P 个极点，当 s 顺时针沿 Γ_s 取值时，映射到 $F(s)$平面上的曲线 Γ_F 以顺时针方向围绕原点转过的圈数 N 为

$$N=Z-P \tag{5.2-31}$$

若 $N>0$，映射曲线 Γ_F 将顺时针围绕原点转 N 圈；若 $N<0$，映射曲线 Γ_F 将逆时针围绕原点转 N 圈；若 $N=0$，映射曲线 Γ_F 将不包围坐标原点。

2. 判据内容

判别系统的稳定性，实际上就是判别系统的特征方程在右半 s 平面上有没有极点。下面将辐角原理应用于稳定性分析。为便于分析，需要进行以下几项工作。

(1) 对于形如图 5－22 所示的一般控制系统，开环传递函数为

$$G_k(s)=G(s)H(s)=\frac{B(s)}{A(s)} \tag{5.2-32}$$

图 5－22　一般控制系统结构图

系统的闭环传递函数为

$$\Phi(s)=\frac{G(s)}{1+G(s)H(s)}=\frac{G(s)}{1+\dfrac{B(s)}{A(s)}}=\frac{A(s)G(s)}{A(s)+B(s)} \tag{5.2-33}$$

可见，$A(s)+B(s)$和 $A(s)$分别为闭环和开环传递函数的特征多项式。令

$$F(s)=1+G(s)H(s)=\frac{A(s)+B(s)}{A(s)} \tag{5.2-34}$$

$F(s)$的零点即闭环传递函数的极点，$F(s)$的极点即开环传递函数的极点，且$F(s)$的零点和极点个数相同。

(2) 选择Γ_s包围整个右半s平面：因为稳定性分析就是确定特征方程在右半s平面上有没有极点，如图5-23(a)所示，这样的路径称为奈氏路径。因为Γ_s不能通过$F(s)$的任一零点和极点，所以当开环传递函数$G(s)H(s)$在原点存在极点时，选择奈氏路径如图5-23(b)所示。其中，小半圆的半径→0，目的是使Γ_F既不通过$F(s)$的零点和极点，又包围了$F(s)$的右半s平面。

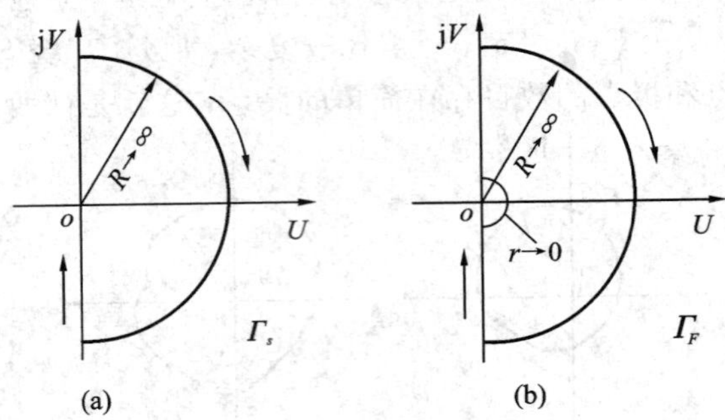

图5-23　奈氏路径

根据辐角原理，若Γ_s顺时针包围了$F(s)$的P个极点，Γ_F以逆时针方向围绕原点转过的圈数为N，则系统有$Z=P-N$个闭环极点在右半s平面。

(3) $F(s)$平面变换到$G(s)H(s)$平面：因为$F(s)=1+G(s)H(s)$，所以将$F(s)$平面的虚轴向右平移一个单位，就是$G(s)H(s)$平面，Γ_F绕$F(s)$平面原点N圈等同于Γ_F绕$G(s)H(s)$平面的$(-1, \mathrm{j}0)$点N圈。因此，可得如下结论：

若Γ_s包围了$F(s)$的P个极点，即有P个开环极点在右半s平面上，Γ_F绕$G(s)H(s)$平面的$(-1, \mathrm{j}0)$点N圈，则系统有$Z=P-N$个闭环极点在右半s平面。

(4) $G(s)H(s)$平面变换到$G(\mathrm{j}\omega)H(\mathrm{j}\omega)$平面：因为系统的开环频率特性一般可由实验得到，所以直接在$G(\mathrm{j}\omega)H(\mathrm{j}\omega)$平面上分析系统稳定性更加简单。

当开环传递函数$G(s)H(s)$在原点存在极点时，则取图5-23(b)所示的奈氏路径，这时，奈氏曲线应再加上小半圆的映射。

综上所示，奈氏稳定判据可描述如下：

设系统的开环传递函数在右半平面上有P个极点，则闭环系统稳定的充要条件是当ω从$-\infty$变化到$+\infty$时，系统开环奈氏曲线逆时针包围$(-1,\mathrm{j}0)$点的圈数N等于开环传递函数在右半s平面的极点数P。如果开环系统稳定，即$P=0$，则闭环系统稳定的充要条件是系统开环奈氏曲线不包围$(-1,\mathrm{j}0)$点。如果$N\neq P$，则闭环系统不稳定，且不稳定的闭环系统在右半s平面的极点数为

$$Z=P-N \tag{5.2-35}$$

为了简单起见，通常只绘制出$G(\mathrm{j}\omega)H(\mathrm{j}\omega)$曲线的正半部分，即只画出$\omega$从0变化到$+\infty$时的开环幅相频率特性曲线，此时，奈氏判据的表达式(5.2-35)可改为

$$Z=P-2N \tag{5.2-36}$$

显然，只有当 $Z=P-2N=0$ 时，闭环系统才是稳定的。

例 5-5　某闭环系统的开环传递函数为

$$G_k(s)=\frac{K}{(T_1s+1)(T_2s+1)}$$

试分析该系统的稳定性。

解　由例 5-2 可知，该系统的奈氏曲线如图 5-24 所示。

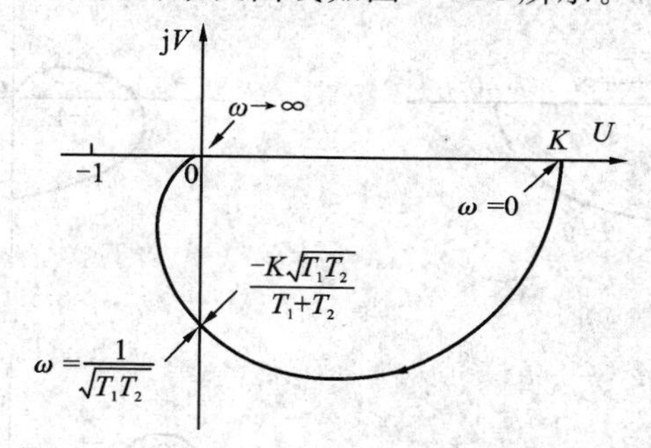

图 5-24　例 5-5 奈氏曲线图

当参数 K、T_1 和 T_2 为任何正值时，$P=0$，在右半 s 平面的极点数为 0。奈氏曲线绕 $(-1, j0)$ 点的圈数 $N=0$，则闭环系统在右半 s 平面的极点个数为 $Z=P-2N=0$，故该闭环系统是稳定的。

作为对比，易得系统闭环传递函数为 $T_1T_2s^2+(T_1+T_2)s+K+1=0$，由劳斯判据可知闭环系统是稳定的。

例 5-6　已知某闭环系统的开环传递函数为

$$G_k(s)=\frac{K}{s(Ts+1)}\quad (K>0,\ T>0)$$

试分析该系统的稳定性。

解　由例 5-3 可知，该系统的奈氏曲线如图 5-25 所示，图中虚线为增补段。

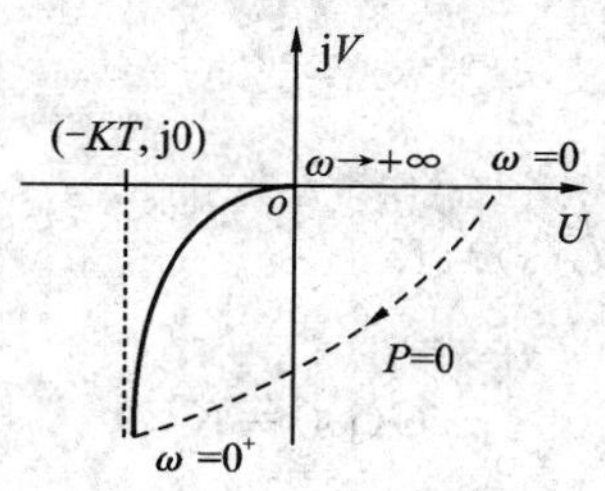

图 5-25　例 5-6 奈氏曲线图

该系统在坐标原点处有一个极点，为 Ⅰ 型系统。当 s 沿曲线 Γ_3 从 $\omega=0$ 变化到 $\omega=0^+$ 时，在 $G(s)H(s)$ 平面上的映射曲线将沿无穷大半径按顺时针方向转过 $-\pi/2$。

由图 5-25 可知，奈氏曲线绕 $(-1, j0)$ 点的圈数 $N=0$，且系统开环传递函数在右半 s 平面无极点，则闭环系统在右半 s 平面的个数为 $Z=P-2N=0$，故该闭环系统是稳定的。

例 5-7　试判别图 5-26 所示奈氏曲线哪些是稳定的？哪些是不稳定的？

解　图 5-26(a)、(d)两个系统的开环幅相特性曲线不包围点 $(-1, j0)$，且已知两个系统的右半平面的极点数为 0，故由奈氏稳定判据可知，$Z=P-2N=0$，系统稳定。

图 5-26(b)所示系统中，$P=1$，$N=-1$，$Z=P-2N=1-2\times(-1)=3$，故由奈氏稳定判据可知，系统不稳定。

图 5-26(c)所示系统中，$P=0$，$N=-1$，$Z=P-2N=0-2\times(-1)=2$，故由奈氏稳定判据可知，系统不稳定。

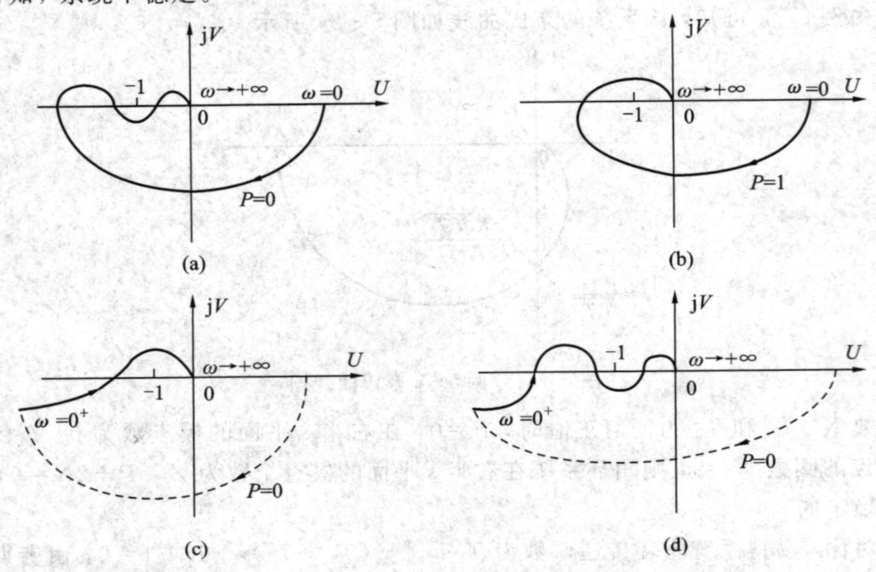

图 5-26 例 5-7 奈氏曲线图

5.3 对数频率特性图

5.3.1 典型环节的伯德图

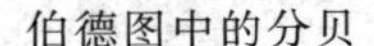

伯德图中的分贝

1. 比例环节

比例环节的传递函数是

$$G(s)=K$$

其频率特性为

$$G(j\omega)=K$$

对数幅频特性为

$$L(\omega)=20\ \lg|G(j\omega)|=20\ \lg K \tag{5.3-1}$$

对数相频特性为

$$\varphi(\omega)=\angle G(j\omega)=0° \tag{5.3-2}$$

比例环节的对数幅频特性曲线是一条平行于横轴的直线，相频特性曲线是一条与零度线重合的直线，它们都与频率 ω 无关，如图 5-27 所示。当 $K>1$ 时，直线位于零分贝线上方；当 $K<1$ 时，直线位于零分贝线下方；当 $K=1$ 时，直线与零分贝线重合。当 K 的数值变化时，幅频特性图中的直线 20 lg$K$ 向上或向下平移，但相频特性不变。

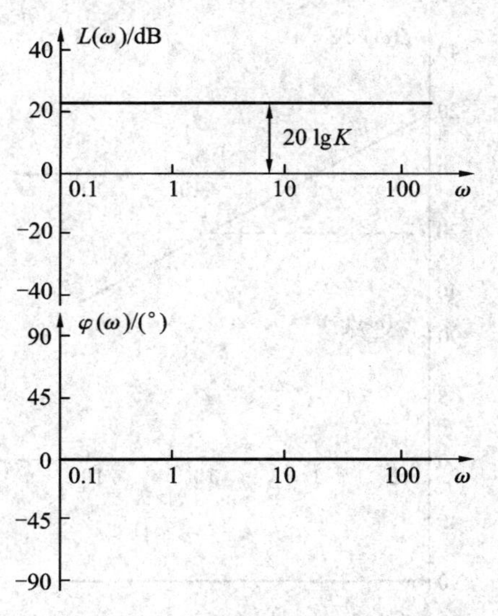

图 5-27　比例环节的伯德图

2. 积分环节

积分环节的传递函数是

$$G(s)=\frac{1}{s}$$

其频率特性为

$$G(\mathrm{j}\omega)=\frac{1}{\mathrm{j}\omega}$$

对数幅频特性为

$$L(\omega)=20\ \lg|G(\mathrm{j}\omega)|=20\ \lg\frac{1}{\omega}=-20\ \lg\omega \tag{5.3-3}$$

对数相频特性为

$$\varphi(\omega)=\angle G(\mathrm{j}\omega)=-90^{\circ} \tag{5.3-4}$$

积分环节的对数幅频特性曲线是一条直线，每当频率增加 10 倍时，其对数幅频特性就下降 20 dB。因此，积分环节的对数幅频特性曲线是一条在 $\omega=1$ 处通过零分贝线、斜率为 -20 dB/dec 的直线。积分环节的对数相频特性曲线是一条在整个频率范围内为 -90°的水平直线，如图 5-28 所示。

如果 ν 个积分环节串联，则传递函数为

$$G(s)=\frac{1}{s^{\nu}} \tag{5.3-5}$$

对数幅频特性为

$$L(\omega)=20\ \lg|G(\mathrm{j}\omega)|=20\ \lg\frac{1}{\omega^{\nu}}=-20\nu\ \lg\omega \tag{5.3-6}$$

对数相频特性为

$$\varphi(\omega)=\angle G(\mathrm{j}\omega)=-\nu\cdot 90^{\circ} \tag{5.3-7}$$

它的对数幅频特性曲线是一条在 $\omega=1$ 处穿越频率零分贝线、斜率为 -20ν dB/dec 的直线，相频特性曲线是一条在整个频率范围内为 $-\nu\cdot 90^{\circ}$的水平直线。

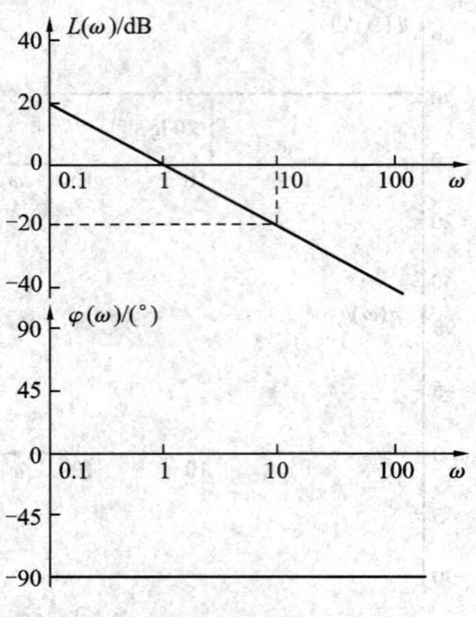

图 5-28　积分环节的伯德图

3. 微分环节

微分环节的传递函数是

$$G(s)=s$$

其频率特性为

$$G(\mathrm{j}\omega)=\mathrm{j}\omega$$

对数幅频特性为

$$L(\omega)=20\ \lg|G(\mathrm{j}\omega)|=20\ \lg\omega \tag{5.3-8}$$

对数相频特性为

$$\varphi(\omega)=\angle G(\mathrm{j}\omega)=90^{\circ} \tag{5.3-9}$$

微分环节的对数幅频特性曲线是一条直线，每当频率增加 10 倍时，其对数幅频特性就增加 20 dB。因此，微分环节的对数幅频特性曲线是一条在 $\omega=1$ 处通过零分贝线、斜率为 20 dB/dec 的直线。微分环节的对数相频特性曲线是一条在整个频率范围内为 90°的水平直线，具有恒定的相位超前，如图 5-29 所示。

4. 惯性环节

惯性环节的传递函数是

$$G(s)=\frac{1}{Ts+1}$$

其频率特性为

$$G(\mathrm{j}\omega)=\frac{1}{\mathrm{j}\omega T+1}$$

对数幅频特性为

$$L(\omega)=20\ \lg|G(\mathrm{j}\omega)|=-20\ \lg\sqrt{\omega^{2}T^{2}+1} \tag{5.3-10}$$

对数相频特性为

$$\varphi(\omega)=\angle G(\mathrm{j}\omega)=-\arctan\omega T \tag{5.3-11}$$

惯性环节的对数幅频特性曲线是一条比较复杂的曲线。为了简化，在工程上一般用渐

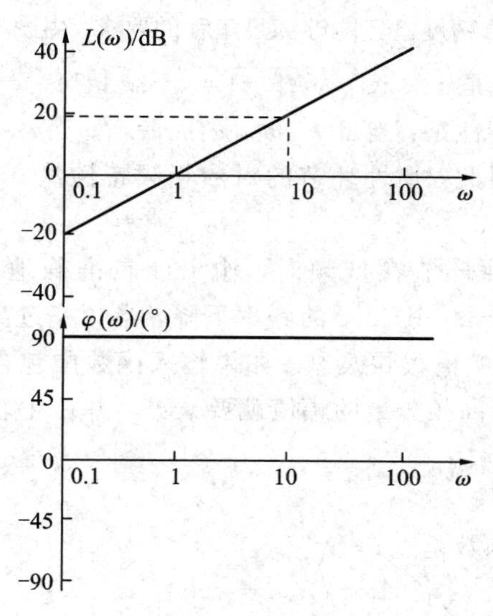

图 5-29　理想微分环节的伯德图

近线近似地代替曲线，称为对数幅频渐近特性曲线，其作图简单方便，而且和精确曲线很接近，在系统初步设计阶段经常采用。

当 $\omega \ll 1/T$ 时，$(\omega T)^2 \ll 1$，$L(\omega) = -20\ \lg\ \sqrt{\omega^2 T^2 + 1} \approx -20\ \lg 1 = 0$，即 $L(\omega)$ 的低频渐近线是一条 0 dB 水平线。

当 $\omega \gg 1/T$ 时，$(\omega T)^2 \gg 1$，$L(\omega) = -20\ \lg\ \sqrt{\omega^2 T^2 + 1} \approx -20\ \lg(\omega T)$，即 $L(\omega)$ 的高频渐近线是斜率为 -20 dB/dec 的直线，它在转折频率 $\dfrac{1}{T}$ 处穿越 0 dB 线。

惯性环节对数幅频特性的渐近线为折线，两条渐近线在 $\omega_1 = 1/T$ 处相交，称角频率 $1/T$ 为转折频率或转角频率。图 5-30 绘出了惯性环节对数幅频特性的渐近线与精确曲线，以及相应的对数相频特性曲线。

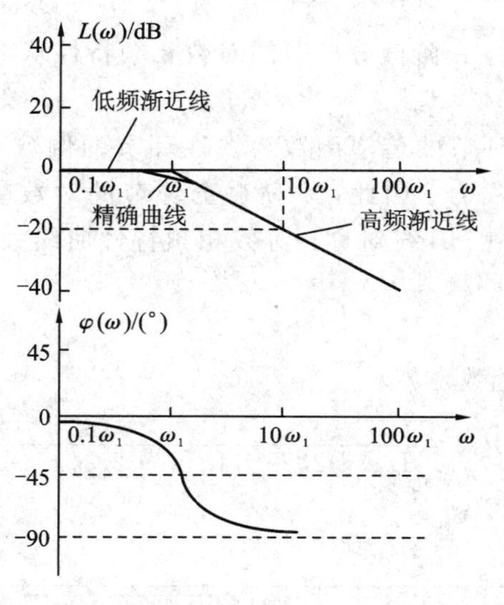

图 5-30　惯性环节的伯德图

在工程上，渐近线的计算精度已经能够满足工程的要求。由图 5-30 可见，最大误差发生在转折频率 $\omega=1/T$ 处，其误差是 $-20\lg\sqrt{\omega^2T^2+1}-(-20\lg1)=-20\lg\sqrt{2}=-3.01\ (\text{dB})$。

惯性环节的对数相频特性是：当 $\omega=0$ 时，$\varphi(\omega)=0°$；当 $\omega=1/T$ 时，$\varphi(\omega)=-45°$；当 $\omega\to\infty$ 时，$\varphi(\omega)=-90°$。因此，惯性环节的对数相频特性从 0°变化到 $-90°$，并且关于点 $(\omega_1, -45°)$ 对称。

由图 5-30 可见，惯性环节在低频时，输出能较准确地跟踪输入。但当输入频率 $\omega>1/T$ 时，其对数幅值以 -20 dB/dec 的斜率下降，当频率过高时，输出便跟不上输入的变化，故在高频时，输出的幅值很快衰减。如果输入函数中包含多种谐波，则输入中的低频分量得到精确的复现，而高频分量的幅值就要衰减，并产生较大的相移，所以惯性环节具有低通滤波器的功能。

5. 一阶微分环节

一阶微分环节的传递函数是

$$G(s)=\tau s+1$$

其频率特性为

$$G(j\omega)=j\omega\tau+1$$

对数幅频特性为

$$L(\omega)=20\lg|G(j\omega)|=20\lg\sqrt{\omega^2\tau^2+1} \tag{5.3-12}$$

对数相频特性为

$$\varphi(\omega)=\angle G(j\omega)=\arctan\omega\tau \tag{5.3-13}$$

一阶微分环节的对数幅频特性是：当 $\omega\ll\frac{1}{\tau}$ 时，对数幅频为 0 dB；当 $\omega\gg\frac{1}{\tau}$，对数幅频是一条斜率为 20 dB/dec 的直线，它同样在转折频率 $\omega_1=\frac{1}{\tau}$ 处穿越 0 dB 线。

一阶微分环节的对数相频特性是：当 $\omega=0$ 时，$\varphi(\omega)=0°$；当 $\omega=\frac{1}{\tau}$ 时，$\varphi(\omega)=45°$；当 $\omega\to\infty$ 时，$\varphi(\omega)=90°$。因此，一阶微分环节的对数相频特性从 0°变化到 90°，并且关于点 $(\omega_1, 45°)$ 对称。

由上可知，一阶微分环节的传递函数为惯性环节的倒数，与惯性环节对数幅频和对数相频相比，仅差一个符号。因此，一阶微分环节的对数幅频特性曲线与惯性环节的对数幅频特性曲线关于 0 dB 线对称，对数相频特性曲线关于 0°线对称，如图 5-31 所示。

6. 二阶振荡环节

二阶振荡环节的传递函数是

$$G(s)=\frac{1}{T^2s^2+2\zeta Ts+1}=\frac{\omega_n^2}{s^2+2\zeta\omega_n s+\omega_n^2}$$

其频率特性为

$$G(j\omega)=\frac{1}{1-T^2\omega^2+j2\zeta T\omega}=\frac{1}{\left(j\frac{\omega}{\omega_n}\right)^2+j2\zeta\frac{\omega}{\omega_n}+1}=\frac{1}{\sqrt{\left[1-\left(\frac{\omega}{\omega_n}\right)^2\right]^2+\left(2\zeta\frac{\omega}{\omega_n}\right)^2}}e^{-j\arctan\frac{2\zeta\frac{\omega}{\omega_n}}{1-\left(\frac{\omega}{\omega_n}\right)^2}}$$

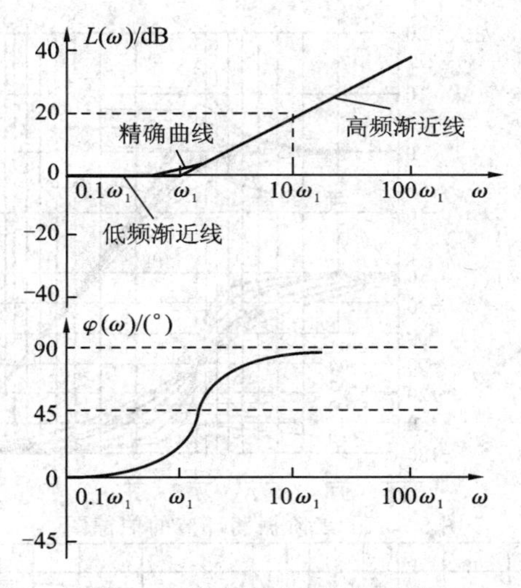

图 5－31　一阶微分环节的伯德图

对数幅频特性为

$$L(\omega)=20\ \lg|G(\mathrm{j}\omega)|=-20\ \lg\sqrt{\left[1-\left(\frac{\omega}{\omega_n}\right)^2\right]^2+\left(2\zeta\frac{\omega}{\omega_n}\right)^2} \qquad (5.3-14)$$

对数相频特性为

$$\varphi(\omega)=\angle G(\mathrm{j}\omega)=-\arctan\frac{2\zeta\frac{\omega}{\omega_n}}{1-\frac{\omega^2}{\omega_n^2}} \qquad (5.3-15)$$

由式(5.3－14)可知，振荡环节的对数幅频特性是关于角频率 ω 和阻尼比 ζ 的二元函数，它的精确曲线较为复杂，一般以渐近线代替。

当 $\omega\ll\omega_n$ 时，略去 $L(\omega)$ 表达式中的 $\left(\frac{\omega}{\omega_n}\right)^2$ 和 $\left(2\zeta\frac{\omega}{\omega_n}\right)^2$ 项，则有 $L(\omega)\approx-20\ \lg1=0$ (dB)，即 $L(\omega)$ 的低频渐近线是一条 0 dB 水平直线。当 $\omega\gg\omega_n$ 时，略去 $L(\omega)$ 表达式中的 1 和 $2\zeta\frac{\omega}{\omega_n}$ 项，则有 $L(\omega)\approx-20\ \lg\left(\frac{\omega}{\omega_n}\right)^2=-40\ \lg\frac{\omega}{\omega_n}$，即 $L(\omega)$ 的高频渐近线是斜率为－40 dB/dec 的直线。

当 $\omega/\omega_n=1$ 时，ω 是高频渐近线和低频渐近线的相交点，所以二阶振荡环节的自然振荡频率 ω_n 就是其转折频率。

二阶振荡环节的渐近线与阻尼比 ζ 无关，但实际上 $L(\omega)$ 不仅与 ω/ω_n 有关，而且与阻尼比 ζ 有关，因此在转折频率附近一般不能简单地用渐近线代替，否则可能会引起较大的误差。图 5－32 绘出了当 ζ 取不同值时对数幅频特性的准确曲线和渐近线，以及对数相频特性曲线。由图可见，当 $\zeta<0.707$ 时，在接近 ω_n 处曲线出现谐振峰值，ζ 值越小，谐振峰值越大，必要时可用图 5－33 所示的误差修正曲线进行修正。

二阶振荡环节的对数相频特性 $\varphi(\omega)$ 也是 ω/ω_n 和 ζ 的函数，对应于不同的 ζ 值，形成一簇对数相频特性曲线。当 $\omega=0$ 时，$\varphi(\omega)=0°$；当 $\omega=\omega_n$ 时，$\varphi(\omega)=-90°$；当 $\omega\to\infty$ 时，$\varphi(\omega)=-180°$。因此，振荡环节的对数相频特性从 0°变化到－180°，并且关于点 $(\omega_n,-90°)$ 对称。

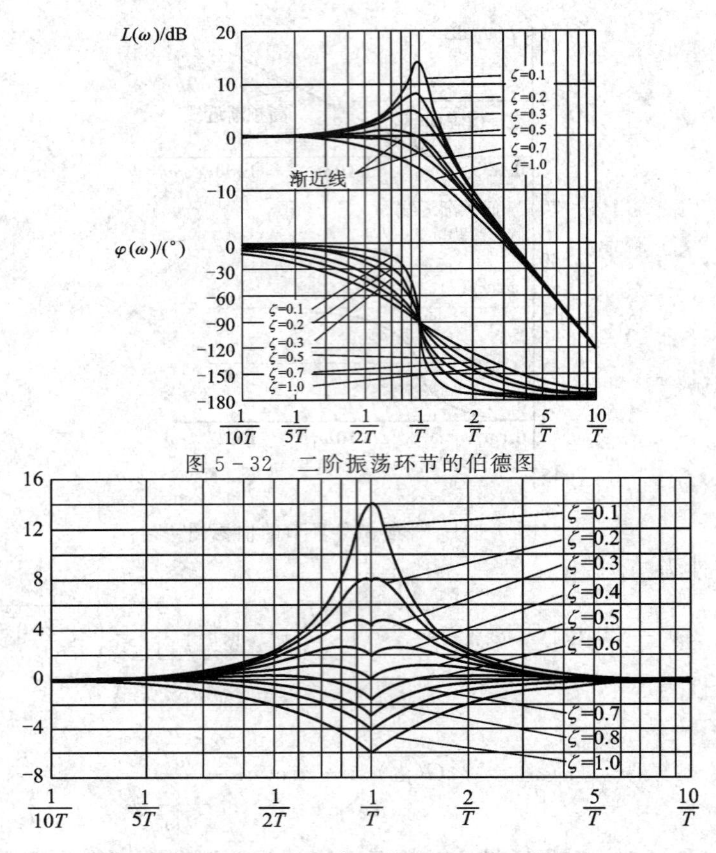

图 5-32　二阶振荡环节的伯德图

图 5-33　二阶振荡环节的误差修正曲线

7. 二阶微分环节

二阶微分环节的传递函数是

$$G(s)=T^2s^2+2\zeta Ts+1=\frac{s^2+2\zeta\omega_n s+\omega_n^2}{\omega_n^2}$$

其频率特性为

$$G(j\omega)=\left(j\frac{\omega}{\omega_n}\right)^2+j2\zeta\frac{\omega}{\omega_n}+1$$

对数幅频特性为

$$L(\omega)=20\ \lg|G(j\omega)|=20\ \lg\sqrt{\left(1-\frac{\omega^2}{\omega_n^2}\right)^2+\left(2\zeta\frac{\omega}{\omega_n}\right)^2} \qquad (5.3-16)$$

对数相频特性为

$$\varphi(\omega)=\angle G(j\omega)=\arctan\frac{2\zeta\frac{\omega}{\omega_n}}{1-\frac{\omega^2}{\omega_n^2}} \qquad (5.3-17)$$

二阶微分环节的传递函数为二阶振荡环节的倒数，与振荡环节对数幅频特性和对数相频特性相比，其对数频率特性仅差一个负号。因此，二阶微分环节的对数幅频特性与二阶振荡环节的对数幅频特性曲线对称于 0 dB 线，对数相频特性曲线对称于 0°线，如图 5-34 所示。

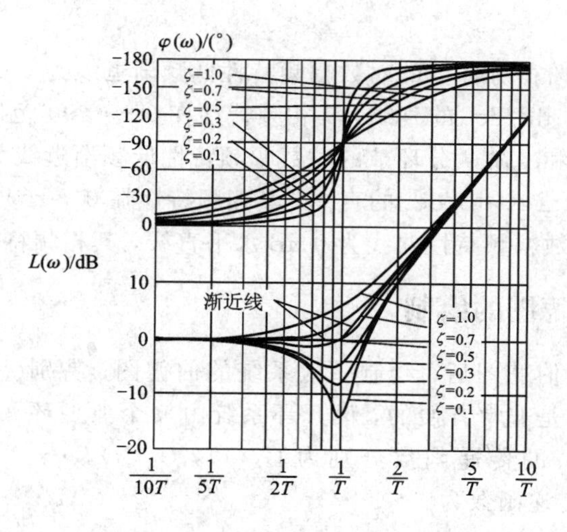

图 5 - 34　二阶微分环节的伯德图

8. 延时环节

延时环节的传递函数是

$$G(s)=\mathrm{e}^{-\tau s}$$

其频率特性为

$$G(\mathrm{j}\omega)=\mathrm{e}^{-\mathrm{j}\omega\tau}=\cos\omega\tau-\mathrm{j}\sin\omega\tau$$

对数幅频特性为

$$L(\omega)=20\ \lg|G(\mathrm{j}\omega)|=20\ \lg 1=0 \tag{5.3-18}$$

对数相频特性为

$$\varphi(\omega)=\angle G(\mathrm{j}\omega)=\arctan\frac{-\sin\omega\tau}{\cos\omega\tau}=-\omega\tau \tag{5.3-19}$$

延时环节的对数幅频特性曲线为 0 dB 水平直线，对数相频特性曲线随着 ω 的增大而减小，如图 5 - 35 所示。

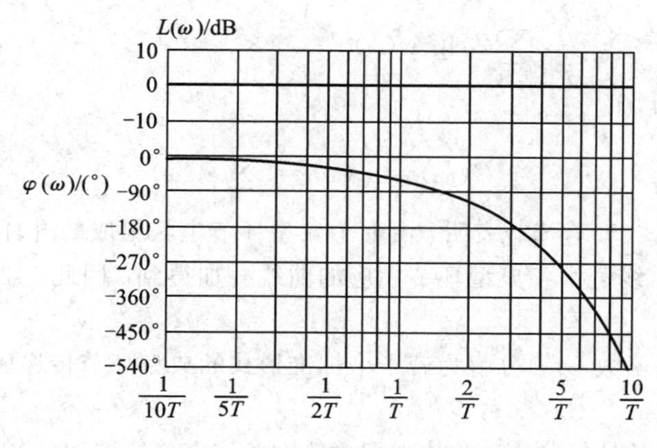

图 5 - 35　延时环节的伯德图

综上所述，某些典型环节的对数幅频特性及其渐近线和对数相频特性具有以下特点：

(1) 比例环节的对数幅频特性曲线为平行于横轴的直线，其相频特性曲线为 0°线。

(2) 积分环节和微分环节的对数幅频特性为过点(1，0)、斜率为±20 dB/dec 的直线，其相频特性为±90°线。

(3) 惯性环节和一阶微分环节的对数幅频特性低频渐近线为 0 dB，高频渐近线为始于点(ω_1，0)、斜率为±20 dB/dec 的直线，其相频特性在 0°～±90°范围内变化。

(4) 二阶振荡环节和二阶微分环节的对数幅频特性低频渐近线为 0 dB，高频渐近线为始于点(ω_n，0)、斜率为±40 dB/dec 的直线，其相频特性在 0°～±180°范围内变化。

(5) 延时环节的对数幅频特性曲线为 0 dB 水平直线，其相频特性随 ω 成线性变化。

5.3.2 开环系统伯德图的绘制

难点解析_伯德图的绘制

熟悉了典型环节的伯德图后，绘制一般系统的伯德图，特别是按渐近线绘制伯德图是非常方便的。设开环系统由 n 个典型环节串联组成，这些环节的传递函数分别为 $G_1(s)$，$G_2(s)$，…，$G_n(s)$，则系统的开环传递函数为

$$G(s) = G_1(s)G_2(s)\cdots G_n(s) = \prod_{i=1}^{n} G_i(s) \tag{5.3-20}$$

其频率特性为

$$\begin{aligned} G(\mathrm{j}\omega) &= G_1(\mathrm{j}\omega)G_2(\mathrm{j}\omega)\cdots G_n(\mathrm{j}\omega) = A_1(\omega)\mathrm{e}^{\mathrm{j}\varphi_1(\omega)}A_2(\omega)\mathrm{e}^{\mathrm{j}\varphi_2(\omega)}\cdots A_n(\omega)\mathrm{e}^{\mathrm{j}\varphi_n(\omega)} \\ &= A_1(\omega)A_2(\omega)\cdots A_n(\omega)\mathrm{e}^{\mathrm{j}[\varphi_1(\omega)+\varphi_2(\omega)+\cdots+\varphi_n(\omega)]} \\ &= \prod_{i=1}^{n} A_i(\omega)\mathrm{e}^{\mathrm{j}\sum_{i=1}^{n}\varphi_i(\omega)} \end{aligned}$$

幅频特性为

$$|G(\mathrm{j}\omega)| = A(\omega) = \prod_{i=1}^{n} A_i(\omega)$$

对数幅频特性为

$$\begin{aligned} L(\omega) &= 20\lg|G(\mathrm{j}\omega)| = 20\lg A(\omega) = 20\lg\prod_{i=1}^{n} A_i(\omega) \\ &= \sum_{i=1}^{n} 20\lg A_i(\omega) \end{aligned} \tag{5.3-21}$$

对数相频特性为

$$\angle G(\mathrm{j}\omega) = \varphi(\omega) = \sum_{i=1}^{n} \varphi_i(\omega) \tag{5.3-22}$$

式(5.3-21)和式(5.3-22)表明，由 n 个典型环节串联组成的开环系统的对数幅频特性曲线和相频特性曲线可由各典型环节相应的曲线叠加得到。因此，绘制系统伯德图的一般步骤如下：

(1) 将系统传递函数 $G(s)$分解为若干个标准形式的典型环节传递函数相乘的形式，求出系统频率特性 $G(\mathrm{j}\omega)$。

(2) 确定各环节的转折频率，并从小到大依次标注在伯德图的 ω 轴上。

(3) 绘制开环对数幅频特性低频段的渐近线，过点(1，20 lg$K$)作斜率为-20ν dB/dec 的直线，其中 K 为系统开环放大增益，ν 为开环系统型别。

(4) 绘制对数幅频特性的其他渐近线，从低频段渐近线开始，沿频率增大的方向每遇到一个转折频率就改变一次斜率，其规律如表 5-2 所示；最后，最右端转折频率之后的渐近线斜率是 $-20(n-m)$ dB/dec，其中 n、m 分别是传递函数分母和分子的阶数。

(5) 如有必要，可按照典型环节的误差修正曲线在相应转折频率附近进行修正，以得到精确的对数幅频特性的光滑曲线。

(6) 绘制对数相频特性曲线，分别绘制出个典型环节的对数相频特性曲线，再利用式(5.3-22)进行叠加，得到系统的相频特性曲线。

注意　当系统的多个环节具有相同的交接频率时，该交接频率点处的斜率的变化应为各个环节对应的斜率变化值的代数和。

表 5-2　交接频率点处斜率的变化表

典型环节类别	典型环节传递函数	交接频率	斜率变化
一阶环节 ($T>0$)	$\dfrac{1}{1+T_s}$	$\dfrac{1}{T}$	-20 dB/dec
	$\dfrac{1}{1-T_s}$		
	$1+T_s$		20 dB/dec
	$1-T_s$		
二阶环节 ($\omega_n>0, 1>\zeta\geqslant 0$)	$1\Big/\left(\dfrac{s^2}{\omega_n^2}+2\zeta\dfrac{s}{\omega_n}+1\right)$	ω_n	-40 dB/dec
	$1\Big/\left(\dfrac{s^2}{\omega_n^2}+2\zeta\dfrac{s}{\omega_n}+1\right)$		
	$\dfrac{s^2}{\omega_n^2}+2\zeta\dfrac{s}{\omega_n}+1$		40 dB/dec
	$\dfrac{s^2}{\omega_n^2}+2\zeta\dfrac{s}{\omega_n}+1$		

例 5-8　已知系统的开环传递函数为

$$G(s)H(s)=\frac{K}{(T_1s+1)(T_2s+1)}\ (T_1>T_2>0)$$

试绘制系统的伯德图。

解　系统由比例环节和两个惯性环节组成，系统的开环频率特性为

$$G(\mathrm{j}\omega)H(\mathrm{j}\omega)=\frac{K}{(\mathrm{j}\omega T_1+1)(\mathrm{j}\omega T_2+1)}$$

对数幅频特性为

$$L(\omega)=20\lg\frac{K}{\sqrt{\omega^2T_1^2+1}\cdot\sqrt{\omega^2T_2^2+1}}$$

对数相频特性为

$$\varphi(\omega)=-\arctan T_1\omega-\arctan T_2\omega$$

两个转折频率从小到大依次为 $\dfrac{1}{T_1}$，$\dfrac{1}{T_2}$。

画出该系统的对数幅频特性渐近曲线和相频曲线，如图 5-36 所示。

例 5-9　已知系统的开环传递函数为

$$G(s)=\frac{240(0.25s+0.5)}{(5s+2)(0.05s+2)}$$

试绘制系统的伯德图。

解　将系统的传递函数 $G(s)$ 中各环节化为标准形式得

$$G(s)=\frac{30(0.5s+1)}{(2.5s+1)(0.025s+1)}$$

开环传递函数包含比例环节、两个惯性环节和一阶微分环节，频率特性为

$$G(\mathrm{j}\omega)=\frac{30(\mathrm{j}0.5\omega+1)}{(\mathrm{j}2.5\omega+1)(\mathrm{j}0.025\omega+1)}$$

确定各环节的转折频率如下：

惯性环节 $\frac{1}{\mathrm{j}2.5\omega+1}$ 的转折频率为 $\frac{1}{2.5}=0.4$；

惯性环节 $\frac{1}{\mathrm{j}0.025\omega+1}$ 的转折频率为 $\frac{1}{0.025}=40$；

一阶微分环节 $\mathrm{j}0.5\omega+1$ 的转折频率为 $\frac{1}{0.5}=2$。

将转折频率从小到大排列在横坐标轴上，依次为 0.4、2、40，画出该系统的对数幅频特性渐近曲线和相频曲线，如图 5-37 所示。

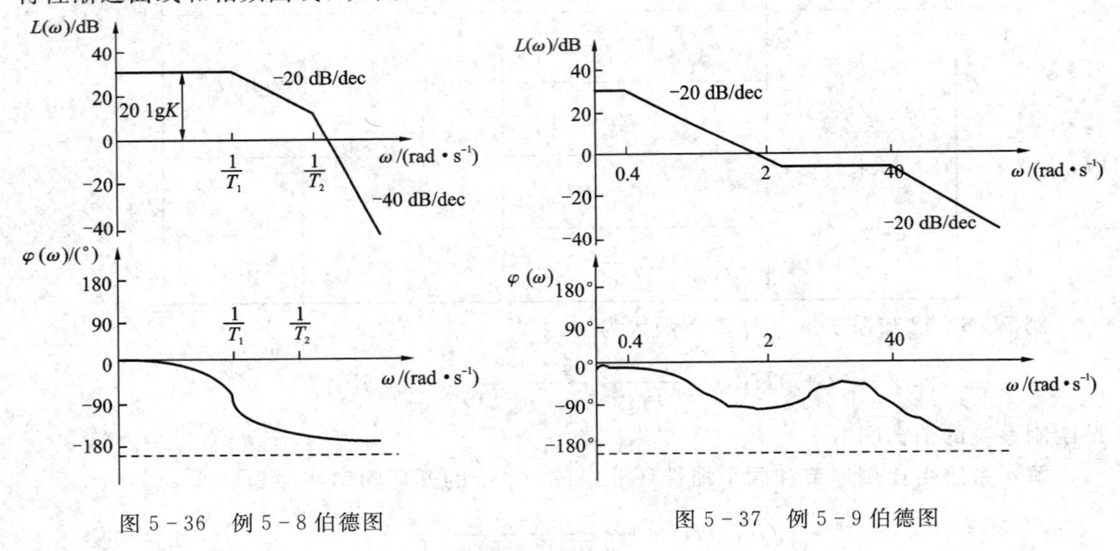

图 5-36　例 5-8 伯德图　　　　图 5-37　例 5-9 伯德图

5.3.3　由频率特性确定传递函数

频率特性是线性系统(环节)在特定情况(输入正弦信号)下的传递函数，故由传递函数可以得到系统(环节)的频率特性。反过来，由频率特性也可求得相应的传递函数。

若系统的开环传递函数 $G(s)$ 在右半 s 平面内既无极点也无零点，则称为最小相位系统(minimum phase system)。对于最小相位系统，当频率从零变化到无穷大时，相角的变化范围最小，其相角为 $-(n-m)\times90°$。

若系统的开环传递函数 $G(s)$ 在右半 s 平面内有零点或者极点，则称为非最小相位

系统(non-minimum phase system)。对于非最小相位系统而言，当频率从零变化到无穷大时，相角的变化范围总是大于最小相位系统的相角范围，其相角不等于$-(n-m)\times 90°$。

最小相位系统的幅频特性和相频特性是一一对应的，一条对数幅频特性曲线只有一条对数相频特性曲线与之对应。因而利用伯德图对最小相位系统写出传递函数、进行分析及综合校正时，往往只需作出对数幅频特性曲线就可以。

根据对数幅频曲线求取传递函数

例 5-10　已知最小相位系统开环对数幅频特性如图 5-38 所示。图中虚线为修正后的精确曲线，试确定开环传递函数。

解　由对数幅频特性求最小相位系统开环传递函数时，应由$L(\omega)$的起始段开始，逐步由各段斜率确定对应环节类型，由各转折频率确定各环节时间常数，而开环增益则由起始段位置计算。若某频率处$L(\omega)$的斜率改变了±40 dB/dec，则需由修正曲线方可确定对应环节的ξ值。

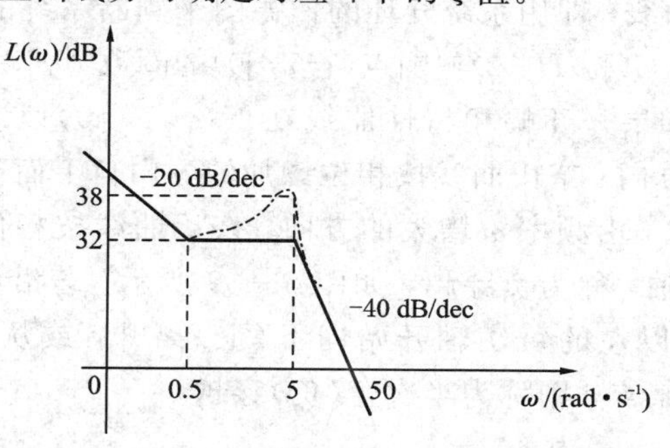

图 5-38　例 5-10 最小相位系统的对数幅频特性

(1) $L(\omega)$起始段($0<\omega<0.5$)的斜率为 20 dB/dec，说明传递函数中包含一个积分环节，即$\nu=1$。当$\omega=0.5$时，纵坐标为 32 dB/dec，则

$$20\lg\frac{K}{0.5}=32$$

$$K=20$$

即

$$G_1(s)=\frac{20}{s}$$

(2) 在$0.5\leqslant\omega<5$频段上，$L(\omega)$的斜率由-20 dB/dec 改变为 0 dB/dec，说明开环传递函数中包含一阶微分环节$Ts+1$，由于转折频率为 0.5，则$T=2$，即

$$G_2(s)=2s+1$$

(3) 当$\omega=5$时，$L(\omega)$的斜率由 0 dB/dec 改变为-40 dB/dec，可知系统中包含一个转折频率为 5 的振荡环节，即

$$G_3(s)=\frac{1}{0.04s^2+0.4\zeta s+1}$$

(4) 由图 5-38 可知

$$38-32=20\lg\frac{1}{\sqrt{(1-0.04\times 25)^2+(0.4\times 5\zeta)^2}}=20\lg\frac{1}{2\zeta}$$

$$\zeta=0.25$$

即

$$G_3(s)=\frac{1}{0.04s^2+0.1s+1}$$

故 $L(\omega)$ 对应的最小相位系统的传递函数为

$$G(s)=\frac{20(2s+1)}{s(0.04s^2+0.1s+1)}$$

5.3.4 对数稳定判据

难点解析_奈氏判据与对数判据的关系

奈奎斯特稳定判据是利用开环频率特性的奈氏图来判定闭环系统的稳定性的。由于奈氏图上的单位圆和负实轴分别与对数坐标图上的0 dB线和$-180°$线对应，所以可把系统开环奈氏图代之以对数幅频特性曲线和对数相频特性曲线，即用系统开环的伯德图来判断系统的稳定性，其关键是如何确定 $G(j\omega)H(j\omega)$ 包围点$(-1, j0)$的圈数 N。

在系统奈氏图中，如果开环幅相特性曲线在点$(-1, j0)$以左穿过负实轴，则称为穿越。在沿频率 ω 增大的方向，奈氏曲线按相位增加的方向自上而下穿过点$(-1, j0)$以左的实轴，称为正穿越；反之，沿频率 ω 增大的方向，奈氏曲线按相位减小的方向自下而上穿过点$(-1, j0)$以左的实轴，称为负穿越，如图 5-39 所示。若沿频率 ω 增大的方向，开环奈氏曲线自点$(-1, j0)$以左的负实轴开始向下(上)离开，或从负实轴上（下)趋近到点$(-1, j0)$以左的负实轴某点，则称为半次正(负)穿越。

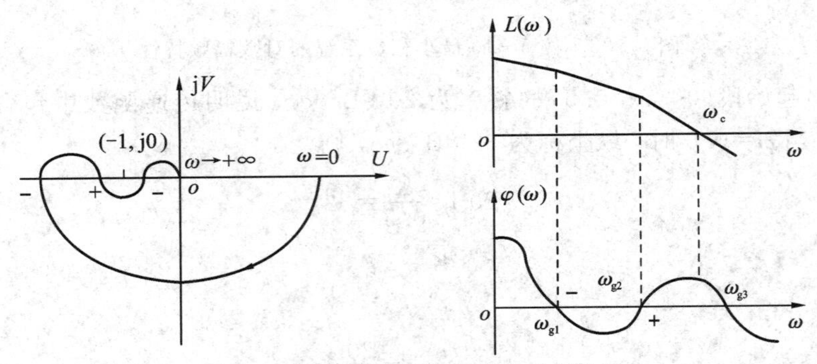

图 5-39　奈氏图与伯德图的对应关系

对应于伯德图，在 $L(\omega)>0$ dB 的频段范围内，沿频率 ω 增大的方向，对数相频特性曲线按相角增加的方向自下而上穿过$-180°$线，称为正穿越；反之，沿频率 ω 增大的方向，对数相频特性曲线按相角减小的方向自上而下穿过$-180°$线，称为负穿越。在 $L(\omega)>0$ dB 的频段范围内，若对数相频特性曲线沿 ω 增大的方向自$-180°$线开始向上(下)离开，或向下(上)趋近到$-180°$线，则称为半次正(负)穿越。

若记正穿越和负穿越的次数分别为 N_+ 和 N_-，根据上述对应关系，对数稳定判据可表述如下：

设系统的开环传递函数在右半平面上有 P 个极点，则闭环系统稳定的充要条件是当 $\omega=0$变化到 $\omega\to+\infty$时，在 $L(\omega)>0$ dB 的频段范围内，相频特性曲线在$-180°$线上正负穿越次数之差等于 $P/2$。若开环系统稳定，即 $P=0$，相频特性曲线不穿越$-180°$线或正负穿越次数之差等于0，则闭环系统稳定。

例5-11 试判别图5-40所示系统的稳定性。

解 图5-40(a)所示系统中，已知$P=0$，即开环无右特征根，在$L(\omega)>0$的频率范围内，正负穿越之差为0，系统闭环稳定。

图5-40(b)所示系统中，已知开环传递函数有一个右极点，$P=1$，在$L(\omega)>0$的频率范围内，半次正穿越，系统闭环稳定。

图5-40(c)所示系统中，已知$P=2$，在$L(\omega)>0$的频率范围内，正负穿越之差为$1-2=-1\neq 2/2$，系统闭环不稳定。

图5-40(d)所示系统中，已知$P=2$，在$L(\omega)>0$的频率范围内，正负穿越之差为$2-1=1=2/2$，系统闭环稳定。

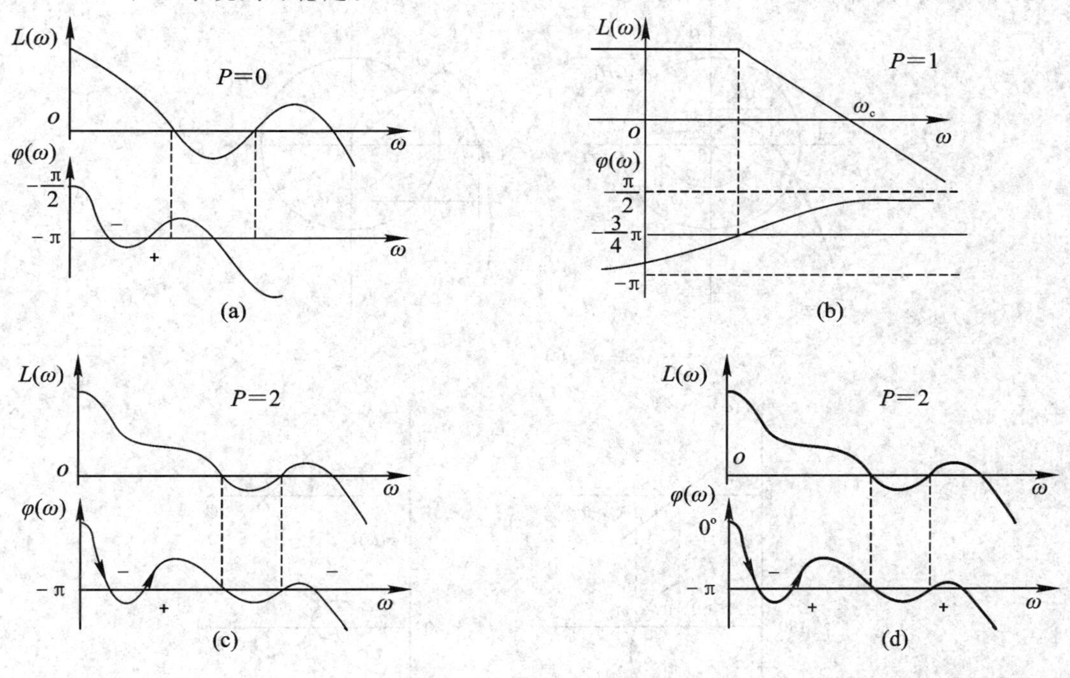

图5-40 例5-11伯德图

5.3.5 相对稳定性

控制系统稳定与否是绝对稳定性的概念。在设计一个控制系统时，不仅要求系统是绝对稳定的，还要求系统具有一定的稳定裕度，即具备适当的相对稳定性，相对稳定性与系统的暂态响应指标有着密切的关系。对于一个最小相位系统而言，开环奈氏曲线离点$(-1, j0)$越远，则闭环系统的稳定性就越好，稳定裕度越大；开环奈氏曲线离点$(-1, j0)$越近，则闭环系统的稳定性就越差，稳定裕度越小。因此，可用开环奈氏曲线对点$(-1, j0)$的接近程度来表征系统的相对稳定性，定量表示为相角裕度和幅值裕度。

稳定裕度的物理意义

1. 相角裕度

在图 5-41(a)所示的奈氏图上，开环奈氏曲线在 $\omega=\omega_c$(剪切频率)处与单位圆相交于 C 点，C 点与原点 o 的连线与负实轴的夹角 γ 称为系统的相角裕度。相角裕度就是在不破坏系统稳定性的前提下，允许增加的开环频率特性附加相位滞后量，且在剪切频率上有 $|G(j\omega_c)H(j\omega_c)|=1$。相角裕度等于 180°加上相角

$$\gamma = 180° + \varphi(\omega_c) \tag{5.3-23}$$

若 $\gamma>0$，则闭环系统稳定；若 $\gamma<0$，则闭环系统不稳定。γ 越小，稳定性越差，一般取 $\gamma=30°\sim60°$为宜。

在开环系统伯德图上，相角裕度就是对数幅频特性曲线与 0 dB 线相交处的相角与 $-180°$的代数和，如图 5-41(b)所示。

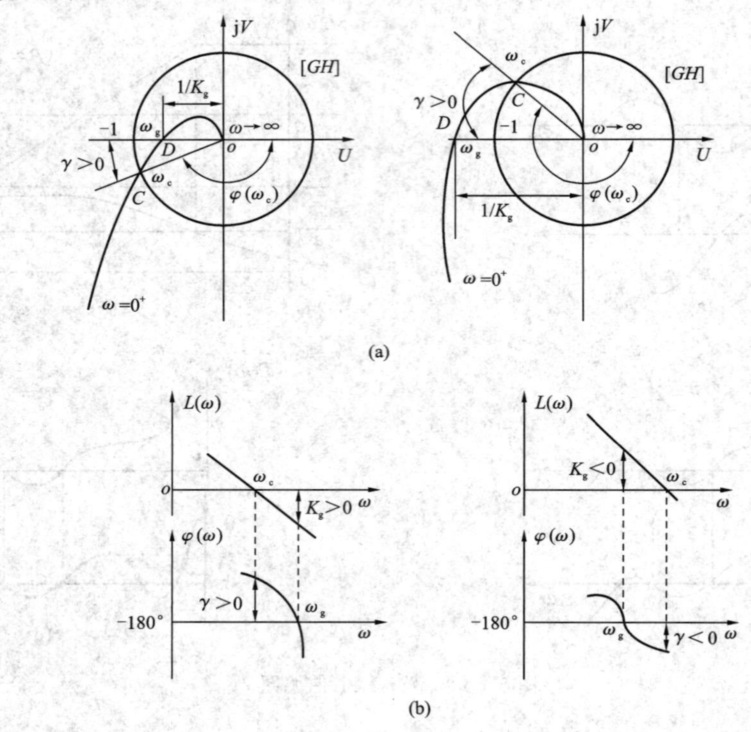

图 5-41　相角裕度和幅值裕度

2. 幅值裕度

在图 5-41(a)所示的奈氏图上，开环奈氏曲线在 $\omega=\omega_g$(交界频率)处与负实轴相交于 D 点，D 点与虚轴距离的倒数称为系统的幅值裕度，即

$$K_g = \frac{1}{|G(j\omega_g)H(j\omega_g)|} \tag{5.3-24}$$

幅值裕度就是在不破坏系统稳定性的前提下，开环频率特性幅值允许增加的倍数，且在交界频率上有 $\varphi(\omega_g)=-180°$。

若 $20\lg K_g>0$，则闭环系统稳定；若 $20\lg K_g<0$，则闭环系统不稳定。在工程设计上，一般取 $20\lg K_g>6$(dB)($K_g>2$)为宜。

在开环系统伯德图上，幅值裕度就是对数相频特性曲线与$-180°$线相交处的对数幅值

的倒数，如图 5-41(b)所示。

例 5-12　已知一单位反馈系统的开环传递函数为 $G(s)=\dfrac{1}{s(1+0.2s)(1+0.05s)}$。试求系统的相角裕度和幅值裕度。

解　根据 $|G(\mathrm{j}\omega_c)H(\mathrm{j}\omega_c)|=1$ 可得

$$|G(\mathrm{j}\omega_c)|=\left|\frac{1}{\mathrm{j}\omega_c(1+\mathrm{j}0.2\omega_c)(1+\mathrm{j}0.05\omega_c)}\right|=\frac{1}{\omega_c\sqrt{(1+0.04\omega_c^2)(1+0.0025\omega_c^2)}}=1$$

解得 $\omega_c=1$。

开环系统相角为

$$\varphi(\omega_c)=-90°-\arctan 0.2\omega_c-\arctan 0.05\omega_c=-104°$$

相角裕度为

$$\gamma=180°+\varphi(\omega_c)=180°-104°=76°$$

根据 $\varphi(\omega_g)=\angle G(\mathrm{j}\omega_g)H(\mathrm{j}\omega_g)=-180°$可得

$$\varphi(\omega_g)=-90°-\arctan 0.2\omega_g-\arctan 0.05\omega_g=-180°$$

即

$$\arctan 0.2\omega_g+\arctan 0.05\omega_g=90°$$

等式两边去正切得

$$\frac{0.2\omega_g+0.05\omega_g}{1-0.2\omega_g\times 0.05\omega_g}=\infty$$

解得 $\omega_g=10$。

幅值裕度为

$$\begin{aligned}K_g&=-20\lg|G(\mathrm{j}\omega_g)H(\mathrm{j}\omega_g)|\\&=-20\lg\left|\frac{1}{\mathrm{j}\omega_g(1+\mathrm{j}0.2\omega_g)(1+\mathrm{j}0.05\omega_g)}\right|\\&=20\lg 10+20\lg\sqrt{1+(0.2\times 10)^2}+20\lg\sqrt{1+(0.05\times 10)^2}\\&=20+7+1=28\ (\mathrm{dB})\end{aligned}$$

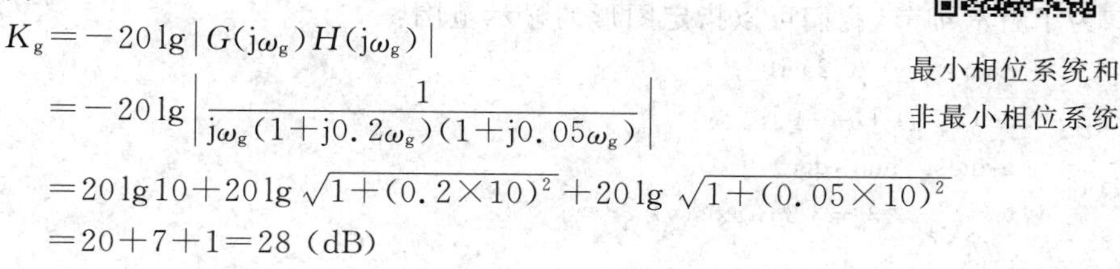

最小相位系统和
非最小相位系统

5.4　基于 MATLAB 的频域分析

在 MATLAB 的控制系统工具箱中，提供了多种绘制系统频率特性曲线的函数，包括奈奎斯特图绘制函数 nyquist()、伯德图绘制函数bode()、尼克斯图绘制函数 nichols()、幅值裕度和相角裕度函数margin()等。

第 5 章知识点

5.4.1　借助 MATLAB 绘制奈奎斯特图

在 MATLAB 中，nyquist()函数常用调用格式如下：

```
nyquist(num, den)
nyquist(sys)
[re im]=nyquist(sys, w)
```

其中，num、den 为系统传递函数分子、分母多项式系数矩阵，sys 为传递函数表达式(可用 tf 或 zpk 函数生成)，w 为频率范围，re 为实频特性，im 为虚频特性。

例 5-13　已知系统传递函数为 $G(s)=\dfrac{20(s^2+s+0.5)}{s(s+1)(s+10)}$，试用 MATLAB 绘制系统的奈奎斯特图。

解：

```
num = [0 20 20 10];
den = [1 11 10 0];
nyquist (num,den);
grid
```

所得运行结果如图 5-42 所示。

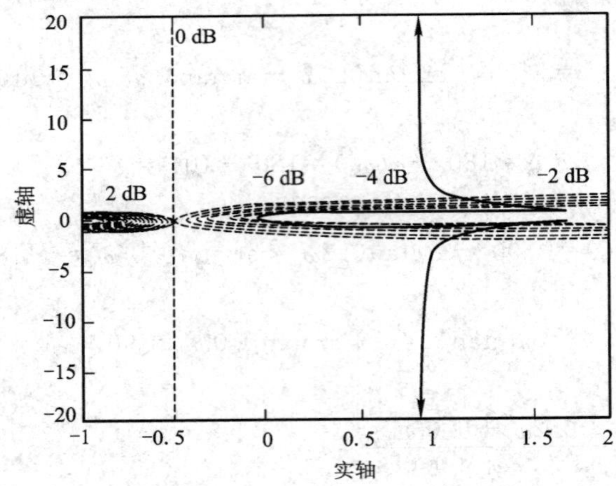

图 5-42　例 5-13 系统奈奎斯特图

为了看清细节,我们可以指定图形的显示范围：

```
num = [0 20 20 10];
den = [1 11 10 0];
nyquist (num,den)
v = [-2 3 -3 3]; axis(v)
grid
```

所得运行结果如图 5-43 所示。

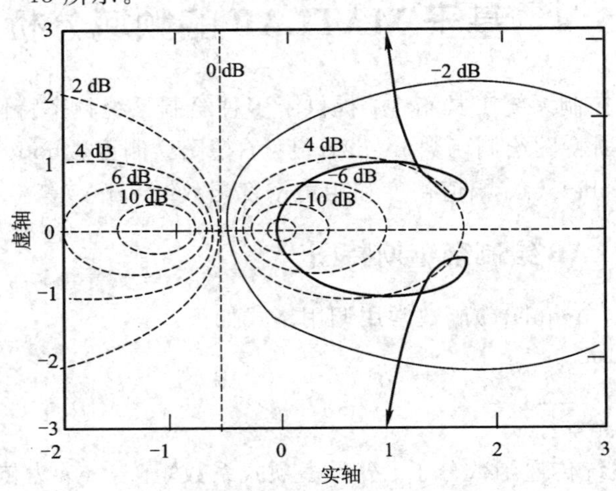

图 5-43　例 5-13 系统奈奎斯特图(绘制范围变化)

若只需绘制正频率部分的奈奎斯特图，借助 plot()函数：

```
num = [0 20 20 10];
den = [1 11 10 0];
[re im]=nyquist(num,den)
plot(re, im)
v = [-2 3 -3 1]; axis(v)
grid
```

所得运行结果如图 5-44 所示。

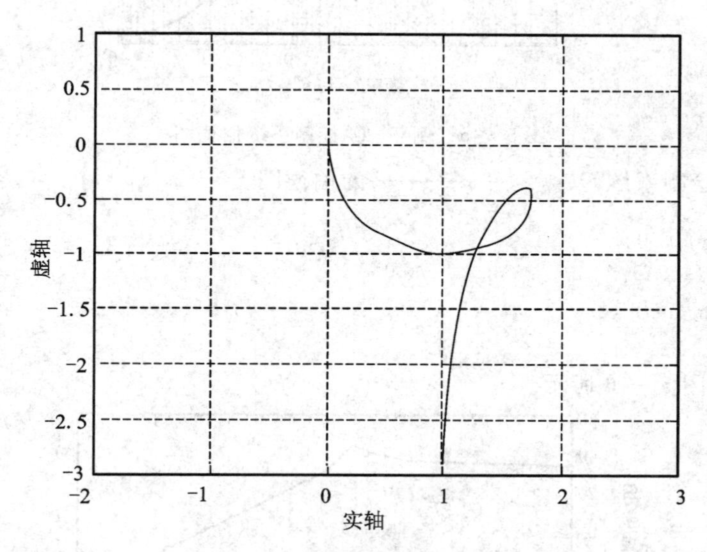

图 5-44　例 5-13 系统奈奎斯特图(只绘制正频率部分)

5.4.2　借助 MATLAB 绘制伯德图

在 MATLAB 中，bode()函数常用调用格式如下：

```
bode(num, den)
bode(sys)
[mag phase]=bode(sys, w)
```

其中，mag 为幅频特性，phase 为相频特性。

例 5-14　已知系统传递函数为 $G(s)=\dfrac{24(0.25s+0.5)}{(5s+2)(0.05s+2)}$，试绘制系统的伯德图。

解

```
num=conv([24], [0.25 0.5]);
den=conv([5 2], [0.05 2]);
bode(num, den);
grid
```

所得运行结果如图 5-45 所示。

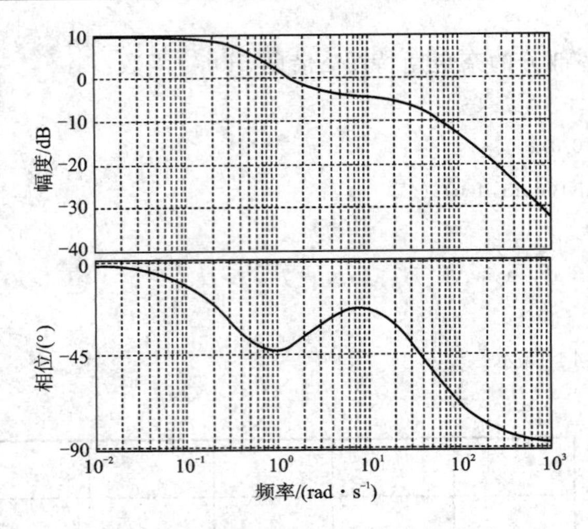

图 5－45　例 5－14 控制系统伯德图

例 5－15　绘制系统 $G(s)=\dfrac{50}{25s^2+2s+1}$ 的伯德图。

解

```
num = [0 0 50];
den = [25 2 1];
bode(num,den)
grid
```

所得运行结果如图 5－46 所示。

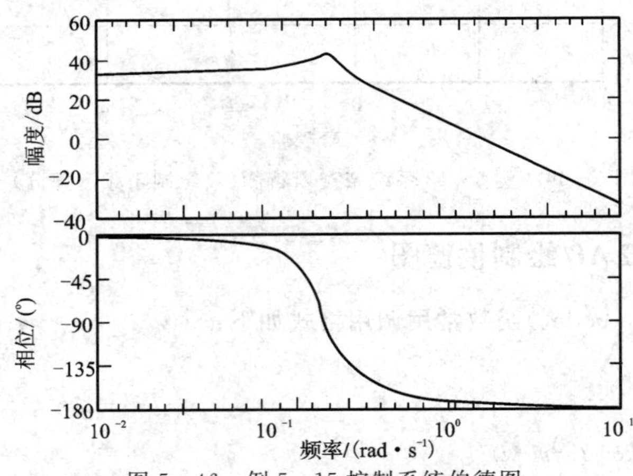

图 5－46　例 5－15 控制系统伯德图

如果希望在 0.01～1000 rad/s 画伯德图，可以借助以下命令：

```
w=logspace(-2,3,100)
bode(num,den,w)
```

该命令在 0.01～1000 rad/s 产生 100 个在对数刻度上等距离的点，程序如下：

```
num = [0 0 50];      den = [25 2 1];
w=logspace(-2,3,100)
bode(num,den,w)
grid
```

所得运行结果如图 5－47 所示。

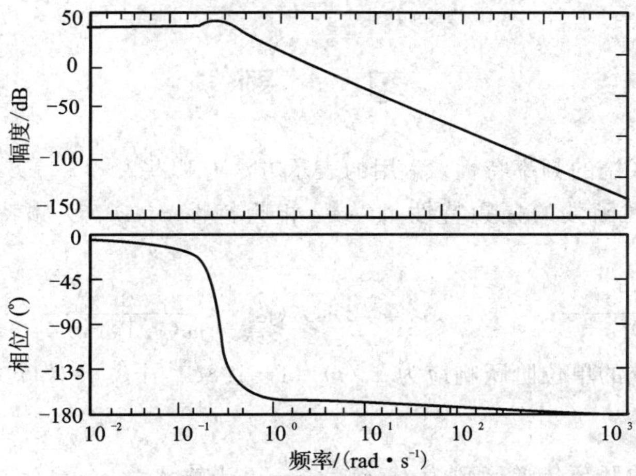

图 5-47　例 5-15 控制系统伯德图(绘制范围变化)

5.4.3　借助 MATLAB 分析系统的相对稳定性

在 MATLAB 中，margin()函数常用调用格式如下：

```
[Gm, Pm, Wcg, Wcp]=margin(sys)
[Gm, Pm, Wcg, Wcp]=margin(mag, phase, w)
```

例 5-16　已知系统传递函数为 $G(s)=\dfrac{1}{s(1+0.2s)(1+0.05s)}$，试求系统的相角裕度和增益裕度。

解

```
num=[1];
den=conv([1 0], conv([0.2 1], [0.05 1]));
[mag phase w]=bode(num, den);
[Gm Pm Wcg Wcp]=margin(mag, phase, w)
```

结果如图 5-48 所示，可知 Gm=25.00，Pm=76.0853，Wcg=10，Wcp=0.9800。

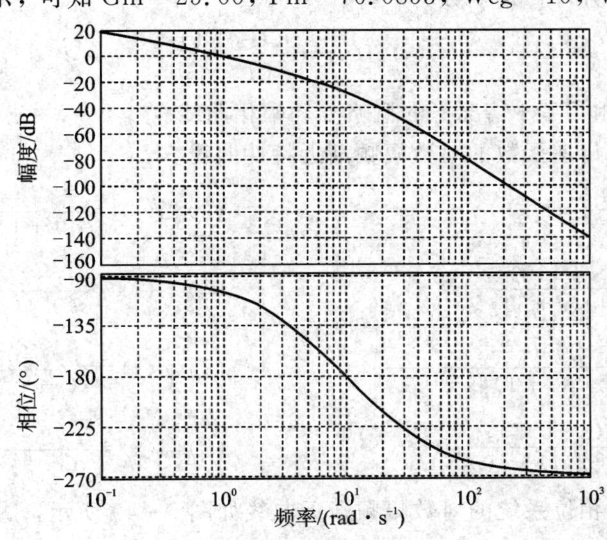

图 5-48　控制系统伯德图

习　题

5-1　什么是系统的频率特性，常用的表示方法有哪些？

5-2　试求下列函数的幅频特性 $A(\omega)$、相频特性 $\varphi(\omega)$、实频特性 $U(\omega)$ 和虚频特性 $V(\omega)$。

(1) $G_1(j\omega)=\dfrac{5}{30j\omega+1}$；　(2) $G_2(j\omega)=\dfrac{1}{j\omega(0.1j\omega+1)}$。

5-3　已知系统的单位阶跃响应为 $x_o(t)=1-1.8e^{-4t}+0.8e^{-9t}(t\geqslant 0)$，试求系统的幅频特性和相频特性。

5-4　某系统的开环传递函数为 $G(s)=\dfrac{9}{s+1}$，当输入为 $x_i(t)=\sin(t+30°)$ 时，试求系统的稳态输出。

5-5　设某系统的传递函数 $G(s)=\dfrac{K}{Ts+1}=\dfrac{10}{0.5s+1}$，求输入信号频率为 $f=1$ Hz，振幅为 $A=10$ 时，系统的稳态输出。

5-6　绘制下列各开环传递函数的奈奎斯特图。

(1) $G(s)H(s)=\dfrac{1}{s(0.1s+1)}$；　(2) $G(s)H(s)=\dfrac{10(s+1)}{s^2}$；

(3) $G(s)H(s)=\dfrac{0.1s+1}{s+1}$；　(4) $G(s)H(s)=\dfrac{200}{s(s+1)(0.1s+1)}$；

(5) $G(s)H(s)=\dfrac{50}{s^2(4s+1)}$；　(6) $G(s)H(s)=\dfrac{100}{(s+1)(0.1s+1)}$；

(7) $G(s)H(s)=\dfrac{100(s+1)}{s(0.1s+1)(0.2s+1)(0.5s+1)}$　(8) $G(s)H(s)=\dfrac{1000(s+1)}{s(s^2+8s+100)}$。

5-7　已知系统开环传递函数为

$$G(s)H(s)=\frac{K(\tau s+1)}{s^2(Ts+1)}$$

试分析并绘制 $\tau>T$ 和 $T>\tau$ 情况下的概略开环幅相曲线。

5-8　绘制下列传递函数的对数幅频渐近特性曲线。

(1) $G(s)=\dfrac{10}{0.5s+1}$；　(2) $G(s)=\dfrac{2}{(2s+1)(8s+1)}$；

(3) $G(s)=\dfrac{50(s+100)}{(s+1)(s+50)}$；　(4) $G(s)=\dfrac{10}{s(0.1s+1)(0.5s+1)}$；

(5) $G(s)=\dfrac{200(s+3)}{(s+5)^2(s+1)(s+0.8)}$；　(6) $G(s)=\dfrac{40(s+0.5)}{s(s+0.2)(s^2+s+1)}$；

(7) $G(s)=\dfrac{10(s+0.5)}{s^2(s+2)(s+10)}$；　(8) $G(s)=\dfrac{8(s+0.1)}{s(s^2+s+1)(s^2+4s+25)}$。

5-9　已知最小相位系统的对数幅频渐近曲线如图 5-49 所示，试确定系统的开环传递函数。

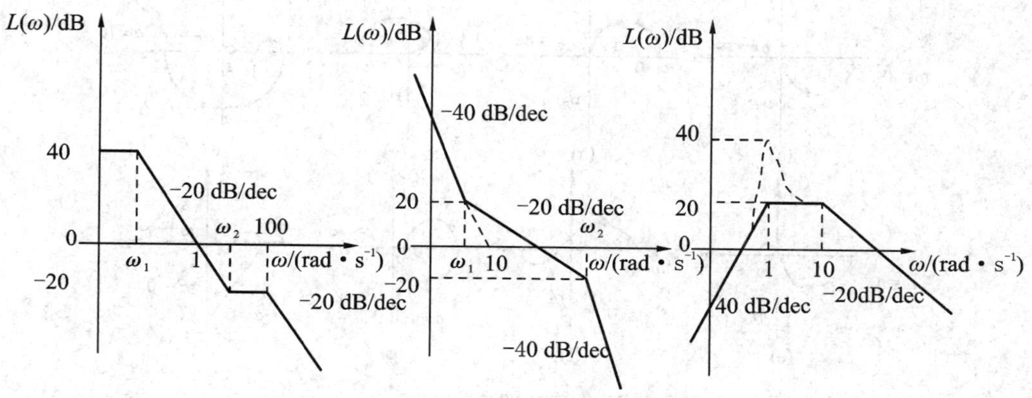

图 5-49　题 5-9 系统开环对数幅频渐近曲线

5-10　试绘制下列开环系统的极坐标曲线，并用奈奎斯特判据判别其闭环系统的稳定性。

(1) $G(s)H(s)=\dfrac{1000(s+1)}{s^2(s+5)(s+15)}$；　　(2) $G(s)H(s)=\dfrac{250}{s^2(s+50)}$；

(3) $G(s)H(s)=\dfrac{5(0.5s+1)}{s(0.1s+1)(0.2s+1)}$；　　(4) $G(s)H(s)=\dfrac{10}{s(s+1)(0.25s^2+1)}$；

(5) $G(s)H(s)=\dfrac{10}{s(s+1)(s+2)}$；　　(6) $G(s)H(s)=\dfrac{10(s^2-2s+5)}{(s+2)(s-0.5)}$；

(7) $G(s)H(s)=\dfrac{10}{s(0.2s^2+0.8s-1)}$。

5-11　已知系统的开环频率特性曲线如图 5-50 所示，试写出系统开环传递函数的形式，并判别系统的稳定性。

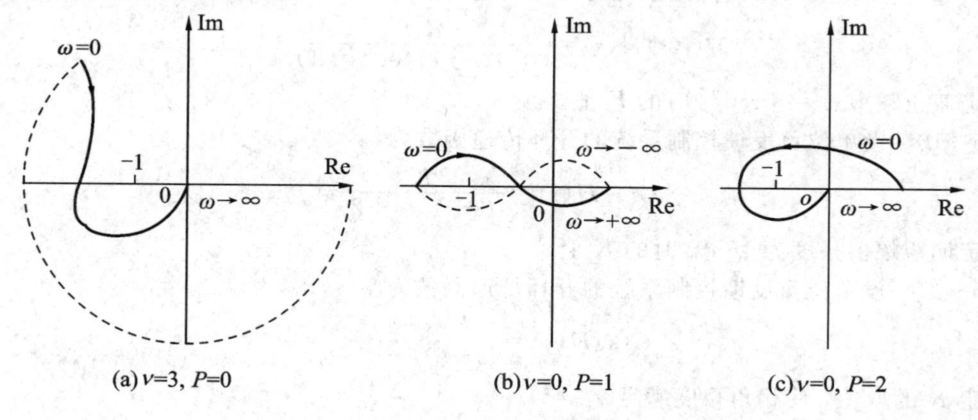

图 5-50　题 5-11 图

5-12　设开环系统的极坐标特性曲线如图 5-51 所示，试根据奈奎斯特稳定判据，判断图示曲线对应闭环系统的稳定性。图中，P 表示开环系统在右半平面上极点的个数，υ 表示积分环节的个数。

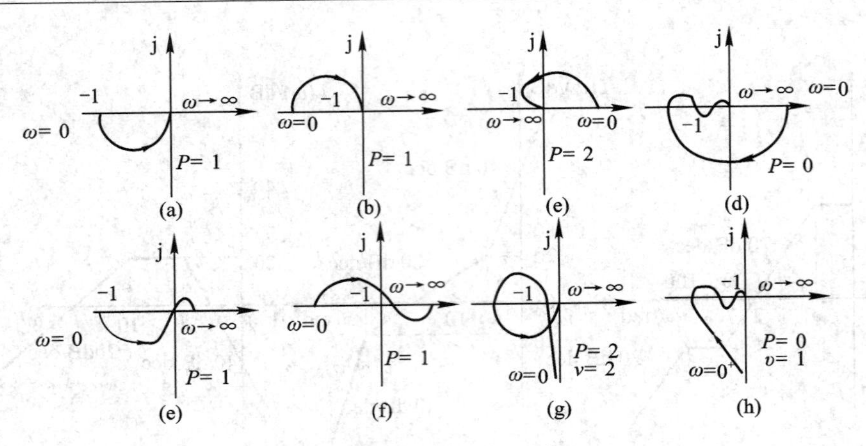

图 5-51　题 5-12 图

5-13　已知某单位负反馈控制系统的开环传递函数如下，试求出该系统的幅值裕度和相角裕度。

(1) $G(s)H(s)=\dfrac{40}{s(s^2+2s+25)}$；

(2) $G(s)H(s)=\dfrac{10}{s(0.02s+1)(0.5s+1)}$；

(3) $G(s)H(s)=\dfrac{50}{(0.2s+1)(s+2)(s+0.5)}$。

5-14　已知系统开环传递函数为

$$G(s)H(s)=\frac{K}{s(Ts+1)(s+1)}(K,\ T>0)$$

试根据奈奎斯特稳定判据，分别确定 $T=2$ 和 $K=10$ 时闭环系统稳定的条件。

5-15　设单位负反馈控制系统的开环传递函数为

$$G(s)H(s)=\frac{Ks^2}{(0.02s+1)(0.2s+1)}$$

试确定截止频率 $\omega_c=5$ rad/s 时的 K 值。

5-16　设单位负反馈控制系统的开环传递函数为

$$G(s)H(s)=\frac{K}{s(s+1)(s+2)}$$

试确定期望幅值裕度为 16 dB 时的 K 值。

5-17　设单位负反馈控制系统的开环传递函数为

$$G(s)H(s)=\frac{K(s+1)}{(s-6)(s-1)}$$

试确定 K 的取值，使相角裕度满足 $\gamma\geqslant45°$。

5-18　设单位负反馈控制系统的开环传递函数为

$$G(s)H(s)=\frac{10}{s(10s+1)(0.05s+1)}$$

试利用相角裕度判断系统的稳定性。

5-19　设一单位反馈系统对数幅频特性如图 5-52 所示(最小相位系统)。

(1) 写出系统的开环传递函数；

(2) 判别系统的稳定性；

(3) 如果系统是稳定的，求当 $r(t)=t$ 时的稳态误差。

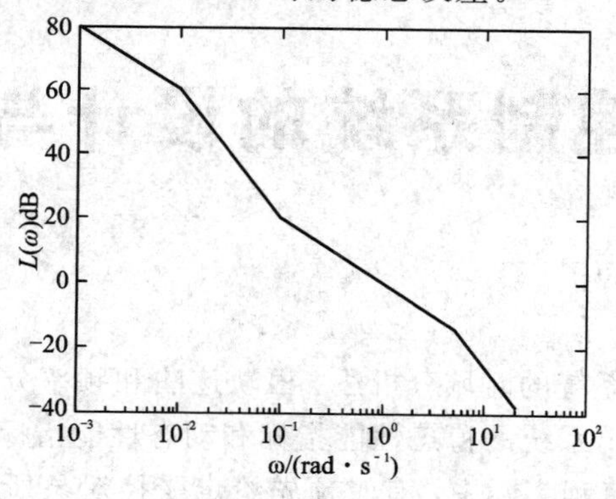

图 5-52　题 5-19 图

习题答案

第 6 章　控制系统的设计与校正方法

内容提要

前面几章介绍了控制系统的时域分析法、根轨迹法和频率分析法，即在控制系统结构和参数已知的情况下，求出系统的稳态性能指标和动态性能指标，并分析这些性能指标与系统参数之间的关系。在工程实际中，有时预先给定受控对象所要实现的性能，然后设计构成能够实现给定性能指标的控制系统，称为系统的综合。本章主要介绍控制系统的设计与校正，包括校正的概念、校正的方式和实现校正的各种方法，重点介绍目前在工程实践中常用的串联校正中的超前校正、滞后校正、滞后-超前校正、反馈校正和 PID(比例(proportion)－积分(integral)－微分(derivative))调节器，最后介绍 MATLAB 在系统校正中的应用。

引　言

系统稳定是系统正常工作的必要条件。但是系统除了稳定以外，还必须按照给定的性能指标进行工作。若系统不能全面地满足所要求的性能指标，则要考虑对系统进行改进，或在原有系统的基础上增加一些必要的元件或环节，使得系统能够全面满足所要求的性能指标，这就是系统的综合与校正。

为了满足系统的各项性能指标要求，可以调整系统的参数。如果调整了系统参数还是达不到要求，就要对系统的结构进行调整，在系统中引入某些附加装置来改变控制系统的结构和参数，以便使引入附加装置后的闭环控制系统能够满足希望的性能要求，称之为系统的校正。控制系统的设计与校正简单来说就是系统的构造和修正。其中，前者是指根据被控对象、输入信号和扰动等条件，设计一个满足给定指标的系统。当系统中的固有部分不能满足性能指标时，还必须在系统中加入一些其参数可以根据需要而改变的机构和装置，使系统整个特性发生变化，从而满足给定的性能指标，这些装置称为校正装置。随着计算机技术的发展，现在已有越来越多的校正功能可通过软件来实现。

6.1　系统校正的基本概念

6.1.1　控制系统的性能指标

系统的性能指标是衡量所设计系统是否符合要求的标准，通常是由系统的使用者或设计制造单位提出的，不同的控制系统对性能指标的要求应有不同的侧重。例如，调速系统对平稳性和稳态精度要求较高，而随动系统则侧重于快速性要求。

性能指标类型可分为时域性能指标和频域性能指标。

1. 时域性能指标

时域指标比较直观，系统使用者通常以时域指标作为性能指标提出。它包括瞬态性能指标和稳态性能指标。瞬态性能指标一般是在单位阶跃响应输入下，由系统输出的过渡过程给出，通常采用下列 5 个性能指标：延迟时间 t_d、上升时间 t_r、峰值时间 t_p、调节时间 t_s 和超调量 $\sigma\%$。稳态性能指标主要由系统的稳态误差 e_{ss} 来体现，一般可用 3 种误差系数来表示：静态位置误差系数 K_p、静态速度误差系数 K_v 和静态加速度误差系数 K_a。

但由于直接采用时域方法进行校正装置的设计比较困难，通常采用频域方法进行设计，因此作为系统的设计者，通常先将时域指标转换为相应的频域指标，再进行校正装置的设计。

2. 频域性能指标

常用的频域性能指标包括相角裕度 γ、幅值裕度 h、剪切频率 ω_c、谐振峰值 M_r、闭环带宽 ω_b。相角裕度和幅值裕度、谐振峰值表征系统的相对稳定性，剪切频率和闭环带宽反映暂态响应的快速性。

3. 时域和频域性能指标的转换

目前，工程技术界多采用频率法，故通常通过近似公式进行两种指标的互换。由前面几章可知，频域指标与时域指标存在以下关系：

谐振峰值　$M_r=\dfrac{1}{2\zeta\sqrt{1-\zeta^2}}$，$\zeta\leqslant 0.707$

谐振频率　$\omega_r=\omega_n\sqrt{1-2\zeta^2}$，$\zeta\leqslant 0.707$

带宽频率　$\omega_b=\omega_n\sqrt{1-2\zeta^2+\sqrt{2-4\zeta^2+4\zeta^4}}$

相角裕度　$\gamma=\arctan\dfrac{2\zeta}{\sqrt{\sqrt{1+4\zeta^4}-2\zeta^2}}$

剪切频率　$\omega_c=\omega_n\sqrt{\sqrt{1+4\zeta^4}-2\zeta^2}$

调节时间　$t_s=\dfrac{3.5}{\zeta\omega_n}(\Delta=5\%)$ 或 $t_s=\dfrac{4.4}{\zeta\omega_n}(\Delta=2\%)$

超调量　$\sigma\%=e^{-\pi\zeta/\sqrt{1-\zeta^2}}\times 100\%$

控制系统时域与频域性能指标的联系

6.1.2　校正的概念

系统是由被控对象和控制器组成的。当被控对象给定后，按照被控对象的工作条件及对系统的性能要求，可以初步选定组成系统的基本元件，如执行元件、放大元件及测量元件，并选定它们的形式、特性和参数，然后将它们和被控对象连接在一起就组成了所要设计的控制系统。上述元件(除放大元件外)一旦选定，其系统参数和结构就固定了，因此这一部分称为系统的不可变部分。

设计控制系统的目的是将构成控制器的各元件与被控对象适当组合起来，使之满足表征控制精度、阻尼程度和响应速度的性能指标要求。然而，在进行系统设计时，经常会出现这种情况：设计出来的系统只是部分指标，而不是全部指标都满足指标要求。就是说，指标间发生了矛盾，比如稳态误差性能达到了，而稳定性却受到影响，如果注意力集中体现在系统的稳定性上，稳态误差却超标了，这样就顾此失彼了。而且如上所述，各元件一经选定，时间常数的改变也是有限的。因此，仅通过改变系统基本元件的参数值来全面满足系统要求是困难的，此时就需要加入校正装置。由此可知，系统的设计过程包括系统不可变部分的选型和校正装置的设计两个步骤。所谓校正，就是在系统中加入一些其参数可以根据需要而改变的机构和装置，使系统整个特性发生变化，从而满足给定的各项指标。

校正的实质是通过引入校正装置的零点和极点，使系统的传递函数发生变化，以改变整个系统的零点极点分布，从而改变系统频率特性或根轨迹的形状，使系统频率特性的不同频段满足期望性能指标或使系统的根轨迹穿越期望闭环主导极点，即使整个系统满足期望的动态性能和静态性能。

6.1.3　校正的方式

校正装置的形式及它们和系统其他部分的连接方式称为系统的校正方式。按校正装置的引入位置和校正装置在系统中与其他部分的连接方式，校正方式通常可分为串联校正、并联校正、反馈校正和复合校正。按校正装置的特性又可分为超前校正、滞后校正、滞后-超前校正。

1. 串联校正

校正装置串联在系统的前向通道中，与系统原有部分串联，称为串联校正。如图 6-1 所示，$G_0(s)$、$H(s)$为系统的不可变部分，$G_c(s)$为校正环节的传递函数。串联校正简单、易实现，通常放在前向通道能量较低的部位以避免功率损失。

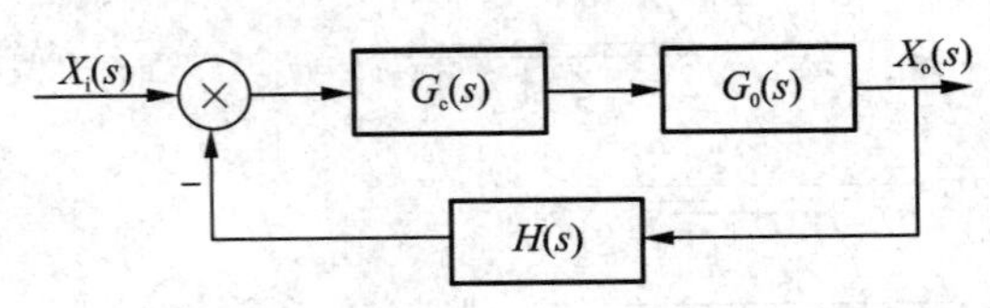

图 6-1　串联校正

校正前，系统的闭环传递函数为

$$\Phi(s)=\frac{G_0(s)}{1+G_0(s)H(s)} \tag{6.1-1}$$

串联校正后，系统的闭环传递函数为

$$\Phi(s)=\frac{G_c(s)G_0(s)}{1+G_c(s)G_0(s)H(s)} \tag{6.1-2}$$

2. 并联校正

如果校正装置与前向通道某些环节是并联的关系，称为并联校正，并联校正方案如图 6-2 所示。

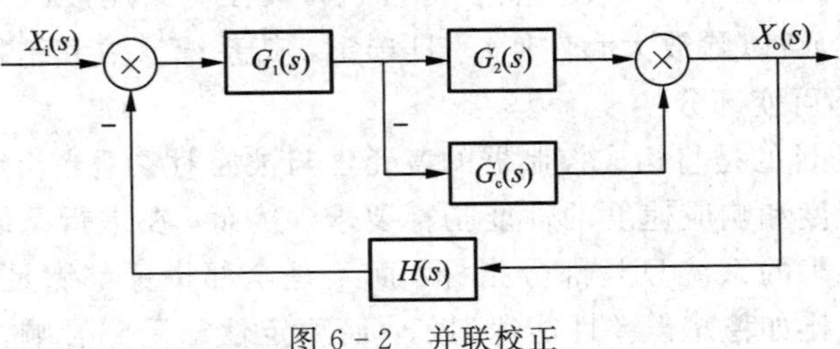

图 6-2　并联校正

校正前，系统的闭环传递函数为

$$\Phi(s)=\frac{G_1(s)G_2(s)}{1+G_1(s)G_2(s)H(s)} \tag{6.1-3}$$

并联校正后，系统的闭环传递函数为

$$\Phi(s)=\frac{G_1(s)[G_2(s)+G_c(s)]}{1+G_1(s)[G_2(s)+G_c(s)]H(s)} \tag{6.1-4}$$

3. 反馈校正

从系统的某一环节引出反馈信号，通过校正装置构成一个局部反馈通道，如图 6-3 所示，这样的校正称为反馈校正。

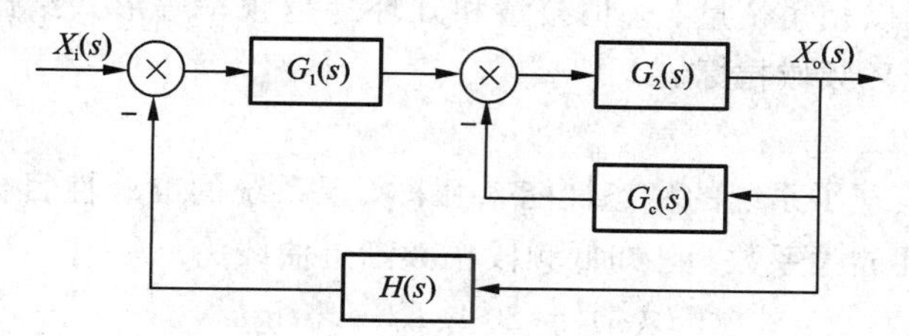

图 6-3　反馈校正

校正前，系统的闭环传递函数为

$$\Phi(s)=\frac{G_1(s)G_2(s)}{1+G_1(s)G_2(s)H(s)} \tag{6.1-5}$$

反馈校正后，系统的闭环传递函数为

$$\Phi(s)=\frac{G_1(s)G_2(s)}{1+G_2(s)G_c(s)+G_1(s)G_2(s)H(s)} \tag{6.1-6}$$

4. 复合校正

在原系统中加入一条前向通道，构成复合校正，如图 6-4 所示。这种复合校正既能改善系统的稳态性能，又能改善系统的动态性能。

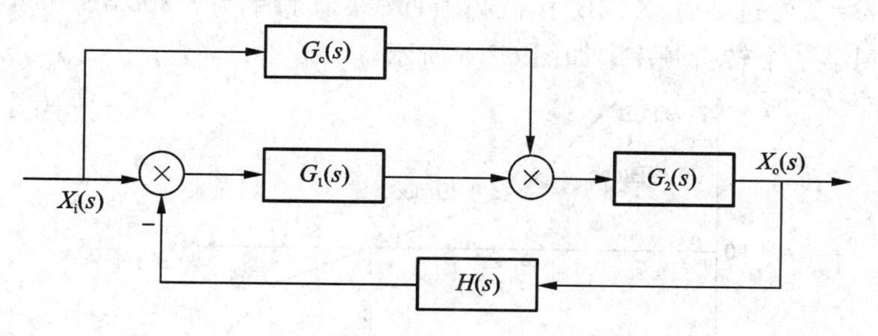

图 6-4　复合校正

上面介绍的几种校正方式，虽然校正装置与系统的连接方式不同，但都可以达到改善系统性能的目的。通过结构图的变换，一种连接方式可以等效转换成另一种连接方式，它们之间的等效性决定了系统的综合与校正的非唯一性。在工程设计与应用中，究竟选用哪种校正方式，要视具体情况而定。它主要取决于原系统的物理结构、系统中的信号性质，技术实现的方便性、可供选用的元件、抗扰性要求、经济性要求、环境使用条件以及设计者的经验等因素，应根据实际情况，综合考虑各种条件和要求，选择合理的校正装置和校正方式，有时，还可同时采用两种或两种以上的校正方式。

6.1.4　期望伯德图

应用频域法对系统进行校正，其目的是改变频率特性的形状，使校正后的系统频率特性具有合适的低频、中频和高频特性以及足够的稳定裕量，从而满足所要求的性能指标。频率特性法设计校正装置主要通过对数频率特性(伯德图)来进行，开环对数频率特性的低频段决定系统的稳态误差，根据稳态性能指标确定低频段的斜率和高度。为保证系统具有足够的稳定裕量，开环对数频率特性在穿越频率 ω_c 附近的斜率应为 −20 dB/dec，而且应具有足够的中频宽度。为抑制高频干扰的影响，高频段应尽可能迅速衰减。用频域法进行校正时，动态性能指标以相角裕量、幅值裕量和开环穿越频率等形式给出。若给出时域性能指标，则应换算成开环频域指标。

1. 低频段

伯德图低频段表现了系统的稳态性能，用来实现系统的准确性目标，其曲线形状取决于系统的型别和开环放大系数。已知低频段幅频渐近曲线为

$$L(\omega) = 20\lg K - \nu \cdot \lg\omega \tag{6.1-7}$$

式中：K 是系统的开环增益，ν 是系统的型别。

在进行系统校正时，应根据系统允许的稳态误差 e_{ss} 来确定低频段的型别和开环增益。我们知道，系统型别 ν 的增加对减小稳态误差 e_{ss} 的效果十分显著，甚至可以做到理论上的无差，因此，ν 又可称为无差度阶数。0 型系统是有差系统，Ⅰ型系统和Ⅱ型系统分别可称为具有 1 阶和 2 阶无差系统。但是无差度的提高受很多方面的制约，因为在前向环节串入一个纯积分环节很难，且即便可行，由于纯积分环节带来 −90° 的相位滞后，也使系统稳定性变差。因此，稳态误差的控制更多地体现在对于系统的开环增益，即静态误差系数的要求上。

绘制期望伯德图的低频段可以这样进行：按照系统稳态误差要求，确定系统的开环增益 K；然后在 $\omega=1$ 处过 $20\lg K$(dB)作低频渐近线，其斜率为 -20ν dB/dec，这条渐近线一直延长 $\omega=\omega_1$ 到第一个转折频率，如图 6-5 所示。

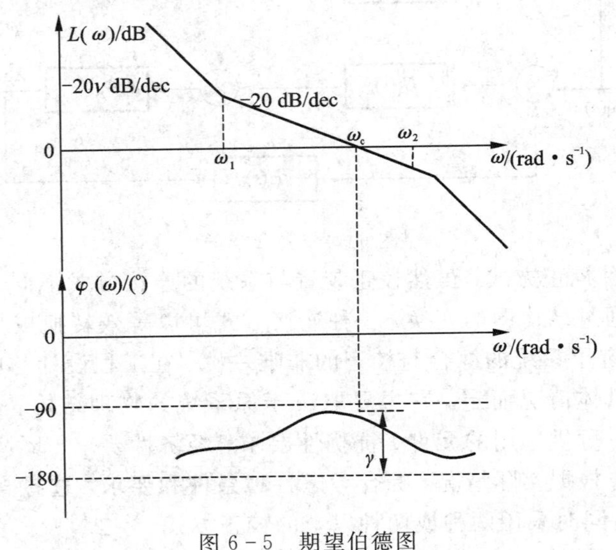

图 6-5　期望伯德图

这里应注意的是，作出的低频渐近线是保证稳态精度的最低线。因此，期望伯德图的低频段渐近线或它的延长线必须在 $\omega=1$ 处高于或等于 $20\lg K$。

2. 中频段

中频段是指期望伯德图幅频特性穿过 0dB 线的区段，它的斜率和位置直接与稳定性和暂态性能有关。确定中频段有两个要素：幅值穿越频率 ω_c 和决定系统稳定裕度的中频渐近线的宽度。

确定幅值穿越频率 ω_c 的因素较多，但其主要依据还是系统的快速性指标。当快速性指标以调节时间 t_s 的形式给出时，幅值穿越频率 ω_c 可按下式计算：

$$\omega_c \approx \frac{3}{t_s} \tag{6.1-8}$$

式(6.1-8)中近似地把 $\frac{1}{\omega_c}$ 作为时间常数。

当快速性指标以截止频率(频宽) ω_b 的形式给出时，幅值穿越频率 ω_c 可按下式计算：

$$\omega_c \approx 1.6\omega_b \tag{6.1-9}$$

ω_c 越大，系统的快速响应能力越强。但这一指标受到物理装置的功率限制，较高的快速性要求意味着较大的功率装置需求，同时，系统的效率也会变得较低。

当选定 ω_c 后，过 ω_c 作斜率为 -20 dB/dec 的斜线作为中频渐近线。中频渐近线的宽度直接影响系统的稳定性和稳定裕度。一般地，希望中频线宽度不要低于 0.8 十倍频程，且位于中频渐近线的中间位置。这样的话，系统的相角裕度和主导极点的阻尼比通常适中，也兼顾了超调量。例如，相角裕度 $\gamma\approx30°\sim70°$，阻尼比 $\zeta\approx0.3\sim0.7$。如果必须要以 -40 dB/dec作为中频渐近线的频率，系统的稳定性就要受到极大影响，即便稳定了，稳定裕度也较难把握。此时，中频渐近线的长度应适当短些。设计与调试过程也更要仔细反复地进行，做到心中有数。

3. 高频段

伯德图高频段表征系统高频抗干扰特性，通常系统的高频段具有衰减特性。一般工业控制系统的高频段没什么特别的要求，考虑到高频抗干扰性，只要求高频段斜率有足够的衰减率即可。

4. 校核

期望伯德图在校正设计后是否满足性能指标要求应予以校验。为方便起见，通常可只对中频段性能，即幅值穿越频率 ω_c 和稳定相角裕度 γ 进行检查。如果相角裕度 γ 不足，可适当延长中频渐近线的长度。

6.2 串联校正

确定校正方案后应进一步确定校正装置的结构和参数，目前主要有两大类校正方法：综合法与分析法。

综合法又称为期望特性法。它的基本思想是按照设计任务所要求的性能指标，构造期望的数学模型，然后选择校正装置的数学模型，使系统校正后的数学模型等于期望的数学模型。综合法虽然简单，但得到的校正环节的数学模型一般比较复杂，在实际应用中受到限制。

分析法又称为试探法。这种方法是把校正装置归结为易于实现的几种类型。例如，超前校正、滞后校正和滞后-超前校正等，它们的结构是已知的，而参数可调。设计者首先根据经验确定校正方案，然后根据系统的性能指标要求，"对症下药"地选择某一种类型的校正装置，再确定这些装置的参数。对这种方法设计的结果必须进行验算，如果不能满足全部性能指标，则应调整校正装置参数，甚至重新选择校正装置的结构，直到系统校正后满足给定的全部性能指标。因此，分析法本质上是一种试探法。分析法的优点是校正装置简单，可以设计成产品，如工程上常用的各种 PID 调节器等。因此，这种方法在工程中得到了广泛的应用。本节将介绍这种方法。

分析法是针对被校正系统的性能和给定的性能指标，首先选择合适的校正环节的结构，然后用校正方法确定校正环节的参数。在用分析法进行串联校正时，校正环节的结构通常采用超前校正、滞后校正和滞后-超前校正这 3 种类型，也就是工程上常用的 PID 调节器。

根据校正装置的特性，若校正装置输出信号在相位上超前于输入信号，即校正装置具有正的相角特性，这种校正装置称为超前校正装置，对系统的校正称为超前校正。若校正装置输出信号在相位上落后于输入信号，即校正装置具有负的相角特性，这种校正装置称为滞后校正装置，对系统的校正称为滞后校正。若校正装置在某一频率范围内具有负的相角特性，而在另一频率范围内却具有正的相角特性，这种校正装置称为滞后-超前校正装置，对系统的校正称为滞后-超前校正。

本节主要针对单输入单输出线性定常系统的串联校正展开讨论，重点介绍超前校正装置、滞后校正装置和滞后-超前校正装置的特性，以及如何确定合适的校正装置传递函数，以改善系统的特性，使系统达到所要求的性能指标。

6.2.1 串联超前校正网络

若系统是稳定的，系统的稳态误差 e_{ss} 等稳态性能指标也满足要求，但系统的动态指标不满足要求(如快速性不够)，则此时必须改变伯德图曲线的中频部分，如提高穿越频率 ω_c。还有一种情况就是系统不稳定或稳定裕度不够，那么就要提高相角裕度 γ。这时应选用串联超前校正。

1. 串联超前校正网络特性

图 6-6 所示为 RC 网络构成的超前校正装置，该装置的传递函数为

$$G_c(s)=\frac{X_o(s)}{X_i(s)}=\frac{R_2}{R_1+R_2}\frac{R_1C_s+1}{\dfrac{R_2}{R_1+R_2}R_1C_s+1}=\frac{1}{\alpha}\frac{\alpha T_s+1}{T_s+1} \tag{6.2-1}$$

式中，$\alpha=\dfrac{R_1+R_2}{R_2}>1$，$T=\dfrac{R_1R_2}{R_1+R_2}C$。

超前校正网络的零点、极点分布如图 6-7 所示，从图 6-7 可以看出，超前校正网络的零点位于极点的右边，二者之间的距离由常数 α 决定。通常把 α 称为分度系数，T 为时间常数。另外，从式(6.2-1)可以看出，系统开环增益要下降到原来的$\dfrac{1}{\alpha}$，为了补偿超前网络带来的幅值衰减，通常在校正装置前同时串入一个放大倍数为 α 的放大器。超前校正

网络加放大器后，校正装置的传递函数为

$$G_c'(s) = \frac{1+\alpha Ts}{1+Ts} \quad (\alpha > 1) \tag{6.2-2}$$

式中，参数 α、T 可调。可见，这里校正环节的结构是确定的，但参数可调，现在的任务就是确定参数 α、T，使系统满足给定的性能指标。

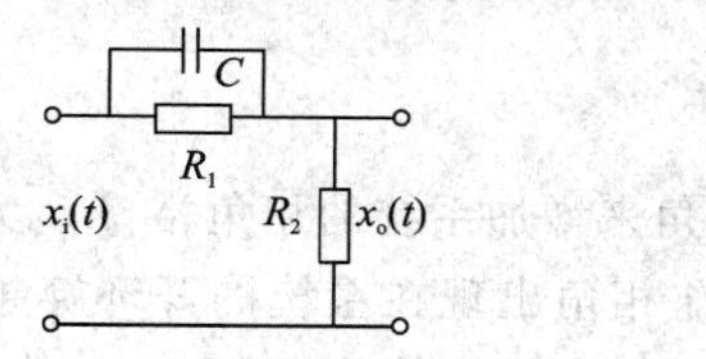

图 6-6　超前校正网络

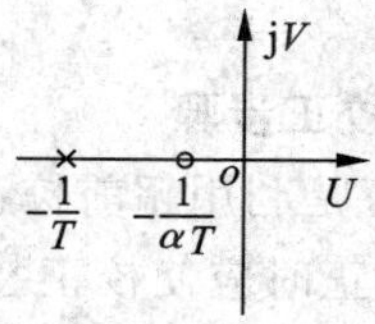

图 6-7　零点、极点分布

超前校正的伯德图如图 6-8 所示。可见，超前校正对频率在$\frac{1}{\alpha T}\sim\frac{1}{T}$之间的输入信号有微分作用，在该频率范围内，超前校正具有超前相角，“超前校正”的名称由此而得。超前校正的基本原理就是利用超前相角补偿系统的滞后相角，改善系统的动态性能，如增加相角裕度和提高系统稳定性能等。

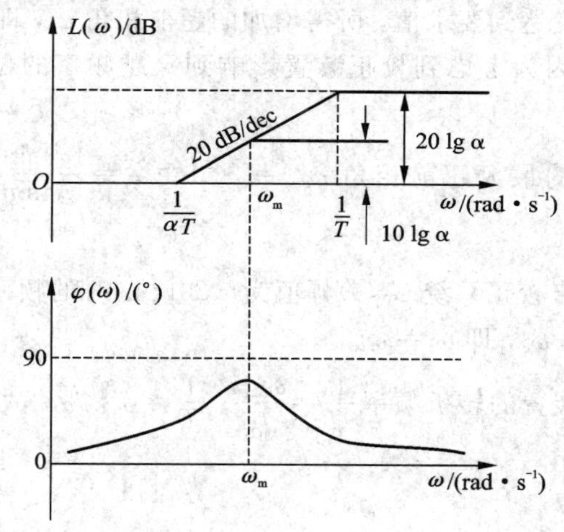

图 6-8　超前校正伯德图

下面先求取超前校正的最大超前相角 φ_m 及取得最大超前相角时的频率 ω_m，这对于设计超前校正是很重要的。

超前校正传递函数的频率特性为

$$G_c(j\omega) = \frac{1+j\alpha\omega T}{1+j\omega T} \tag{6.2-3}$$

相频特性为

$$\varphi_c(\omega) = \arctan(\alpha\omega T) - \arctan(\omega T) \tag{6.2-4}$$

令$\frac{d\varphi_c(\omega)}{d\omega}=\frac{\alpha T}{1+(\alpha\omega T)^2}-\frac{T}{1+(\omega T)^2}=0$，求得最大超前角频率为

$$\omega_{max} = \frac{1}{\sqrt{\alpha}T} \tag{6.2-5}$$

于是最大超前相角

$$\varphi_{max} = \arcsin\frac{\alpha-1}{\alpha+1} \tag{6.2-6}$$

即当 $\omega_{max}=\dfrac{1}{\sqrt{\alpha}T}$ 时，超前相角最大为 $\varphi_{max}=\arcsin\dfrac{\alpha-1}{\alpha+1}$。

从上面的结果可以看出，φ_{max} 只与 α 有关，α 值越大，φ_{max} 就越大，高频段抬得越高。α 一般取 5～20。

2. 串联超前校正步骤

串联超前校正是利用超前校正网络的正相角来增加系统的相角裕量，以改善系统的动态特性。因此，校正时应使校正装置的最大超前相角出现在系统的开环穿越频率处，提高校正后系统的相角裕度和穿越频率，从而改善系统的动态性能。

假设未校正系统的开环传递函数为 $G_0(s)$，系统给定稳态误差、穿越频率、相角裕度和幅值裕度指标，其对数幅频特性和相频特性分别为 $L_0(\omega)$、$\varphi_0(\omega)$，则进行串联超前校正的一般步骤可归纳如下：

① 根据所要求的稳态性能指标，确定系统的开环增益 K。

② 绘制确定 K 下的 $G_0(s)$ 系统伯德图，并求出系统的相角裕度 γ_0。

③ 确定为使相角裕度达到要求值，所需增加的超前相角 φ_c，即 $\varphi_c=\gamma-\gamma_0+\varepsilon$。式中，$\gamma$ 为要求的相角裕度，ε 是因为考虑到校正装置影响到穿越频率的位置而附加的相角裕度，一般取 $\varepsilon=5°\sim20°$。

④ 令超前校正网络的最大超前相角 $\varphi_{max}=\varphi_c$，由 $\alpha=\dfrac{1+\sin\varphi_{max}}{1-\sin\varphi_{max}}$ 求出校正装置的参数 α。

⑤ 在伯德图上确定未校正系统 $G_0(s)$ 幅值为 $-20\lg\sqrt{\alpha}$ 时的频率 ω_{max}，将该频率作为校正后系统的开环穿越频率 ω_c，即 $\omega_c=\omega_{max}$。

⑥ 由 ω_{max} 确定校正装置的转折频率 $\dfrac{1}{\alpha T}=\dfrac{\omega_{max}}{\sqrt{\alpha}}$、$\dfrac{1}{T}=\omega_{max}\sqrt{\alpha}$，故超前校正装置的传递函数为 $G_c(s)=\dfrac{1+\alpha Ts}{1+Ts}$。

⑦ 画出校正后系统的伯德图，校正后系统的开环传递函数为 $G(s)=G_0(s)G_c(s)$。

⑧ 检验系统的性能指标。

例 6-1　设单位反馈系统的开环传递函数为

$$G_0(s)=\frac{500K}{s(s+5)}$$

试设计超前校正装置 $G_c(s)$，使校正后系统满足如下指标：

(1) 当 $r=t$ 时，系统速度误差系数 $K_v=100s^{-1}$；

(2) 相角裕度 $\gamma\geqslant45°$。

解　将系统开环传递函数化为时间常数的标准式：

$$G_0(s)=\frac{100K}{s(0.2s+1)}$$

由题意，有

$$K_v=100K=100$$

取 $K=1$，则待校正系统的开环传递函数为

$$G_0(s)=\frac{100}{s(0.2s+1)}$$

绘制出待校正系统的对数幅频特性渐近曲线，如图6-9中曲线 $L_0(\omega)$ 所示。由图6-9可得待校正系统的穿越频率 $\omega_c=22.4\ \text{rad/s}$，算出待校正系统的相角裕度为

$$\gamma_0=180°-90°-\arctan 0.2\omega_c=12.6°$$

根据题目要求，有

$$\varphi_c=\gamma-\gamma_0+\varepsilon=45°-12.6°+8°=40.4°$$

令 $\varphi_{max}=\varphi_c$，则有

$$\alpha=\frac{1+\sin\varphi_{max}}{1-\sin\varphi_{max}}=4.7$$

取 $-10\lg\alpha=-10\lg 4.7=-6.7$(dB)处的 ω 为校正后系统的开环穿越频率，即 ω_c。

$$\omega_c'=\omega_{max}=32.9\ \text{rad/s}$$

根据 $T=\dfrac{1}{\omega_{max}\sqrt{\alpha}}$，可求得

$$T=0.014$$

因此超前校正装置的传递函数为

$$G_c(s)=\frac{1+4.7\times 0.014s}{1+0.014s}=\frac{1+0.066s}{1+0.014s}$$

校正后系统的传递函数为

$$G(s)=\frac{100}{s(0.2s+1)}\frac{1+0.066s}{1+0.014s}$$

图6-9中 $L_c(\omega)$ 为校正装置的对数幅频特性渐近线，$L(\omega)$ 为校正后系统的对数幅频渐近曲线。

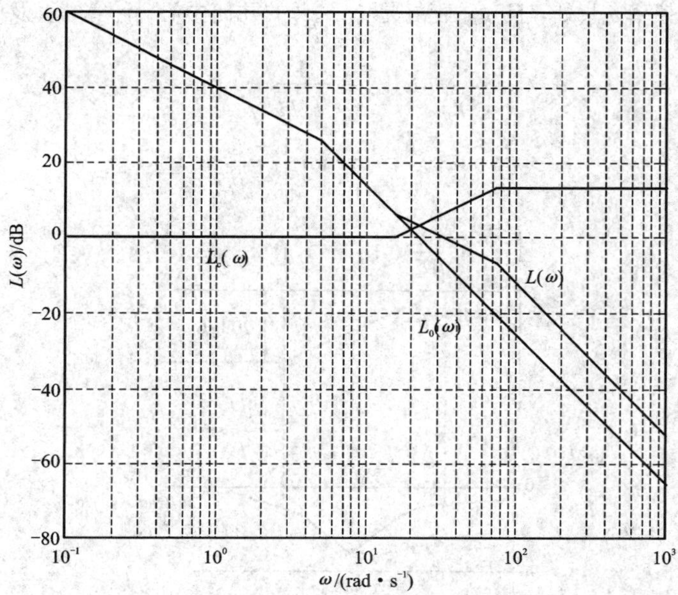

图6-9　校正前后系统的对数幅频特性渐近线

超前校正利用了超前网络相角超前的特性，改变了校正前系统的开环中频段的斜率，使系统的穿越频率 ω_c、相角裕度 γ 均有所改善，从而有效改善系统的动态性能。

6.2.2　串联滞后校正网络

若系统是稳定的，系统的快速性等动态性能指标也满足要求，但稳态性能不够(如稳态误差 e_{ss} 太大)，则此时必须提高开环增益 K 以减小稳态误差 e_{ss}，改善系统的低频段性能，同时应维持中高频性能不变。这时应采用串联滞后校正。

1. 串联滞后校正网络特性

图 6-10 所示为 RC 网络构成的无源滞后校正装置，该装置的传递函数为

$$G_c(s) = \frac{1+\beta Ts}{1+Ts} \tag{6.2-7}$$

式中，$\beta=\dfrac{R_2}{R_1+R_2}<1$，$T=(R_1+R_2)C$，$\beta$ 称为滞后网络的分度系数。滞后网络的零点、极点分布如图 6-11 所示，极点位于零点的右边，具体位置与 β 有关。

图 6-10　滞后校正网络　　　　图 6-11　零点、极点分布

滞后校正的伯德图如图 6-12 所示。从伯德图相频特性曲线可以看出，在 $\dfrac{1}{T}\sim\dfrac{1}{\beta T}$ 频率范围内，输出在相位上滞后于输入，“滞后校正”的名称由此而得。与超前网络类似，最大滞后角 φ_{max} 发生在最大滞后角频率 ω_{max} 处，且 ω_{max} 正好是 $\dfrac{1}{T}\sim\dfrac{1}{\beta T}$ 的几何中心。计算 ω_{max} 及 φ_{max} 的公式分别为

$$\omega_{max} = \frac{1}{T\sqrt{\beta}} \tag{6.2-8}$$

$$\varphi_{max} = \arcsin\frac{1-\beta}{1+\beta} \tag{6.2-9}$$

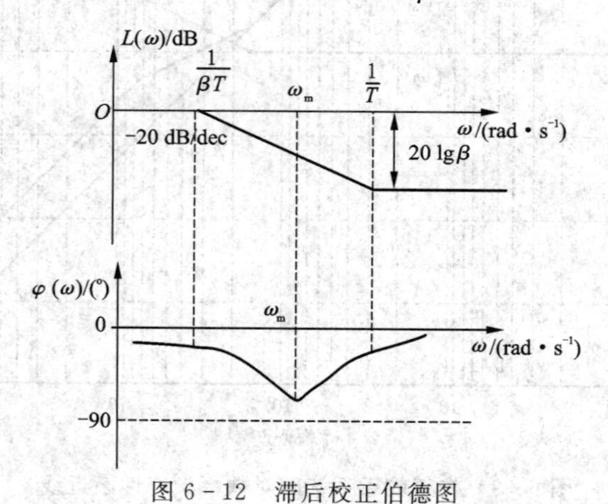

图 6-12　滞后校正伯德图

在应用滞后网络校正时，主要是利用其高频幅值衰减特性，最大滞后角对应频率应远小于穿越频率 ω_c，使滞后校正网络的负相角不影响系统的相角裕度。通常使网络的交接频率 $\frac{1}{\beta T}$ 远小于 ω_c，一般取 $\frac{1}{\beta T}=\frac{\omega_c}{10}$。

2. 串联滞后校正步骤

串联滞后校正装置还可以利用其低通滤波特性，将系统高频部分的幅值衰减，降低系统的穿越频率，提高系统的相角裕度，以改善系统的稳定性和其他动态性能，同时还应保持未校正系统在要求的开环穿越频率附近的相频特性曲线基本不变。

假设未校正系统的开环传递函数为 $G_0(s)$，其对数幅频特性和相频特性分别为 $L_0(\omega)$ 和 $\varphi_0(\omega)$，则设计滞后校正装置的一般步骤可以归纳如下：

① 根据给定的稳态误差或静态误差系数要求，确定开环增益 K。

② 根据确定的 K 值绘制未校正系统的伯德图，确定其穿越频率 ω_{c0}、相角裕度 γ_0。

③ 在伯德图上求出未校正系统相角裕度为 $\gamma=\gamma^*+\varepsilon$ 的频率 ω_c。ω_c 作为校正后系统的穿越频率，ε 用来补偿滞后校正网络产生的相角滞后，一般取 $\varepsilon=5°\sim15°$。其中 $\gamma(\omega)=180°+\varphi_0(\omega)=180°+\angle G_0(j\omega)$，$\gamma^*$ 为系统要求的相角裕度。

④ 在伯德图上求出未校正系统 $L_0(\omega)$ 在 ω_c 处的值，令 $L_0(\omega_c)=-20\lg\beta$，求出 β。

⑤ 为保证滞后校正网络对系统的相频特性基本不受影响，确定滞后网络的转折频率 $\frac{1}{\beta T}=\frac{\omega_c}{10}$、$\frac{1}{T}=\frac{\omega_c}{10}\beta$。

⑥ 滞后校正网络的传递函数为 $G_c(s)=\frac{1+\beta Ts}{1+Ts}$。

⑦ 画出校正后系统的伯德图，校正后系统的开环传递函数为 $G(s)=G_0(s)G_c(s)$。

⑧ 校验系统的性能指标。

例 6-2　设单位负反馈控制系统的开环传递函数为

$$G_0(s)=\frac{K}{s(s+1)(0.2s+1)}$$

试设计滞后校正装置 $G_c(s)$，使校正后系统满足以下指标：

(1) 静态速度误差系数 $K_v=8s^{-1}$；

(2) 相角裕度 $\gamma^*\geqslant40°$。

解　由题意，取 $K=K_v=8$，则待校正系统的开环传递函数为

$$G_0(s)=\frac{8}{s(s+1)(0.2s+1)}$$

画出待校正系统的对数幅频渐近特性曲线，如图 6-13 中 $L_0(\omega)$ 所示，可得待校正系统的穿越频率 $\omega_{c0}=2.83$ rad/s，求出待校正系统的相角裕度为

$$\gamma_0=180°-90°-\arctan 2.83-\arctan(0.2\times2.83)=-10.05°$$

在 $L_0(\omega)$ 上找出相角裕度为 $\gamma=\gamma^*+10°=40°+10°=50°$ 的频率 ω_c，把它作为校正后系统的穿越频率。由于

$$\gamma=180°-90°-\arctan\omega_c-\arctan 0.2\omega_c=50°$$

即

$$\arctan\omega_c+\arctan 0.2\omega_c=40°$$

$$\arctan\frac{\omega_c+0.2\omega_c}{1-0.2\omega_c^2}=40°$$

则可解得

$$\omega_c=0.644\ \text{rad/s}$$

令 $L_0(\omega_c)=-20\lg\beta$，由于

$$L_0(\omega_c)=21.88\ \text{dB}$$

解得

$$\beta=12.42$$

确定滞后校正装置的转折频率

$$\frac{1}{T}=\frac{\omega_c}{8}=0.08\ \text{rad/s}$$

$$\frac{1}{\beta T}=0.0064\ \text{rad/s}$$

于是，相位滞后校正装置的传递函数为

$$G_c(s)=\frac{1+Ts}{1+\beta Ts}=\frac{1+12.5s}{1+156.25s}$$

其对数幅频渐近特性曲线如图 6-13 中 $L_c(\omega)$所示。故校正后系统的开环传递函数为

$$G(s)=G_c(s)G_0(s)=\frac{8}{s(s+1)(0.2s+1)}\cdot\frac{1+12.5s}{1+156.25s}$$

其对数幅频渐近特性曲线如图 6-13 中 $L(\omega)$所示。

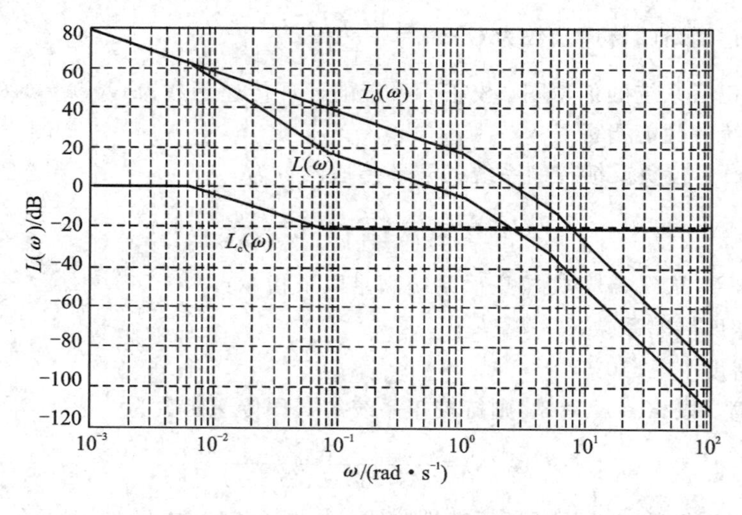

图 6-13 校正前后系统的对数幅频特性渐近线

6.2.3 串联滞后-超前校正网络

频率法串联校正

超前校正通常可以改善控制系统的快速性和超调量，但增加了带宽，对于稳定裕度较大的系统是有效的。而滞后校正可改善超调量及相对稳定度，但往往会因带宽减小而使快速性下降。因此，这两种校正都各有其优点和缺点。而且对于某些系统来说，无论用

其中何种方案都不能得到满意的效果。因此，兼用两者的优点，把超前校正和滞后校正结合起来，并在进行结构设计时设法限制其缺点，这就是滞后-超前校正的基本思想。

若系统是稳定的，但无论穿越频率 ω_c 及稳定裕度 γ 等动态指标，还是稳态误差 e_{ss} 等稳态指标都不够，则此时应综合超前校正和滞后校正的特点，采用滞后-超前校正。

1. 串联滞后-超前校正网络特性

超前网络串入系统，可提高稳定性，增加频宽，提高快速性，但无助于稳态精度。而滞后校正则可提高稳定性及稳态精度，而降低了快速性。若同时采用滞后和超前校正，则可全面提高系统的控制性能。

图 6－14 所示为 RC 滞后-超前网络，其传递函数为

$$G_c(s)=\frac{(1+T_a s)(1+T_b s)}{(1+aT_a s)\left(1+\frac{T_b}{a}s\right)} \tag{6.2-10}$$

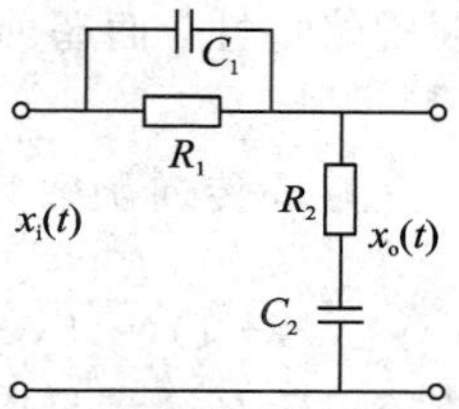

图 6－14　滞后-超前校正网络

式中，$T_a=R_2C_2$、$T_b=R_1C_1(T_b<T_a)$、$aT_a+\frac{T_b}{a}=R_1C_1+R_2C_2+R_1C_2$，$\frac{1+T_a s}{1+aT_a s}$为网络的滞后部分，$\frac{1+T_b s}{1+\frac{T_b}{a}s}$为网络的超前部分。对于式(6.2－10)给出的滞后-超前校正网络，滞后部分的零点、极点更靠近原点，其零点、极点分布如图 6－15 所示。

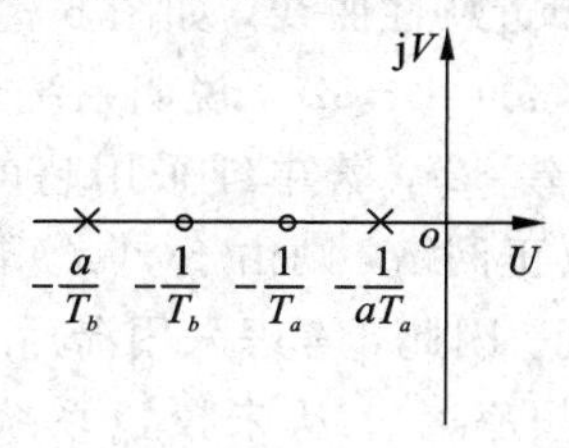

图 6－15　零点、极点分布

2. 串联滞后-超前校正的效能

滞后-超前校正的实质是综合利用超前网络的相角超前特性和滞后网络幅值衰减特性来改善系统的性能。应用频域法设计滞后-超前校正装置，其中超前部分可以提高系统的相角裕度，同时使频带变宽，改善系统的动态特性；滞后部分则主要用来提高系统的稳态特性。无源滞后-超前校正网络的对数幅频渐近特性和相频特性如图 6－16 所示。

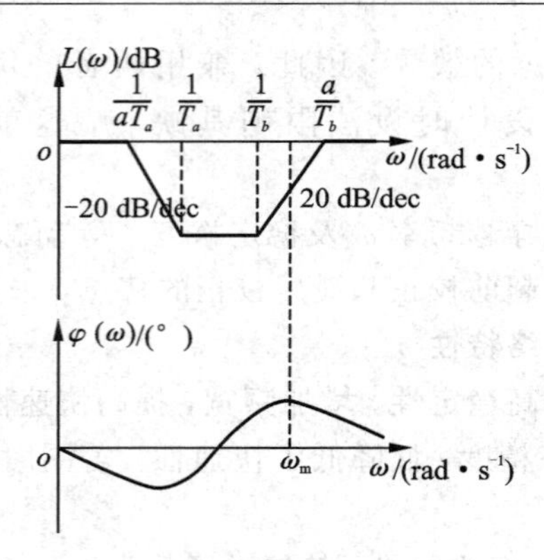

图 6-16　滞后-超前校正伯德图

从图 6-16 中可以看出，曲线的低频部分具有负斜率、负相移，起滞后校正作用；中频和高频部分具有正斜率、正相移，起超前校正作用。由此可见，滞后-超前校正器的滞后校正部分主要用来改变开环系统在低频段的特性，而超前部分主要用来改变开环系统在中频段和高频段的频率特性。

例 6-3　设有一单位反馈系统，其开环传递函数为

$$G_0(s)=\frac{K}{s(s+1)(0.5s+1)}$$

试设计滞后-超前校正装置 $G_c(s)$，使校正后系统满足以下指标：

(1) 静态速度误差系数$K_v=10s^{-1}$；

(2) 相角裕度 $\gamma^*\geqslant 50°$；

(3) 幅值裕度 $20\lg K_g\geqslant 10$ dB。

解　(1) 由题意，取 $K=K_v=8$，则待校正系统的开环传递函数为

$$G_0(s)=\frac{10}{s(s+1)(0.5s+1)}$$

画出待校正系统的对数幅频渐近特性曲线，如图 6-17 所示，可得待校正系统的穿越频率 $\omega_c=2.43$ rad/s，相角裕度 $\gamma(\omega_c)=-32°$，说明系统是不稳定的。

(2) $\gamma(\omega_c)$与期望相角裕度相差 82°，若单纯采用超前校正网络，则低频段衰减太大，无法达到设计要求；若采用滞后校正网络，则由于 $\gamma(\omega_c')$要求较大，导致 ω_c'很小，校正装置的时间常数过大，物理上难以实现。因此，考虑采用滞后-超前网络。

(3) 确定校正后系统的穿越频率 ω_c'。从未校正系统的相频曲线可以发现，当 $\omega_g=1.5$ rad/s 时，相位移为$-180°$，故选择 $\omega_c'=1.5$ rad/s，其所需的相位超前角约为 55°。

(4) 确定相位滞后部分相关参数。根据最大相位超前角 55°的要求，由 $a=\frac{1+\sin\varphi_m}{1-\sin\varphi_m}$可得 $a=10$。

为使滞后部分的最大相角滞后量远低于校正后的 ω_c'，选择 $\omega_a=\frac{1}{T_a}=\frac{1}{10}\omega_c'=0.15$ rad/s，可得 $T_a=\frac{1}{\omega_a}=\frac{1}{0.15}=6.67$ s。因此，滞后部分的传递函数为

$$\frac{1+T_as}{1+aT_as}=\frac{1+6.67s}{1+66.7s}$$

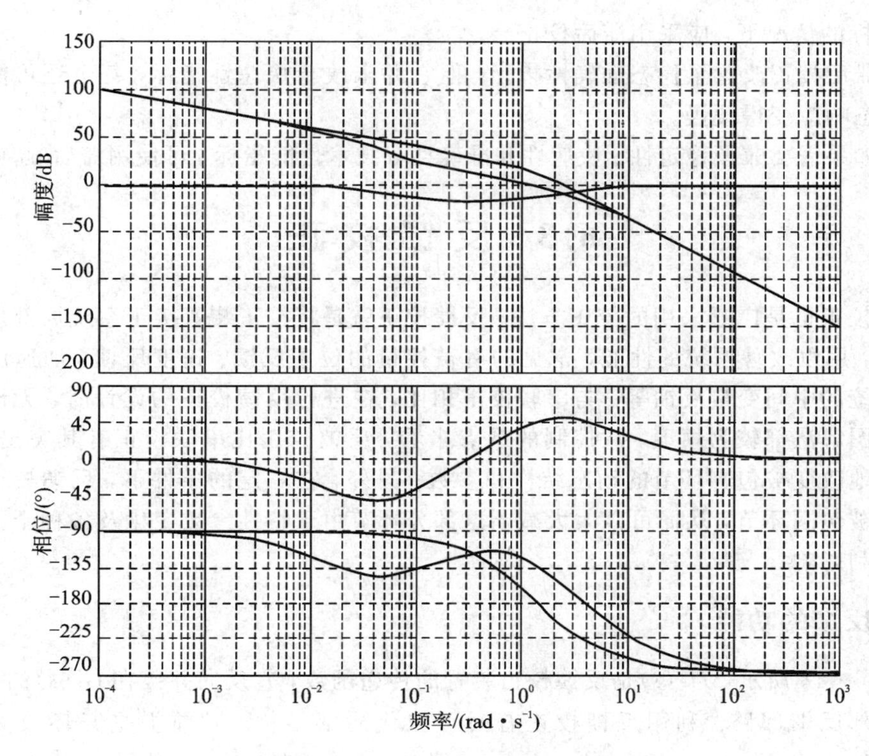

图 6－17　滞后-超前校正的伯德图

(5) 确定相位超前部分相关参数。因新的增益穿越频率为 $\omega_c'=1.5\ \text{rad/s}$，所以从图 6－17 未校正幅频特性可求得 $20\lg|G_0(\mathrm{j}\omega_c')|=60\lg\dfrac{\omega_c}{2}+40\lg\dfrac{2}{\omega_c}=13\ \text{dB}$。因此，如果滞后-超前校正电路在 $\omega_c'=1.5\ \text{rad/s}$ 处产生 $-13\ \text{dB}$ 增益，则 ω_c' 即为所求。根据这一要求，通过点 $(-13\ \text{dB},\ 1.5\ \text{rad/s})$ 作一条斜率为 20 dB/dec 的直线，该直线与 0 dB 线及 -20 dB 线的交点就是超前部分转折频率。故得相位超前部分的交界频率 $\omega_b=0.7\ \text{rad/s}$，可得 $T_b=\dfrac{1}{\omega_b}=\dfrac{1}{0.7}=1.43\ \text{s}$。因此，滞后部分的传递函数为

$$\frac{1+T_b s}{1+\dfrac{T_b}{a}s}=\frac{1+1.43s}{1+0.143s}$$

(6) 滞后-超前校正装置的传递函数为

$$G_c(s)=\frac{(T_a s+1)(T_b s+1)}{(aT_a s+1)\left(\dfrac{T_b}{a}s+1\right)}=\frac{(6.67s+1)(1.43s+1)}{(66.7s+1)(0.143s+1)}$$

前面通过例题分别介绍了超前、滞后和滞后-超前校正装置设计的详细步骤。从中可以看到，在设计中应灵活运用各种校正装置的特点来达到设计目的，满足设计指标的要求。三种串联校正方案的特点对比如下：

(1) 超前校正主要是利用相位超前角，而滞后校正主要是利用其高频衰减特性。

(2) 超前校正增大了相角裕度和频宽，这意味着快速性指标的改善。在不需要过高的

快速性指标的情况下，应采用滞后校正。

(3) 滞后校正改善了稳态准确性指标，但它并未改善快速性指标，甚至还可能使其减小，使动态响应变得缓慢。

(4) 如果需要兼顾稳定性、快速性和准确性等技术性能指标，可使用滞后-超前校正。

6.3 反馈校正

反馈校正也是广泛采用的校正方法。反馈校正就是将校正装置接于系统局部反馈的反馈通道中，用以改善系统的性能，常见的有被控量的位置反馈、速度反馈、加速度反馈以及复杂系统的中间变量反馈等。与串联校正相比，在进行反馈校正的设计时，无论采用解析法还是图解法都较为烦琐。从控制的观点来看，反馈校正比串联校正有其突出的优点，它能有效地改变被包围环节的动态结构和参数；另外，在一定的条件下，反馈校正甚至能完全取代被包围环节，从而可以大大减弱这部分环节由于特性参数变化及各种干扰给系统带来的不利影响。

6.3.1 反馈的功能

如图 6-18 所示，$H_1(s)$是反馈校正装置的传递函数，它反向并接在$G_2(s)$的两端，形成一个局部反馈回路。利用反馈校正有时可取代局部结构，其前提是开环放大倍数足够大。

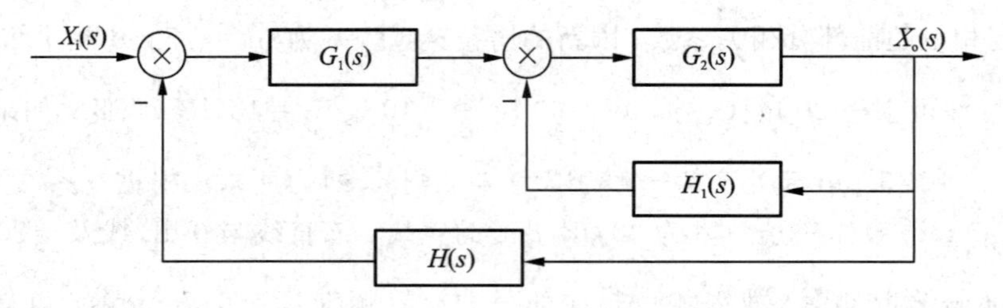

图 6-18　反馈控制装置

设前向通道传递函数为$G_2(s)$，反馈为$H_1(s)$，则局部闭环传递函数为

$$G(s)=\frac{G_2(s)}{1+G_2(s)H_1(s)} \tag{6.3-1}$$

频率特性为

$$G(j\omega)=\frac{G_2(j\omega)}{1+G_2(j\omega)H_1(j\omega)}$$

在一定频率范围内，若能选择结构参数，使$|G_2(j\omega)H_1(j\omega)|\gg 1$，则

$$G(j\omega)\approx\frac{1}{H_1(j\omega)} \tag{6.3-2}$$

这表明局部闭环的传递函数为

$$G(s)\approx\frac{1}{H_1(s)} \tag{6.3-3}$$

如此，传递函数与被包围环节基本无关，达到了以$\frac{1}{H_1(s)}$取代$G(s)$的目的。

反馈校正的这种作用，在系统设计和调试中，常被用来改造不希望有的某些环节，以及消除非线性、时变参数的影响和抑制干扰。

6.3.2　位置反馈校正

位置反馈校正可以改变系统的型别，减弱所包围环节的惯性，从而扩展该环节的带宽，提高响应速度。

图 6-19(a)为积分环节被比例(放大)环节所包围，其回路传递函数为

$$G(s)=\frac{\dfrac{K}{s}}{\dfrac{KK_H}{s}+1}=\frac{\dfrac{1}{K_H}}{\dfrac{s}{KK_H}+1} \tag{6.3-4}$$

经过反馈校正，把原来的积分环节变成惯性环节，可降低原系统的型别，从而改变控制系统的性能。

图 6-19(b)为惯性环节被比例环节所包围，则回路传递函数为

$$G(s)=\frac{\dfrac{K}{Ts+1}}{1+\dfrac{KK_H}{Ts+1}}=\frac{\dfrac{K}{1+KK_H}}{\dfrac{Ts}{1+KK_H}+1} \tag{6.3-5}$$

虽然经过反馈校正，系统仍为惯性环节，但是时间常数由原来的 T 变为$\frac{T}{1+KK_H}$，其值减小了。反馈系数 K_H越大，时间常数越小。作为代价，静态放大倍数减小了同样的比例。

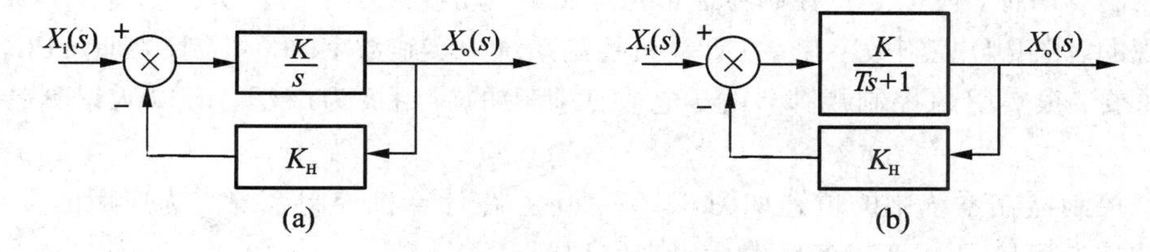

图 6-19　位置反馈校正

6.3.3　速度反馈校正

由第 2 章可知，输出的导数也可以用来改善系统的性能，在实际控制系统中，常常采用速度反馈来改善系统的性能。

图 6-20(a)为惯性环节被微分环节包围，则回路传递函数为

$$G(s)=\frac{\dfrac{K}{Ts+1}}{1+\dfrac{KK_1s}{Ts+1}}=\frac{K}{(T+KK_1)s+1} \tag{6.3-6}$$

虽然经过反馈校正，但系统仍为惯性环节，时间常数由原来的 T 变为 $T+KK_1$，其值增大了。反馈系数 K_1越大，时间常数越大。利用这个特点可使原系统中各环节的时间常数相互拉开，从而改善系统的动态平衡性。

图 6-20(b)中振荡环节被微分反馈包围后，回路传递函数经变换整理为

$$G(s)=\frac{K}{T^2s^2+(2\zeta T+KK_1)s+1} \tag{6.3-7}$$

经过反馈校正，系统仍为振荡环节，但是阻尼比变为 $2\zeta T+KK_1$，显著加大，从而提高了系统的相对稳定性，有时可用于改善阻尼过小的不利影响，同时又不影响系统的无阻尼固有频率。

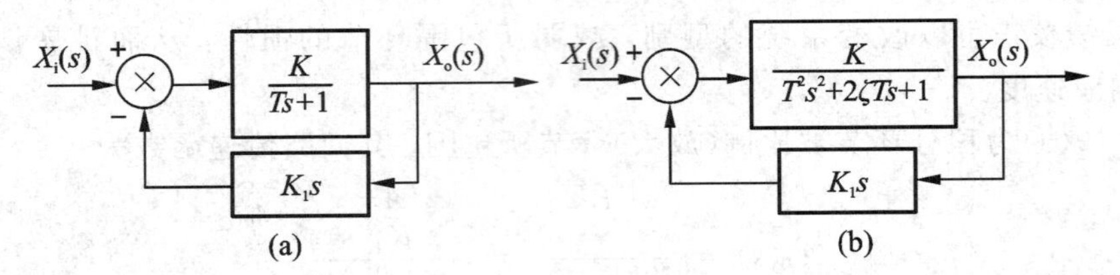

图 6-20　速度反馈校正

6.4　PID 校正

PID 控制器是按与校正目标偏差的比例(proportion)、积分(integral)和微分(derivation)进行校正的一种控制器，它是经典控制理论与工程中成熟技术的结合，是应用较为广泛的一种控制策略，经过长期的工程实践，已形成了一套完整的控制方法和典型的结构。它不仅适用于数学模型确定的控制系统，而且对于大多数数学模型难以确定、参数变化较大的工业过程也可应用。PID 控制参数整定方便，结构改变灵活，适应性、鲁棒性强，在炼油、化工、造纸、冶金、建材等众多工业过程控制中取得了满意的应用效果。

PID 控制器是串联在系统的前向通道中的，因而也属于串联校正。PID 控制器分为模拟和数字控制器两种。模拟 PID 控制器通常是电子、气动或液压型的。数字 PID 控制器是由计算机实现的，将 PID 控制数字化，在计算机控制系统中实施数字 PID 控制。因此，PID 控制是一种很重要、很实用的控制规律，由于它在工业中的应用极为广泛，所以认识其特性十分重要。

PID 控制器在系统中的位置如图 6-21 所示。在计算机控制系统广为应用的今天，PID 控制器的控制策略已越来越多地由代码来实现。

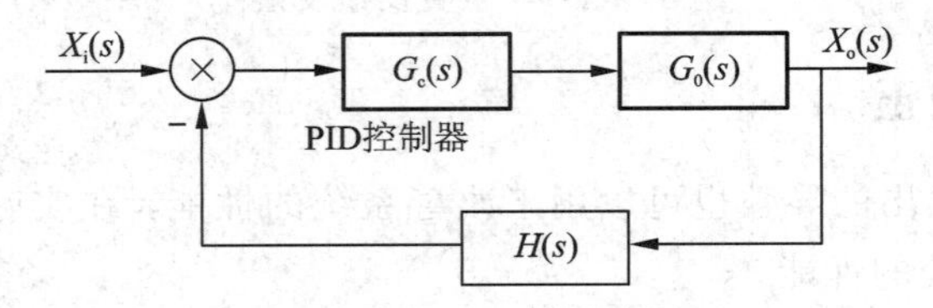

图 6-21　采用 PID 控制器的控制系统

PID 校正的物理概念十分明确，比例、积分、微分等概念不仅可以应用于时域，也可以应用于频域。设计工程师、现场工程师、供方和需方等都可以从自身的角度去审视、理解和调试 PID 控制器。这也是 PID 校正得以普及的一大原因。

所谓 PID 校正，就是对偏差信号进行比例、积分、微分运算后，形成的一种控制规律。即控制器输出为

$$u(t)=K_pe(t)+K_I\int_0^t e(\tau)\mathrm{d}\tau+K_D\frac{\mathrm{d}}{\mathrm{d}t}e(t) \tag{6.4-1}$$

式中，$K_{\mathrm{p}}e(t)$ 为比例控制项，K_{p} 称为比例系数；$K_{\mathrm{I}}\int_0^t e(\tau)\mathrm{d}\tau$ 为积分控制项，K_{I} 称为积分系数；$K_{\mathrm{D}}\frac{\mathrm{d}}{\mathrm{d}t}e(t)$ 为微分控制项，K_{D} 称为微分系数。

上述三项中，可以有各种组合，除了比例控制项是必须有的，积分控制项和微分控制项则要根据被控系统的情况选用，所以一共有四种组合：P、PD、PI 和 PID 等控制器。以下讨论各种组合的控制策略。

6.4.1　比例控制器(P 控制器)

比例控制器如图 6-22 所示。

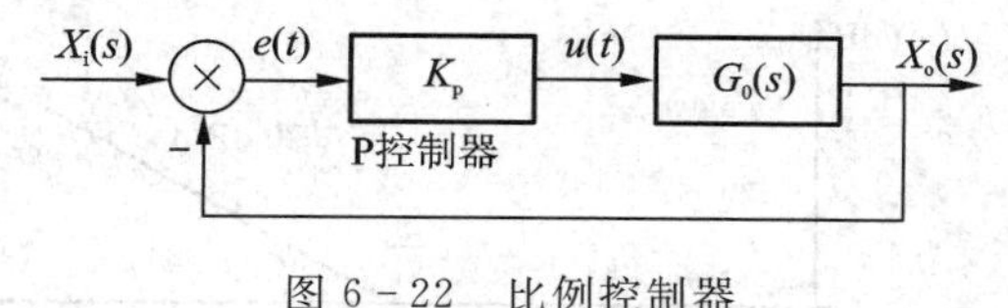

图 6-22　比例控制器

其关系式为

$$u(t) = K_{\mathrm{p}}e(t) \tag{6.4-2}$$

传递函数为

$$G_{\mathrm{c}}(s) = K_{\mathrm{p}} \tag{6.4-3}$$

式中，K_{p}为比例系数，又称比例控制器的增益。

比例控制器实质上是一个系数可调的放大器，显然，调整 P 控制器的比例系数 K_{p}，可改变系统的开环增益，从而对系统的性能产生影响。

若增大 K_{p}，将增大系统的开环增益，使系统伯德图的幅频曲线上移，引起穿越频率 ω_{c} 的增大，而相频特性曲线不变。其结果是由于开环增益的加大，稳态误差减小，系统的稳态精度提高。穿越频率 ω_{c} 的增大，使系统的快速性得到改善，但也使相角裕度减小，相对稳定性变差。

由于调整 P 控制器的比例系数相当于调整系统的开环增益，对系统的相对稳定性、快速性和稳态精度都有影响，因此，对于比例系数的确定要综合考虑，在某种程度上比例系数的确定是一种折中的选择。但有时候仅靠调整比例系数，是无法同时满足系统的各项性能指标要求的。因此，需要使比例控制同其他控制规律(如微分控制与积分控制)一起应用，才能得到较高的控制质量。

6.4.2　比例-微分控制器(PD 控制器)

PD 控制器如图 6-23 所示。

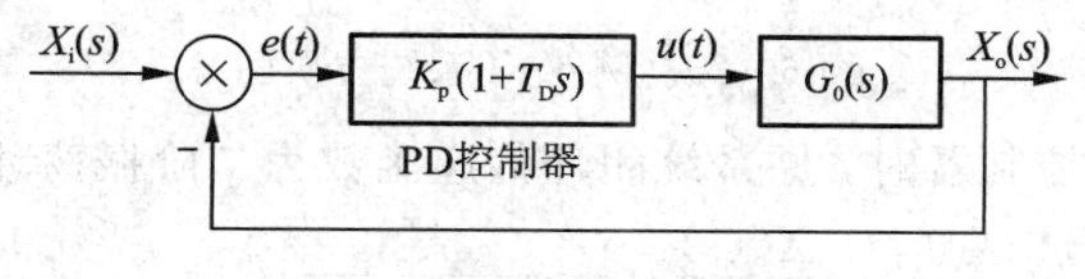

图 6-23　PD 控制器

比例微分控制

其关系式为

$$u(t) = K_{\mathrm{p}}\left[e(t) + T_{\mathrm{D}}\frac{\mathrm{d}}{\mathrm{d}t}e(t)\right] \tag{6.4-4}$$

传递函数为

$$G_c(s) = K_p(1 + T_D s) \tag{6.4-5}$$

式中，T_D为微分时间常数。

在 $K_p=1$ 时，PD 控制器的伯德图如图 6-24 所示。由图可见，系统引入 PD 控制器后，相角裕度增加了，幅值穿越频率 ω_c增大了，系统的快速性得到了提高，但系统的高频增益上升了，系统的抗干扰能力减弱了。

PD 控制器中的微分作用能反映偏差信号的变化趋势，对偏差信号的变化进行"预测"，这就能在偏差信号值变得太大之前，引入早期纠正信号，从而加快系统的响应能力，并有助于增强系统的稳定性。微分作用的强弱取决于微分时间常数 T_D，T_D越大，微分作用就越大。

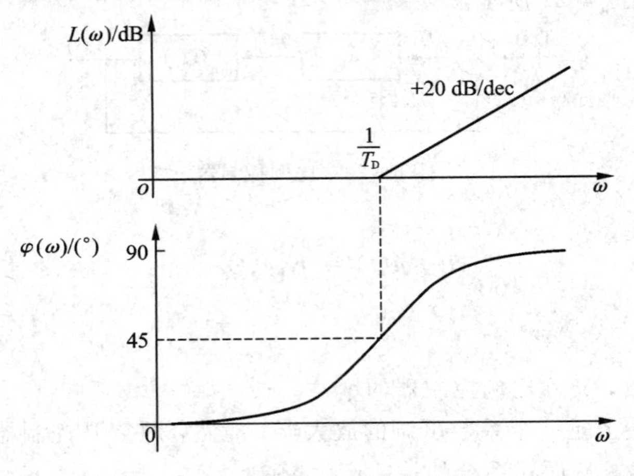

图 6-24　PD 控制器伯德图

正确地选择微分时间常数 T_D是极为关键的，合适的 T_D可以使系统的超调量$\sigma\%$控制在合适的水平，且系统的调节时间 t_s也可大大缩短。而如果 T_D选得不合适，则系统的控制性能会受到很大影响。例如，T_D过大，即微分作用过强，使"预测"作用过于敏感，会提前调节系统，这样会使系统输出尚未达到足够的强度时即被纠偏，其结果是调节时间 t_s势必拖长。反之，如果 T_D过小，即微分作用过弱，会使系统超调量很大，当然也无法缩短系统的调节时间 t_s。

例 6-4　图 6-25 所示为一个二阶系统，试分析采用 PD 控制器对该系统控制性能的影响。

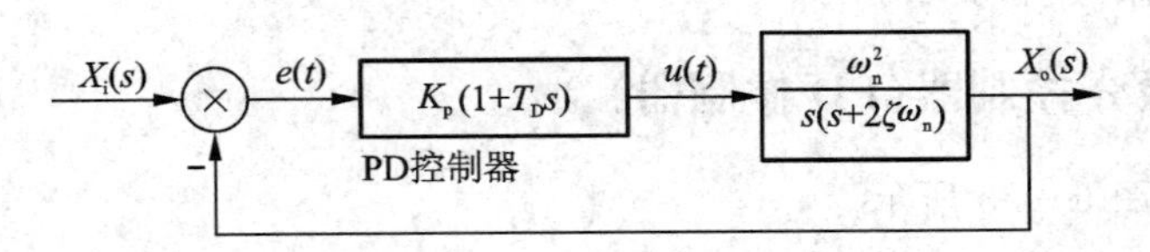

图 6-25　例 6-4 系统方块图

解　在未采用 PD 控制器时，原系统闭环传递函数为二阶振荡环节：

$$\frac{X_o(s)}{X_i(s)} = \frac{\omega_n^2}{s^2 + 2\zeta\omega_n s + \omega_n^2}$$

我们知道，系统阻尼比 ζ 对其动态指标如超调量$\sigma\%$、调节时间 t_s等有着至关重要的影响，是一个重要的参数。

对该系统施加 PD 控制，其闭环传递函数为

$$\frac{X_o(s)}{X_i(s)}=\frac{K_p(1+T_Ds)\omega_n^2}{s^2+2\zeta\omega_n s+K_p(1+T_Ds)\omega_n^2}=\frac{K_p(1+T_Ds)\omega_n^2}{s^2+(2\zeta\omega_n+K_pT_D\omega_n^2)s+K_p\omega_n^2}$$

阻尼比发生了变化，新的阻尼比为

$$\zeta'=\zeta+\frac{K_pT_D\omega_n}{2}$$

无阻尼自然频率也发生了变化，新的无阻尼自然频率为

$$\omega_n'=\omega_n\sqrt{K_p}$$

可见，选用合适的 PD 控制器参数 K_p 和 T_D，可以设计合适的阻尼比和无阻尼自然频率，从而使系统的超调量 $\sigma\%$ 和调节时间 t_s 都比较合理，使系统的动态性能得到优化。此外，还可以使系统的相对稳定性得到改善，在保证相对稳定性的前提下，允许增大系统的开环增益，间接地使系统的稳态性能也得到提高。

6.4.3　积分控制器(I 控制器)

具有积分控制规律的控制器，称为 I 控制器。I 控制器如图 6 - 26 所示。

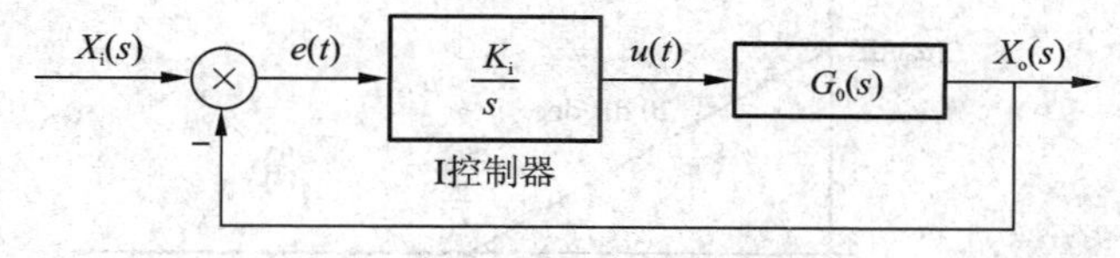

图 6 - 26　积分控制器

其关系式为

$$u(t)=K_i\int_0^t e(t)\mathrm{d}t \tag{6.4-6}$$

传递函数为

$$u(t)=\frac{K_i}{s} \tag{6.4-7}$$

式中，K_i 为可调比例系数。由于 I 控制器的积分作用，当其输入 $e(t)$ 消失后，输出信号 $u(t)$ 有可能是一个不为零的常量。

在串联校正时，采用 I 控制器可以提高系统的型别(无差度)，有利于系统稳定性能的提高，也就是说当系统达到平衡后，阶跃信号稳态设定值和被控量之间无差，偏差 $e(t)$ 等于 0。但积分控制使系统增加了一个位于原点的开环极点，使信号产生 90°的相角滞后，对系统的稳定性不利。因此，在控制系统的校正设计中，通常不宜采用单一的 I 控制器。

6.4.4　比例-积分控制器(PI 控制器)

PI 控制器如图 6 - 27 所示。

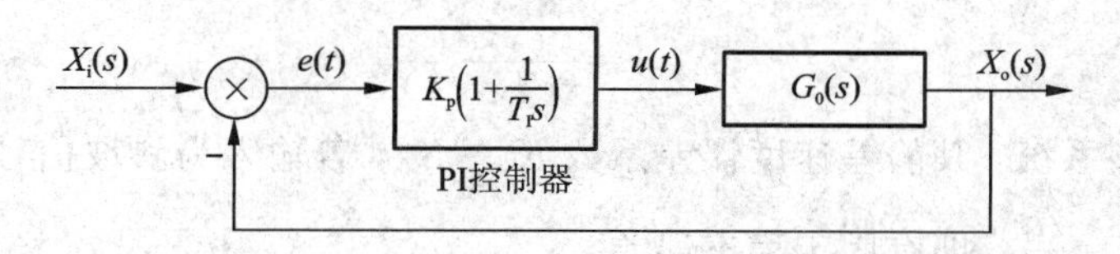

图 6 - 27　比例积分控制器

其关系式为

$$u(t)=K_{\mathrm{p}}\left[e(t)+\frac{1}{T_{\mathrm{I}}}\int_{0}^{t}e(\tau)\mathrm{d}\tau\right] \tag{6.4-8}$$

传递函数为

$$G_{\mathrm{c}}(s)=K_{\mathrm{p}}\left(1+\frac{1}{T_{\mathrm{I}}s}\right) \tag{6.4-9}$$

式中，T_{I}为积分时间常数。

在 $K_{\mathrm{p}}=1$ 时，PI 控制器的伯德图如图 6-28 所示。由图可见，积分环节的引入使得系统的型别增加，其无差度将增加，从而使稳态精度大为改善。但是积分环节将引起$-90°$的相移，使得系统的相角裕度有所减小，幅值穿越频率 ω_{c}减小，快速性变差，这对系统的稳定性是不利的。但比例积分环节的引入，又有可能使系统的稳定性和快速性向好的方向变化，适当选择两个参数 K_{p}和 T_{I}，就可使系统的稳态和动态性能满足要求。PI 控制器中积分控制作用的强弱取决于积分时间常数 T_{I}，T_{I}越大则积分作用越弱。在控制系统中，PI 控制器主要用于在系统稳定的基础上提高无差度，使稳态性能得以明显改善。

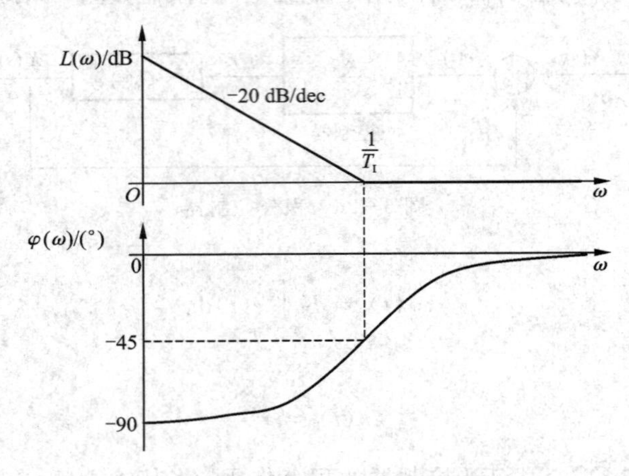

图 6-28　PI 控制器伯德图

例 6-5　在图 6-29 所示的控制系统中加入了 PI 控制器，试分析它在改善系统稳态性能中的作用。

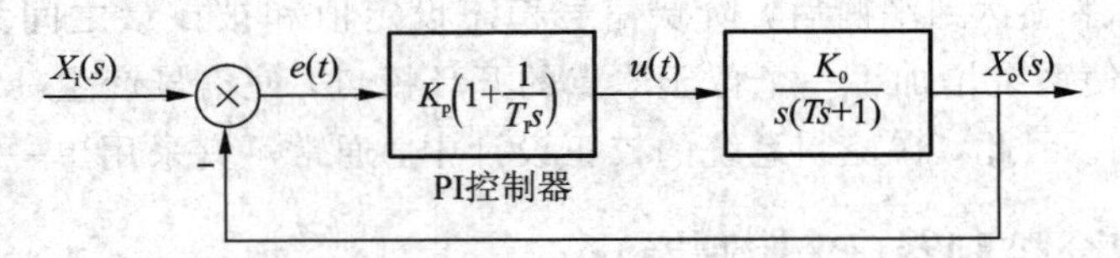

图 6-29　例 6-5 系统方块图

解　在未加 PI 控制器时，系统的开环传递函数为

$$G_0(s)=\frac{K_0}{s(Ts+1)}$$

这是一个 I 型系统，其静差速度误差系数 $K_{\mathrm{v}}=K_0$，若输入为斜坡信号$r(t)=A_t t$，则稳态误差为 $e_{\mathrm{ss}}=\frac{A_t}{K_{\mathrm{v}}}=\frac{A_t}{K_0}$，即有固定稳态误差。

当采用 PI 控制器后，系统的开环传递函数变为

$$G(s)=\frac{K_pK_0(T_Is+1)}{T_Is^2(Ts+1)}$$

系统型别从一阶提高到二阶，其静态速度误差系数 $K_v\to\infty$，若同样输入斜坡信号 $r(t)=A_tt$，则稳态误差为 $e_{ss}=\frac{A_t}{K_v}=0$，即消除了稳态误差。由此可以看出 PI 控制器的效果，由于积分累加的效应，当系统偏差 $e(t)$降为零时，PI 控制器仍能维持恒定的输出作为系统的控制作用，这就使得系统有可能运行于无静差($e_{ss}=0$)的状态。

6.4.5 比例-积分-微分控制器(PID 控制器)

控制系统的 PID 校正设计及仿真

第 6 章案例分析_PID 校正

PID 控制理论

如果既需要改善系统的稳态精度，也希望改善系统的动态特性，这时就应考虑 PID 控制器。PID 控制器实际上综合了 PD 控制器和 PI 控制器的特点，在低频段，PID 控制器中的积分控制使系统的无差度提高一阶，从而大大改善系统的稳态性能；在中频段，PID 控制器中的微分控制使系统的相角裕度增大，穿越频率提高，从而使系统的动态性能得到改善；在高频段，PID 控制器中的微分部分可放大噪声，使系统的抗高频干扰能力降低。

总的来说，由于 PID 控制器有三个可调参数，它们不仅在设计中，而且在系统现场调试中都可以足够灵活地调节，并且像比例、积分、微分等这些术语的物理概念都很直观，目的性明确。因而 PID 控制器受到工程技术人员的欢迎，相对于串联校正更具有工程实用上的优越性。

比例-积分-微分控制器各有其优缺点，对于性能要求高的系统，单独使用其中一种控制器有时达不到预想效果，可组合使用。PID 控制器的方程如下：

$$u=K_pe+K_I\int_0^t e\mathrm{d}t+K_D\frac{\mathrm{d}e}{\mathrm{d}t} \tag{6.4-10}$$

其传递函数表示为

$$G(s)=K_p+\frac{K_I}{s}+K_Ds \tag{6.4-11}$$

其方块图如图 6-30 所示。

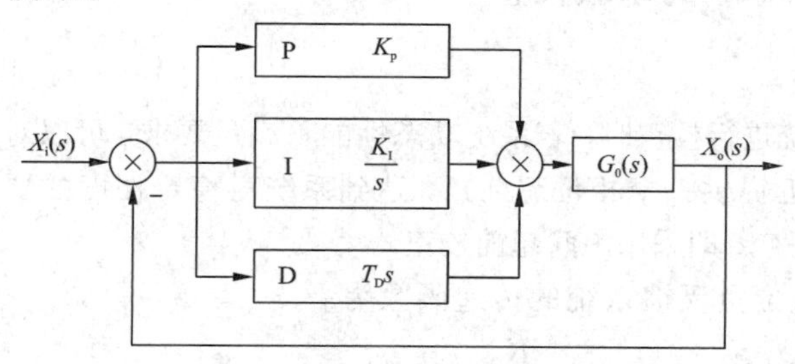

图 6-30　PID 控制器方块图

由于在 PID 控制器中，可供选择的参数有 K_p、K_I和 K_D三个，因此在不同的取值情况下，可以得到不同的组合控制器，其伯德图如图 6-31 所示。

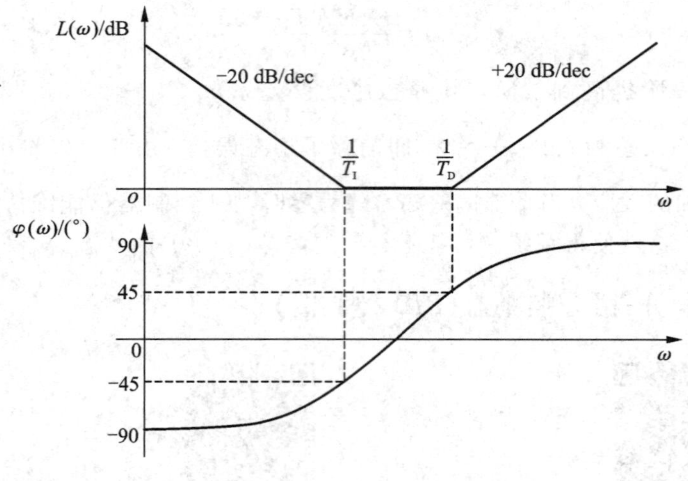

图 6－31　PID 控制器伯德图

由式(6.4－11)PID 校正的传递函数可知，在进行 PID 控制器设计时，有三个待定系数 K_p、K_I、K_D需要确定，工程上常采用伯德图的系统频域综合设计方法、任意极点配置法、试探法和齐格勒-尼科尔斯法(Ziegler-Nichols)确定待定系数。

PID 控制器原理简单，使用方便，适应性强，可以广泛应用于机电控制系统，也可用于化工、热工、冶金、炼油、造纸、建材等各种生产部门。同时，PID 控制器鲁棒性强，即其控制品质对环境条件变化和被控制对象参数的变化不太敏感。对于系统性能要求较高的情况，往往可使用 PID 控制器。在合理地优化 K_p、K_I和 K_D的参数后，可以使系统具有高稳定性、快速响应和无残差等理想的性能。

6.5　MATLAB 在校正中的应用

对于不满足要求的系统，必须对其进行校正。在经典控制理论中，可以采用频域特性法进行分析和校正，主要借助的是伯德图。当然，MATLAB 的 Simulink 工具箱提供专门用于系统分析的工具，感兴趣的读者可以自行学习。

6.5.1　基于 MATLAB 的串联校正

1. 串联超前校正

借助伯德图对系统进行校正时，若系统动态性能不满足要求，可以对伯德图在穿越频率附近提供一个相位超前角，达到系统对稳定裕度的要求，而保持低频部分不变，即采用串联超前校正。

串联超前(微分)
校正的方法

例 6－6　已知单位负反馈系统的传递函数为

$$G(s)=\frac{K_0}{s(0.1s+1)(0.001s+1)}$$

试用伯德图分析法对系统进行校正，使之满足：

(1) 系统的单位斜坡响应的稳态误差 $e_{ss}\leqslant 0.001$；

(2) 校正后系统的相角裕度 γ 在 45°～55°。

解　由系统的传递函数可知系统为Ⅰ型系统，其单位斜坡信号的速度误差系数为 $K_v = K_0$，系统的稳态误差为

$$e_{ss} = \frac{1}{K_v} = \frac{1}{K_0} \leqslant 0.001$$

得

$$K_v = K_0 \geqslant 1000$$

取 $K_v = 1000$。因此被控对象的传递函数为

$$G(s) = \frac{1000}{s(0.1s+1)(0.001s+1)}$$

绘制未校正系统的伯德图。

在命令行中输入：

```
num=[1000];                              %定义分子分母矢量
den=conv([1 0], conv([0.1 1], [0.001 1]));
sys=tf(num, den);                        %建立系统，绘制伯德图
margin(sys);
```

运行结果如图 6-32 所示，系统动态性能不满足要求，因此采用串联超前校正。

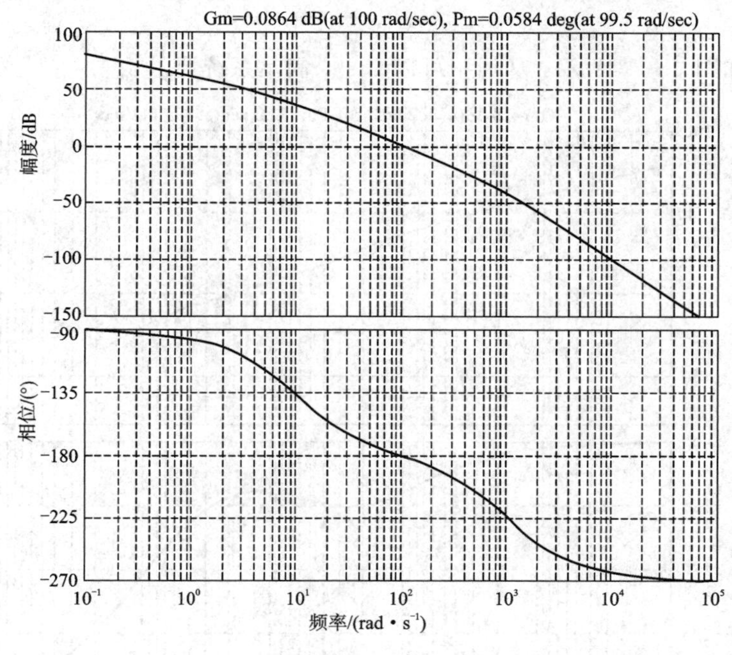

图 6-32　未校正系统伯德图

求超前校正装置的传递函数。根据题中的稳定裕度要求，取 $\gamma = 55°$ 并附加 5°，即 $\gamma = 60°$。

设超前校正装置的传递函数为 $G_c(s) = \dfrac{Ts+1}{\alpha Ts+1}$，计算超前校正装置传递函数的 MATLAB程序(M 文件)如下：

```
num=[1000];                              %定义分子分母矢量
den=conv([1 0], conv([0.1 1], [0.001 1]));
```

```
sys=tf(num, den);                          %建立系统
[mag phase w]=bode(sys);                   %绘制伯德图，返回幅频和相频特性
gama=(55+5) * pi/180;                      %求取α
alfa=(1-sin(gama))/(1+sin(gama));
am=10 * log10(alfa);
magdb=20 * log10(mag);
wc=spline(magdb, w, am);                   %求取ωc2
T=1/(wc * sqrt(alfa));                     %求取T
Gc=tf([T 1], [alfa * T 1])                 %建立校正装置传递函数
```

运行结果：

```
transfer function:
0.0191s+1
0.0014s+1
```

即校正装置的传递函数为

$$G_c(s)=\frac{Ts+1}{\alpha Ts+1}=\frac{0.0191s+1}{0.0014s+1}$$

验证校正装置是否满足系统的性能指标要求，在MATLAB命令行中输入：

```
sys=tf([1000], conv([1, 0], conv([0.1, 1], [0.001, 1])));
margin(Gc * sys)
```

运行结果如图6-33所示，从图中可以看出，满足系统要求。

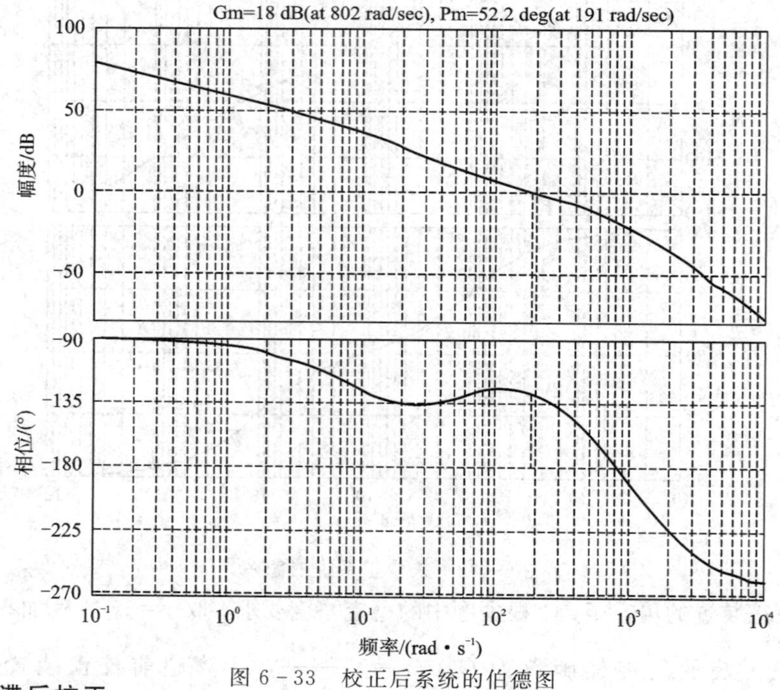

图6-33　校正后系统的伯德图

2. 串联滞后校正

借助于伯德图进行校正时，若系统稳态性能不满足要求，可以对伯德图保持低频段不变，将中频段和高频段的幅值加以衰减，使之在中频段的特定点处，达到系统对稳定裕度

的要求，即采用串联滞后校正。

例 6-7　已知单位负反馈系统的传递函数为

$$G(s)=\frac{K_0}{s(0.1s+1)(0.02s+1)}$$

试用伯德图分析法对系统进行串联滞后校正，使之满足：

（1）系统的单位斜坡响应的稳态误差 $e_{ss}\leqslant 0.04$。

（2）校正后系统的相角裕度 $\gamma>45°$。

（3）系统校正后的穿越频率 $\omega_c\geqslant 3$ rad/s。

解　由系统的传递函数可知系统为Ⅰ型系统，其单位斜坡信号的静态速度误差系数为 $K_v=K_0$，系统的稳态误差为 $e_{ss}=\frac{1}{K_v}=\frac{1}{K_0}\leqslant 0.04$，得 $K_v=K_0\geqslant 25$，取 $K_0=25$。因此，被控对象的传递函数为

$$G(s)=\frac{25}{s(0.1s+1)(0.02s+1)}$$

绘制未校正系统的伯德图，在命令行中输入：

```
num=[25];                                   %定义分子、分母矢量
den=conv([1 0], conv([0.1 1], [0.02 1]));
sys=tf(num, den);                           %建立系统，绘制伯德图
margin(sys);
```

运行结果如图 6-34 所示。从图中可以看出，虽然系统稳定，但是相角裕度不满足系统要求，必须采取校正，采用串联滞后校正。

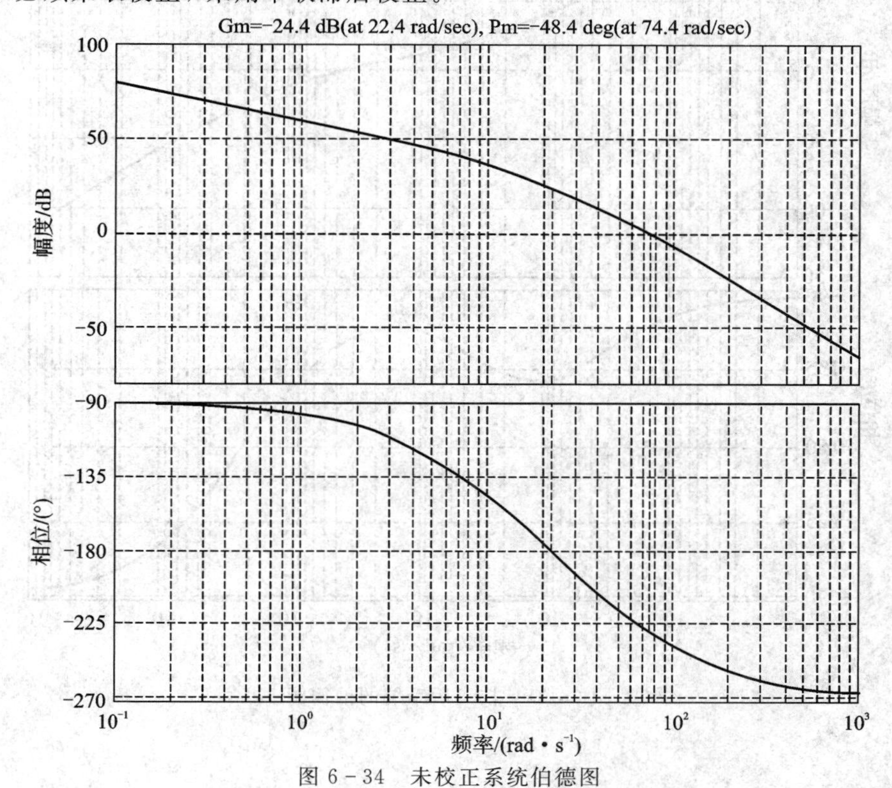

图 6-34　未校正系统伯德图

求滞后校正系统的传递函数。根据滞后校正的原理，求滞后校正装置传递函数的 MATLAB 程序如下：

```
wc=3; k0=25; sum=1; den=conv([1 0], conv([0.1 1], [0.02 1]));
na=polyval(k0 * sum, j * wc); da=polyval(den, j * wc);
g=na/da; g1=abs(g); h=20 * log10(g1); beta=10^(h/20);     %求β
T=1/(0.1 * wc); bt=beta * T;
Gc=tf([T 1], [bt 1])                %求校正装置的传递函数
```

程序执行后，得到滞后校正装置的传递函数为

$$G_c(s)=\frac{Ts+1}{\beta Ts+1}=\frac{3.333s+1}{26.56s+1}$$

验证校正后系统是否满足性能要求，在 MATLAB 命令行中输入：

```
sub1=[25]; den1=conv([1 0], conv([0.1 1], [0.02 1]));
sys1=tf(sub1, den1);
sys=sys1 * Gc;            %求校正后系统的开环传递函数
margin(sys)               %绘制伯德图
```

运行结果如图 6-35 所示。从图中可以看出，满足系统要求。

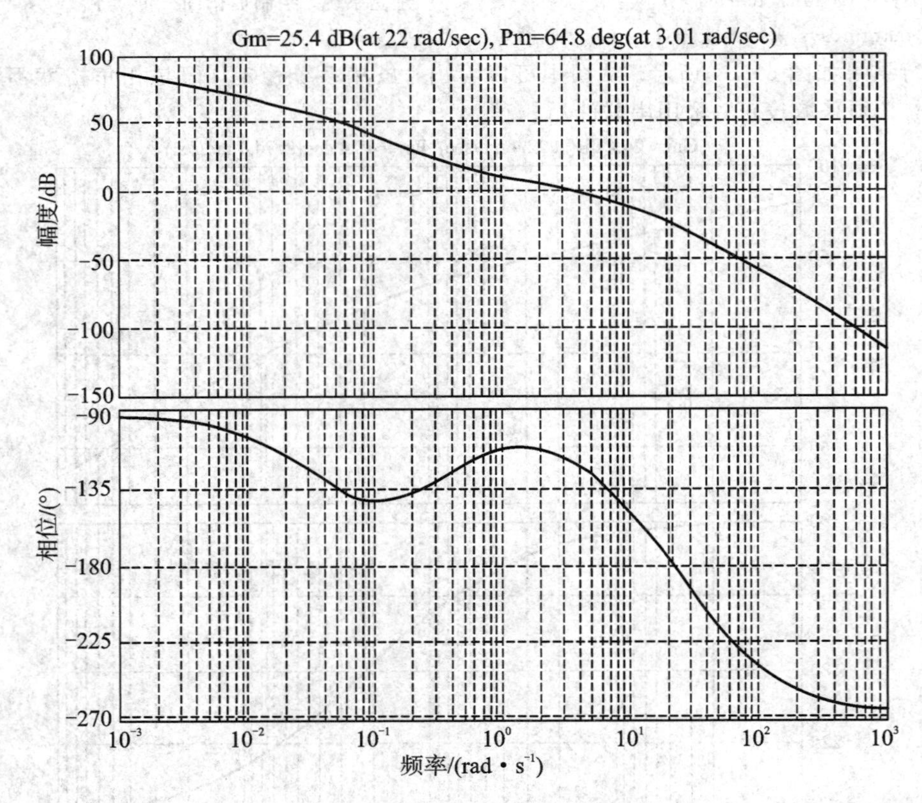

图 6-35 校正后系统的伯德图

3. 串联滞后-超前校正

借助于伯德图对系统进行校正时，若系统动态性能和稳态性能都不满足要求，则采用串联滞后-超前校正。

例 6-8　已知单位负反馈系统的传递函数为

$$G(s)=\frac{K_0}{s(s+1)(s+3)}$$

试用伯德图分析法对系统进行串联滞后-超前校正，使之满足：

(1) 系统的单位斜坡响应的速度误差系数为 $K_v=15$；

(2) 校正后系统的相角裕度 $\gamma>45°$；

(3) 系统校正后的穿越频率 $\omega_c\geqslant 2$ rad/s。

解　由传递函数可知系统为Ⅰ型系统，其单位斜坡信号的静态速度误差系数为 $K_v=15$，得 $K_0=K_v=15$。

求滞后校正装置的传递函数，其 MATLAB 命令如下：

```
clear;
wc=2; beta=9;
T=1/(0.1*wc); beta1=beta*T;
Gc1=tf([T 1], [beta1 1])        %求滞后校正装置的传递函数
```

程序执行后，滞后装置的传递函数为

$$G_{c1}(s)=\frac{Ts+1}{\beta Ts+1}=\frac{5s+1}{54s+1}$$

求超前校正装置的传递函数，其 MATLAB 命令如下：

```
den1=conv([1 0], conv([1 1], [1 3])); sub1=[15];
sys1=tf(sub1, den1); wc=2;
sys2=sys1*Gc1;                %求系统加滞后装置后的开环传递函数
num=sys2.num{1}; den=sys2.den{1};
na=polyval(num, j*wc); da=polyval(den, j*wc);
g=na/da; g1=abs(g); h=20*log10(g1); alfa=10^(h/10);    %求α
wm=wc; T=1/(wm*(alfa)^(1/2)); alfa1=alfa*T;
Gc2=tf([T 1], [alfa1 1])        %求超前校正装置的传递函数
```

程序运行后，超前校正装置传递函数为

$$G_{c2}(s)=\frac{Ts+1}{\alpha Ts+1}=\frac{4.814s+1}{0.05194s+1}$$

验证校正后系统的性能是否满足要求，在命令行输入：

```
sys=sys2*Gc2;
margin(sys);
```

运行结果如图 6-36 所示，从图中可以看出，满足系统要求。

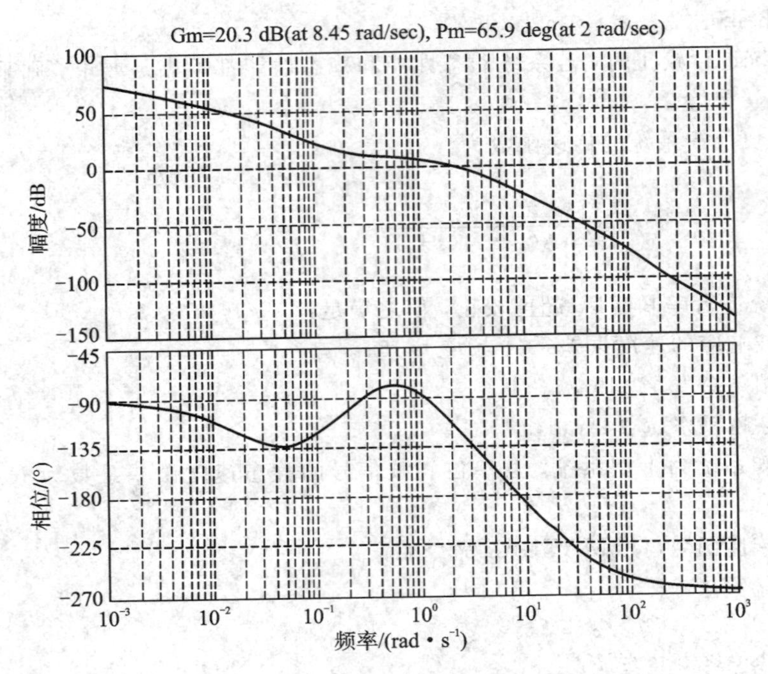

图 6-36　校正后系统的伯德图

控制系统的灵敏度

线性定常系统的综合

常见的无源及有源校正网络

6.5.2　基于 MATLAB 的反馈校正

在实际的随动系统中，电动机的机械惯性(时间常数)太大，常常是影响系统品质的重要因素，但是电动机的机械惯性很难减少，这时可以采用负反馈装置来改善系统的性能，减小被包围环节时间常数，即负反馈校正。下面举例说明直流电动机调速系统的反馈校正。

例 6-9　已知一直流电动机调速系统，其电动机采用负反馈校正方法来改善负载力矩扰动对电动机转动速度的影响，选取电动机各参数分别为 $R_a=2.0\ \Omega$，$L_a=0.5$ H，$K_a=0.015$，$K_b=0.1$，$f=0.2$ N · m · s，$J_a=0.02$ kg · m^2。采用反馈校正的直流电动机结构图如图6-37所示。为了使稳态误差为零，校正装置选用积分形式 $G_c(s)=K/s$，选取参数 $K=5$，当 $t=5\sim10$ s 存在 -0.1 N · m 的扰动时，求电机的输出速度 $\omega(t)$。

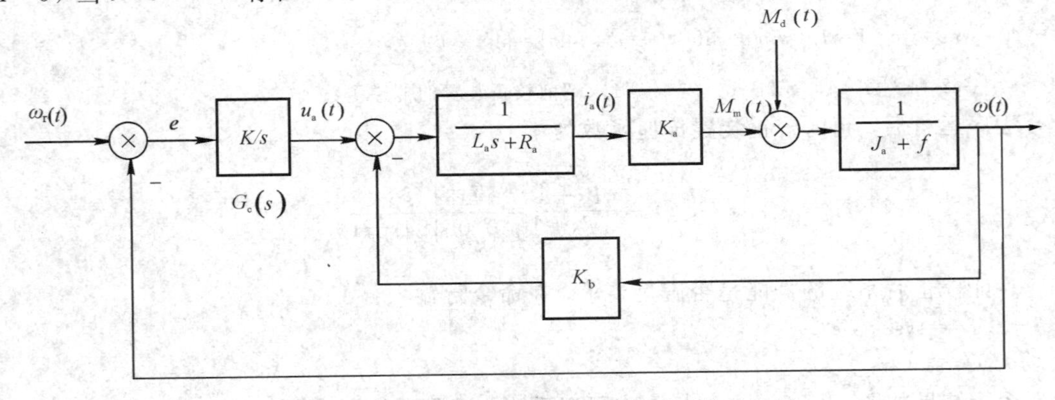

图 6-37　负反馈校正直流电动机调速系统结构图

首先，分别以电动机电枢电压 $u_a(t)$ 和负载力矩为输入变量，以电动机的转动速度 $\omega(t)$ 为输出变量，在 MATLAB 中建立电动机的数学模型。

在 MATLAB 命令窗口输入：

```
Ra=2;La=0.5;Ka=0.1;
Kb=0.1;f=0.2;Ja=0.02;
G1=tf(Ka,[La Ra]);
G2=tf(1,[Ja f]);
dcm=ss(G2)*[G1 1];                  %ua(t)和Md(t)至ω(t)前向通路传递函数
dcm=feedback(dcm,Kb,1,1);           %闭环系统数学模型
dcm1=tf(dcm)
```

运行结果如下：

```
dcm1 =
From input 1 to output:             %ua(t)至ω(t)的传递函数
         10
-------------------
s^2 + 14 s + 40.15
From input 2 to output:             %Md(t)至ω(t)的传递函数
   50 s + 200
-------------------
s^2 + 14 s + 40.15
Continuous-time transfer function.
step(dcm(1));                       %绘制阶跃响应曲线
```

未加校正的直流电动机阶跃响应如图 6-38 所示。

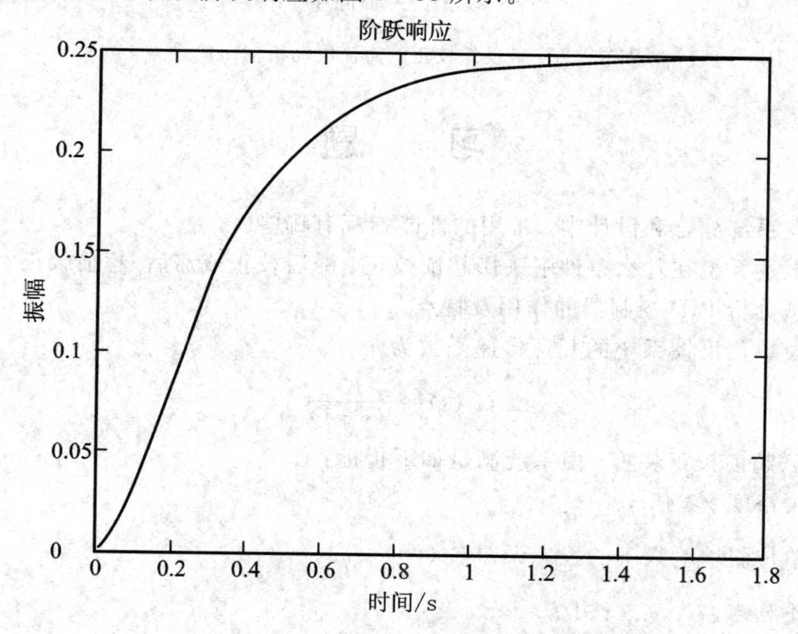

图 6-38　未加校正的直流电动机阶跃响应

```
K=5;
```

```
Gc1=tf(K,[1 0]);
sysl=feedback(dcm * append(Gc1,1),1,1,1);
t=0:0.1:15;
Md=-0.1 * (t>5&T<10);          %负载力矩扰动
u=[ones(size(t));Md];          %由给定输入和负载扰动同时形成输入信号
sys=dcm * diag([K 1]);         %将静态增益加入系统
lsim(sys,u,t);
```

负反馈校正后的直流电动机输出曲线如图 6-39 所示。

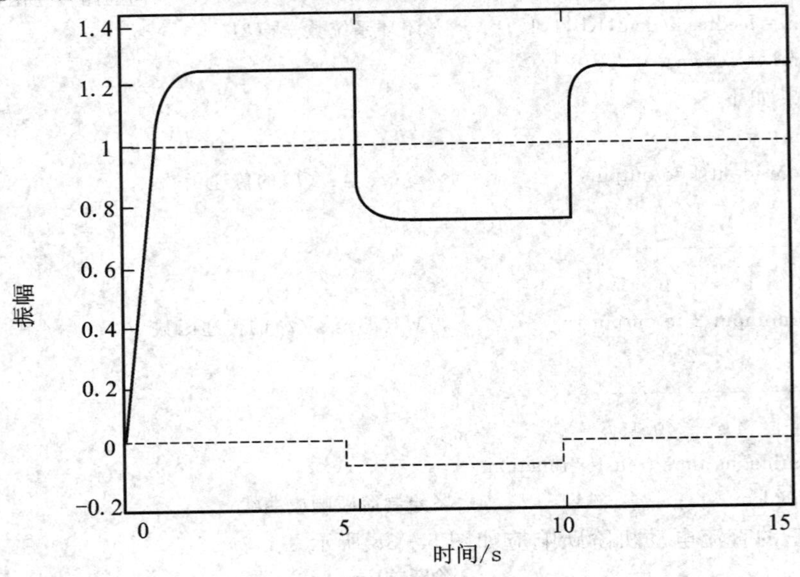

图 6-39 负反馈校正的直流电动机输出曲线

习 题

6-1 在系统综合和设计中,常用的性能指标有哪些?

6-2 试述系统在什么条件下采用超前校正、滞后校正或滞后-超前校正?

6-3 试分析 PID 控制器的作用及特点。

6-4 设单位反馈系统的开环传递函数为

$$G_0(s)=\frac{K}{s(s+1)}$$

试设计一串联超前校正装置,使系统满足如下指标:

(1) 相角裕度 $\gamma \geqslant 45^\circ$;

(2) 在单位斜坡输入下的稳态误差 $e_{ss}(\infty)<\frac{1}{15}$;

(3) 截止频率 $\omega_c \geqslant 7.5$ rad/s。

6-5 设单位反馈系统的开环传递函数为

$$G_0(s)=\frac{K}{s(s+1)(0.25s+1)}$$

试设计一串联滞后校正装置，使系统满足如下指标：

(1) 相角裕度 $\gamma \geqslant 45°$；

(2) 静态速度无差系数 $K_v \geqslant 5$。

6-6　设单位反馈系统的开环传递函数为

$$G_0(s)=\frac{K}{s(0.1s+1)(0.2s+1)}$$

试设计一串联滞后-超前校正装置，使系统满足如下指标：

(1) 相角裕度 $\gamma \geqslant 40°$；

(2) 在单位斜坡输入下的稳态误差 $e_{ss}(\infty)=0.01$。

6-7　某系统的开环传递函数为

$$G(s)=\frac{K}{s(0.1s+1)(0.05s+1)}$$

试设计一滞后-超前校正装置，使系统满足如下指标：

(1) 速度误差系数 $K_v \geqslant 50$；

(2) 相角裕度 $\gamma \geqslant 40°$；

(3) 幅值穿越频率 $\omega_c \geqslant 10$。

6-8　已知一单位反馈系统，其固定不变部分传递函数 $G_0(s)$ 和串联校正装置 $G_c(s)$ 分别如图 6-40(a)、(b)所示。要求：

(1) 写出校正后各系统的开环传递函数；

(2) 分析各 $G_c(s)$ 对系统的作用，并比较其优缺点。

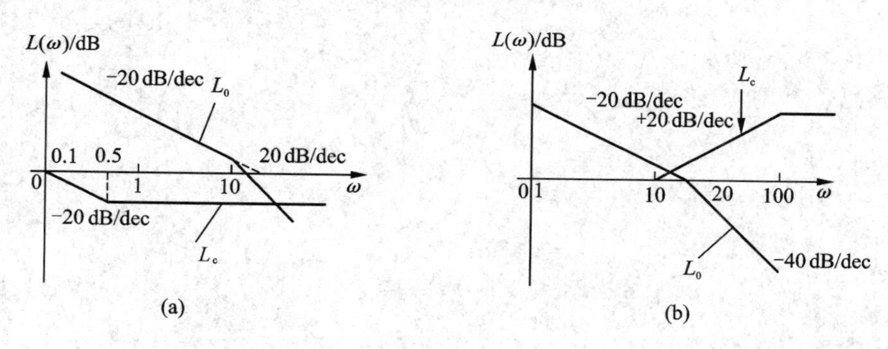

图 6-40　串联校正系统

6-9　某一控制系统如图 6-41 所示，采用 PID 控制器进行校正，要求校正后的系统闭环极点为 $-10\pm 10j$ 和 100，试确定 PID 控制器的参数。

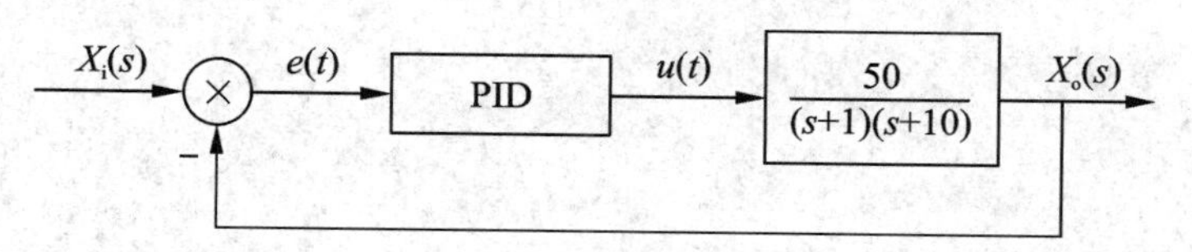

图 6-41　题 6-9 结构图

6-10　某系统的开环传递函数为

$$G(s)=\frac{K}{s(0.5s+1)(0.1s+1)}$$

试设计 PID 控制器的参数，使系统满足如下指标：

(1) 速度误差系数 $K_v \geqslant 10$；

(2) 相角裕度 $\gamma \geqslant 50^\circ$；

(3) 幅值穿越频率 $\omega_c \geqslant 4$。

习题答案

第 7 章　线性离散系统分析方法

内容提要

本章主要讨论线性离散控制系统的分析方法。首先建立信号采样和保持的数学描述，然后介绍 Z 变换理论和脉冲传递函数，最后研究线性离散系统稳定性和性能的分析方法。

引　言

前述章节研究的控制系统都是连续时间系统，简称连续系统(continuous system)，其特点是系统中各元件的输入输出信号都是时间的连续函数，其运动状态可以用动态微分方程来描述。但是随着脉冲技术和数字信号技术的发展，特别是计算机技术的高速发展，在自动控制系统中，出现了离散化的控制器。离散控制器利用采样技术，将连续信号变成时间上离散的信号来处理，这种具有离散控制器的系统称为离散控制系统，简称离散系统(discrete system)。离散控制技术目前已广泛地应用于航天、航空、建筑、交通等各领域的信号监测和控制过程中。

离散控制器可代替常规的模拟控制器，使它成为控制系统的一个组成部分，这种有离散控制器参加控制的系统简称为离散控制系统。离散控制是以自动控制理论与计算机技术为基础的，目前控制系统都在向离散控制的方向发展。离散控制系统与通常的连续控制系统相比，既有本质上的不同，又有分析研究方面的相似性。两者的主要差别在于，离散系统有一处或几处信号是时间的离散函数。使用计算机作离散系统的数字控制器具有很大的优点，可以避免模拟电路实现的许多困难。由于计算机具有很强的计算、比较和存储信息的能力，因此它可以实现过去的连续控制难以实现的更为复杂的控制规律，如非线性控制、逻辑控制、自适应控制和自学习控制等。并且在计算机数字控制器中，精度和器件漂移的问题能够得到有效解决，还可获得友好的用户界面。

7.1　线性离散系统概述

7.1.1　线性离散系统的基本结构与组成

若控制系统中的所有信号都是时间变量的连续函数，换句话说，这些信号在全部时间上都是已知的，则称这样的系统为连续时间系统，简称连续系统；若控制系统中有一处或几处信号是一串脉冲或数码，换句话说，这些信号仅定义在离散时间上，则称这样的系统为离散时间系统，简称离散系统。通常把系统中的离散信号是脉冲序列形式的离散系统称为采样控制系统或脉冲控制系统，而把数字序列形式的离散系统称为数字控制系统或计算机控制系统。

计算机控制系统按照功能可分为数据采集系统、操作指导控制系统、监督控制系统和直接数字控制系统(DDC)等；按照控制规律可分为程序控制、比例积分微分控制(简称PID控制)、有限拍控制、复杂规律控制和智能控制等；按照结构形式可分为集中型计算机控制系统、分散型计算机控制系统或分布式计算机控制系统等；按照控制方式可分为开环控制系统和闭环控制系统。

一种典型的计算机数字控制系统原理图如图 7－1 所示。

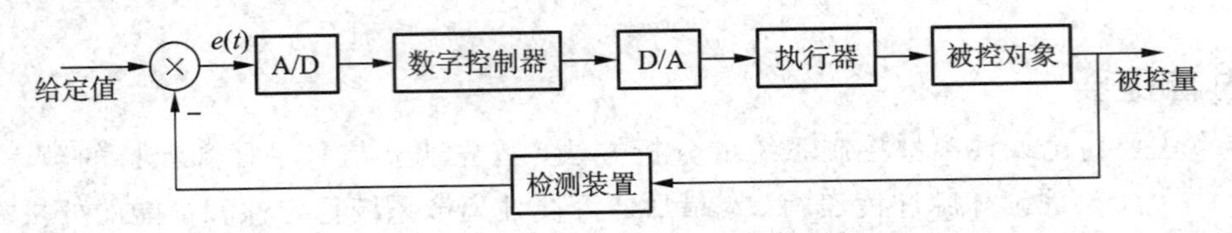

图 7－1　典型计算机数字控制系统原理图

图 7－1 所示为计算机数字控制系统的基本结构，由数字控制器、检测装置、执行器、被控对象、A/D 和 D/A 等组成。

数字控制器由数字计算机实现，一般包括模/数(A/D)转换器、数/模(D/A)转换器和控制算法等，整个系统的操作完全由计算机内的时钟控制。把实测信号转换成数字形式的时刻称为采样时刻，两次相邻采样之间的时间称为采样周期，记作 T。数字计算机在对系统进行实时控制时，每隔一个采样周期 T 对系统进行一次采样修正，在每个采样周期中，控制器要完成对连续信号的采样编码(A/D 过程)和按控制律进行的数码运算，然后将计算结果由输出寄存器经解码网络将数码转换成连续信号(D/A 过程)。因此，A/D 转换和 D/A 转换是计算机控制系统中的两个特殊环节。

1. A/D 转换器

A/D 转换器是把连续的模拟信号转换为离散数字信号的装置。A/D 转换包括两个过程：一是采样过程，即每隔 T 秒对图 7－1 所示的连续信号 $e(t)$进行一次采样，得到采样后的离散信号为 $e^{*}(t)$，所以数字计算机中的信号在时间上是断续的；二是量化过程，因为在计算机中，任何数值的离散信号必须表示成最小二进制的整数倍，成为数字信号，才能进行运算，采样信号 $e^{*}(t)$经量化后变成数字信号的过程也称编码过程，所以数字计算机中信号的断续性还表现在幅值上。

通常，A/D 转换器采用四舍五入的方式进行量化。量化会使信号失真，给系统带来量化噪声，影响系统的精度和信号的平滑性。量化噪声的大小取决于量化单位的大小。A/D 转换器有足够的字长来表示编码，且量化单位足够小，故由量化引起的幅值的断续性可以忽略。此外，若认为采样编码瞬时完成，并用理想脉冲来等效代替数字信号，则数字信号可以看成脉冲信号，A/D 转换器就可以用一个每隔 T 秒瞬时闭合一次的理想采样开关 S 来表示。

2. D/A 转换器

D/A 转换器是把离散的数字信号转换为连续模拟信号的装置。D/A 转换也经历了两个过程：一是解码过程，把离散数字信号转换为离散的模拟信号；二是保持过程，因为离散的模拟信号无法直接控制连续的被控对象，所以需要经过保持器将时间连续的数字信号幅值连续化，变成真正的连续信号以利于控制连续对象。保持作用是利用数字寄存器实现的，即在每个采样间隔中，数字寄存器保持前一个采样时刻的值，使信号在时间上连续，再经过解码网络将幅值连续化，即将数字信号转化为模拟信号。该模拟信号为阶梯形信号，每个采样间隔中的信号为同一个值。

3. 数字控制系统的典型结构图

通常，假定所选择的 A/D 转换器有足够的字长来表示编码，量化单位 q 足够小，则由量化引起的幅值断续性可以忽略。此外还假定，采样编码过程是瞬时完成的，可用理想脉冲的幅值等效代替数字信号的大小，则 A/D 转换器可以用周期为 T 的理想开关来代替。同理，把数字量转换为模拟量的 D/A 转换器可以用保持器取代，其传递函数为 $G_h(s)$。图 7－2 为数字控制系统的典型结构图。

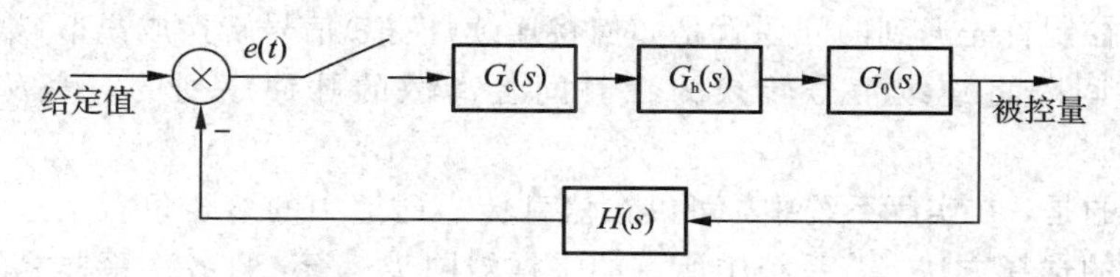

图 7－2　数字控制系统的典型结构图

当图 7－2 中的数字控制器由计算机实现时，就构成了计算机控制系统。计算机控制系统是一种以数字计算机为控制器，对具有连续工作状态的被控对象进行控制的闭环控制系统。计算机控制系统包括工作于离散状态下的计算机和工作于连续状态下的被控对象两大部分。数字计算机具有运算速度快、精度高、集成度高、容量大、功能多、体积小以及使用上的通用性和灵活性等特点，更有日臻完善的“软件系统”支持。因此，数字控制系统具有一系列的优越性，在军事、航天航空、物流、管理以及工业过程的控制中，得到了广泛的应用。

7.1.2　线性离散系统的特点与研究方法

采样和数字控制技术在自动控制领域中得到了广泛的应用，其主要原因是采样系统，特别是数字控制系统较之相应的连续系统具有一系列的优点：

（1）由数字计算机构成的数字校正装置的效果比连续式校正装置好，且由软件实现的控制规律易于改变，控制灵活。

（2）采样信号，特别是数字信号的传递可以有效地抑制噪声，从而提高了系统的抗扰能力。

（3）允许采用高灵敏度的控制元件，以提高系统的控制精度。

（4）可用一台计算机分时控制若干个系统，设备的利用率高，经济性好。

（5）对于具有传输延迟，特别是大延迟的控制系统，可以引入采样的方式使之稳定。

由于在离散系统中存在脉冲或数字信号，如果仍然利用连续系统中的拉氏变换方法来建立系统各个环节的传递函数，则在运算过程中会出现复变量 s 的超越函数。为了克服这个障碍，需要采用 Z 变换法建立离散系统的数学模型。我们将会看到，通过 Z 变换处理后的离散系统可以把用于连续系统中的许多方法，如稳定性分析、稳态误差计算、时间响应分析方法等，经过适当改变后直接应用于离散系统的分析之中。

7.2　信号的采样和保持

离散系统的特点是，系统中有一处或数处的信号是脉冲序列或数字序列。一方面，为了把连续信号变换为脉冲信号，需要使用采样器；另一方面，为了控制连续式元部件，又需要使用保持器将脉冲信号变换为连续信号。为了定量研究离散系统，必须对信号的采样过程和保持过程用数学方法加以描述。

7.2.1　信号的采样及数学描述

实现采样控制首先遇到的问题就是如何将连续(模拟)信号转换成离散(数字)信号。按照一定的时间间隔将连续信号转换为在时间上离散的脉冲序列的过程称为采样过程(sampling process)。

需要说明的是，在实际系统中，可以在信息传递通道中的多个位置上进行采样，采样周期也有不同的选择方法。若系统中所有的采样器同步运行，且各次采样之间的时间间隔相等，即采样时刻 $t_k=kT$(k 为正整数)，则称为周期采样(或称等周期采样)。若由于系统中不同部分的时间常数相差较大而使各个采样器按照不同的周期采样，则称为多速采样。另有一种情况被称为多阶采样，即对所有的 k，$t_{k+r}-t_k$(r 为正整数)都是常量。在这种情况下，尽管相邻采样间隔之间没有明显的规律性，但采样间隔的变化具有周期性，就是说，采样间隔变化的模式按照时间周期重复。如果采样时刻随机变化，就称为随机采样。实际常用的采样形式为周期采样和多速采样。

本章只讨论周期采样，这也是最常见的采样形式。采样过程是由采样开关实现的，采样开关每隔一定时间 T 闭合一次，每次闭合时间为 τ，于是将连续信号 $e(t)$ 抽样成采样信号 $e^*(t)$，如图 7-3 所示。

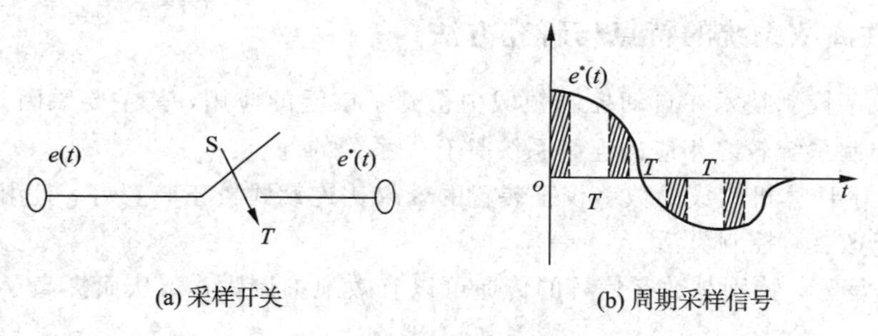

图 7-3　实际采样过程

对于具有有限脉冲宽度的采样系统来说，要准确地对其进行数学分析是非常复杂的，且无此必要。考虑到采样开关的闭合时间 τ 非常小，通常为毫秒到微秒级，一般远小于采样周期 T 和系统连续部分的最大时间常数，因此在分析时，可以认为 $\tau=0$。这样，采样器可以用一个理想采样器来代替，采样过程可看成是一个幅值调制过程。理想采样器如同一个载波为 $\delta_T(t)$的幅值调制器，如图 7-4 所示。其中，图 7-4(a)为理想单位脉冲序列，图 7-4(b)为理想采样输出信号。

如果用数学形式描述上述过程，则有

$$e^*(t) = e(t)\delta_T(t) \tag{7.2-1}$$

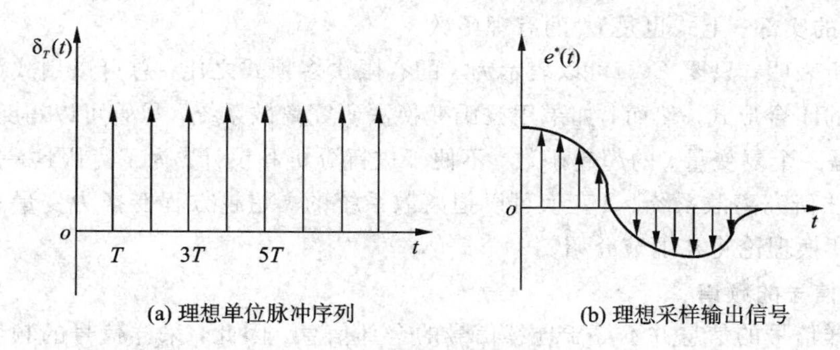

(a) 理想单位脉冲序列　(b) 理想采样输出信号

图 7-4　理想采样过程

因为理想单位脉冲序列 $\delta_T(t)$ 可以表示为

$$\delta_T(t)=\sum_{n=0}^{\infty}\delta(t-nT) \tag{7.2-2}$$

其中 $\delta(t-nT)$ 是出现在 $t=nT$ 时刻、强度为 1 的单位脉冲，故式(7.2-1)可以写为

$$e^*(t)=e(t)\sum_{n=0}^{\infty}\delta(t-nT) \tag{7.2-3}$$

由于 $e(t)$ 的数值仅在采样瞬时才有意义，因此上式又可表示为

$$e^*(t)=e(nT)\sum_{n=0}^{\infty}\delta(t-nT) \tag{7.2-4}$$

从上式可以看出，脉冲序列从零开始，这个前提在实际控制系统中通常都是满足的。

对采样信号 $e^*(t)$ 的数学描述，可分以下两方面进行讨论。

1. 采样信号的拉氏变换

对采样信号 $e^*(t)$ 进行拉氏变换，可得

$$E^*(s)=L[e^*(t)]=L\left[\sum_{n=0}^{\infty}e(nT)\delta(t-nT)\right] \tag{7.2-5}$$

根据拉氏变换的位移定理，有

$$L[\delta(t-nT)]=\mathrm{e}^{-nTs}\int_0^{\infty}\delta(t)\mathrm{e}^{-st}\,\mathrm{d}t=\mathrm{e}^{-nTs}$$

所以，采样信号的拉氏变换为

$$E^*(s)=\sum_{n=0}^{\infty}e(nT)\mathrm{e}^{-nTs} \tag{7.2-6}$$

应当指出，式(7.2-6)将 $E^*(s)$ 与采样函数 $e(nT)$ 联系了起来，可以直接看出 $e^*(t)$ 的时间响应。但是因为 $e^*(t)$ 只描述了 $e(t)$ 在采样瞬时的数值，所以 $E^*(s)$ 不能给出连续函数 $e(t)$ 在采样间隔之间的信息，这是要特别强调的。还应当指出的是，式(7.2-6)描述的采样拉氏变换与连续信号 $e(t)$ 的拉氏变换 $E(s)$ 非常类似。因此，若 $e(t)$ 是一个有理函数，则无穷级数 $E^*(s)$ 也总是可以表示成 e^{Ts} 的有理函数形式。在求 $E^*(s)$ 的过程中，初始值通常规定采用 $e(0_+)$。

例 7-1　设 $e(t)=\mathrm{e}^{-at}$，$t\geqslant 0$，a 为常数，试求 $e^*(t)$ 的拉氏变换。

解　由式(7.2-6)，可得

$$E^*(s)=\sum_{n=0}^{\infty}\mathrm{e}^{-anT}\mathrm{e}^{-nTs}=\sum_{n=0}^{\infty}\mathrm{e}^{-n(s+a)T}=\frac{1}{1-\mathrm{e}^{-(s+a)T}}=\frac{\mathrm{e}^{Ts}}{\mathrm{e}^{Ts}-\mathrm{e}^{-aT}}\quad |\mathrm{e}^{-(\sigma+a)T}|<1$$

式中，σ 为 s 的实部。上式也是 e^{Ts} 的有理函数。

上述分析表明，只要 $E(s)$ 可以表示为 s 的有限次多项式之比，总可以用式(7.2-6)推导出 $E^*(s)$ 的闭合形式。然而，如果用拉氏变换法研究离散系统，尽管可以得到 e^{Ts} 的有理函数，但却是一个复变量 s 的超越函数，不便于进行分析和设计。为了克服这一困难，通常采用 Z 变换法研究离散系统。Z 变换可以把离散系统的 s 超越方程变换为变量 z 的代数方程。有关 Z 变换理论将在下节介绍。

2. 采样信号的频谱

由于采样信号的信息并不等于连续信号的全部信息，因此，采样信号的频谱与连续信号的频谱相比要发生变化。研究采样信号的频谱，目的是找出 $E^*(s)$ 与 $E(s)$ 之间的相互关系。

式(7.2-2)表明，理想单位脉冲序列 $\delta_T(t)$ 是一个周期函数，可以展开为如下指数形式的傅里叶级数形式：

$$\delta_T(t) = \sum_{n=-\infty}^{\infty} C_n e^{jn\omega_s t} \tag{7.2-7}$$

式中：$\omega_s=\dfrac{2\pi}{T}$ 为采样角频率；C_n 是傅里叶级数，其计算式为

$$C_n = \frac{1}{T}\int_{-\frac{T}{2}}^{\frac{T}{2}} \delta_T(t) e^{-jn\omega_s t} dt \tag{7.2-8}$$

由于在 $\left[-\dfrac{T}{2},\ \dfrac{T}{2}\right]$ 内 $\delta_T(t)$ 仅在 $t=0$ 时有值，且 $e^{-jn\omega_s t}\big|_{t=0}=1$，所以

$$C_n = \frac{1}{T}\int_{0^-}^{0^+} \delta(t) dt = \frac{1}{T} \tag{7.2-9}$$

将式(7.2-9)代入式(7.2-7)，得

$$\delta_T(t) = \frac{1}{T}\sum_{n=-\infty}^{\infty} e^{jn\omega_s t} \tag{7.2-10}$$

再把式(7.2-10)代入式(7.2-1)得

$$e^*(t) = \frac{1}{T}\sum_{n=-\infty}^{\infty} e(t) e^{jn\omega_s t} \tag{7.2-11}$$

上式两边取拉氏变换，由拉氏变换的复数位移定理，得到

$$E^*(s) = \frac{1}{T}\sum_{n=-\infty}^{\infty} E(s + jn\omega_s) \tag{7.2-12}$$

式(7.2-12)在描述采样过程的性质方面是非常重要的，因为该式提供了理想采样器在频域中的特点。在式(7.2-12)中，令 $s=j\omega$，可得到采样信号 $e^*(t)$ 的傅里叶变换为

$$E^*(j\omega) = \frac{1}{T}\sum_{n=-\infty}^{\infty} E[j(\omega + n\omega_s)] \tag{7.2-13}$$

其中，$E(j\omega)$ 为连续信号 $e(t)$ 的傅里叶变换。

一般来说，连续信号 $e(t)$ 的频谱 $E(j\omega)$ 是单一的连续频谱，如图 7-5 所示，其中 ω_0 为连续频谱 $E(j\omega)$ 中的最大角频率。而采样信号 $e^*(t)$ 的频谱 $E^*(j\omega)$ 则是以采样角频率 ω_s 为周期的无穷多个频谱之和，如图 7-6 所示。

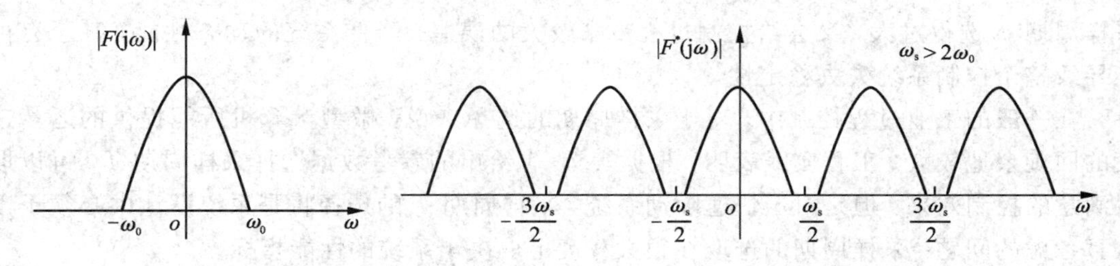

图 7-5　连续信号频谱　　　图 7-6　采样信号频谱($\omega_s>2\omega_0$)

图 7-6 表明的是采样角频率 ω_s 大于 $2\omega_0$ 这一情况。若加大采样周期 T，则采样角频率 ω_s 相应减小，当 $\omega_s<2\omega_0$ 时，采样频谱中的部分量相互交叠，致使采样器输出信号发生畸变，如图 7-7 所示。在这种情况下，就是利用理想滤波器也无法恢复原来连续信号的频谱。因此不难看出，要想从采样信号 $e^*(t)$ 中完全复现出采样前的连续信号 $e(t)$，对采样角频率 ω_s 应有一定的要求。

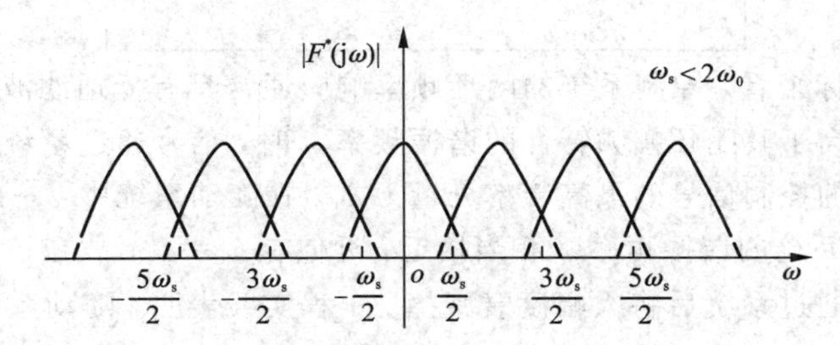

图 7-7　采样信号频谱($\omega_s<2\omega_0$)

7.2.2　香农采样定理

在设计离散系统时，香农采样定理是必须严格遵守的一条准则，因为它指明了从采样信号中不失真地复现原连续信号理论上所必需的最小采样周期 T。

香农采样定理指出：若采样器的输入信号 $e(t)$ 具有有限带宽，并且有直到 ω_0 的频率分量，则使信号 $e(t)$ 完满地从采样信号 $e^*(t)$ 中恢复过来的采样周期 T 应满足下列条件：

$$T\leqslant\frac{2\pi}{2\omega_0}\tag{7.2-14}$$

采样定理表达式(7.2-14)与 $\omega_s\geqslant 2\omega_0$ 是等价的。由图 7-5 可见，在满足香农采样定理的条件下，要想不失真地复现采样器的输入信号，需要采用理想低通滤波器。

应当指出，香农采样定理只是给出了一个选择采样周期 T 或采样频率 f_s 的指导原则，它给出的是由采样脉冲序列无失真地再现原连续信号所允许的最小采样周期，或最低采样频率。在控制工程中，一般总是取 $\omega_s>2\omega_0$，而不取 $\omega_s=2\omega_0$ 的情形。

7.2.3　采样周期的选取

采样定理给出了采样周期选择的基本原则，并未给出选择采样周期的具体计算公式。显然，采样周期 T 选得越小，即采样角频率 ω_s 选得越高，对控制工程的信息便获得越多，控制效果也会越好。但是采样周期 T 选得过小，将增加不必要的计算负担，造成实现较复杂控制规律的困难，而且采样周期 T 小到一定程度后，再减小就没有实际意义了。反之，

采样周期 T 选得过大，又会给控制过程带来较大的误差，降低系统的动态性能，甚至有可能导致整个控制系统失去稳定性。

在一般的工业过程控制中，对于采样周期的选择来说，微型计算机所能提供的运算速度的回旋余地较大。工程实践表明，根据表 7-1 给出的参考数据选择采样周期 T，可以取得满意的控制效果。但是对于快速随动系统，采样周期 T 的选择将是系统设计中必须予以认真考虑的问题。采样周期的选取在很大程度上取决于系统的性能指标。

表 7-1　工业过程 T 的选择

控制过程	采样周期 T/s
流量	1
压力	5
液面	5
温度	20
成分	20

从频域性能指标来看，控制系统的闭环频率响应通常具有低通滤波特性，当随动系统的输入信号的频率高于其闭环幅频特性的谐振频率 ω_r 时，信号通过系统将会很快衰减，因此可认为通过系统的控制信号的最高频率分量为 ω_r。在随动系统中，一般认为开环系统的截止频率 ω_c 与闭环系统的谐振频率 ω_r 相当接近，近似有 $\omega_c=\omega_r$，故在控制信号的频率分量中，超过 ω_c 的分量通过系统后将大幅度衰减掉。工程实践表明，随动系统的采样角频率可近似取为

$$\omega_s = 10\omega_c \tag{7.2-15}$$

或者

$$T = \frac{1}{40}t_s \tag{7.2-16}$$

应当指出，采样周期选择得当，是连续信号 $e(t)$ 可以从采样信号 $e^*(t)$ 中完全复现的前提。然而，理想的滤波器实际上并不存在，因此只能用特性接近理想滤波器的低通滤波器来代替，零阶保持器是常用的低通滤波器之一。为此，需要研究信号保持过程。

7.2.4　信号的保持

用数字计算机作为系统的信息处理机构时，处理结果的输出如同原始信息的获取一样，一般也有两种方式。一种是直接数字输出，如屏幕显示、打印输出，或将数列以二进制形式反馈给相应的寄存器；另一种是把数字信号转换为连续信号。用于后一种转换过程的装置称为保持器。从数学上来说，保持器的任务是解决各采样点之间的插值问题。

在工程实践中，普遍采用零阶保持器(zero order holder，ZOH)。零阶保持器的传递函数为

$$G_h(s) = \frac{1}{s} - \frac{e^{-Ts}}{s} = \frac{1-e^{-Ts}}{s} \tag{7.2-17}$$

零阶保持器具有如下特性：

(1) 低通特性。

(2) 相角滞后特性。

(3) 时间滞后特性。

在工程实践中，零阶保持器可用输出寄存器实现。在正常情况下，还应附加模拟滤波器，以有效地去除在采样频率及其谐波频率附近的高频分量。

7.3　Z 变换理论

Z 变换的思想来源于连续系统。线性连续控制系统的动态及稳态性能可以应用拉普拉斯变换(拉氏变换)的方法进行分析，与此相似，线性离散系统的性能可以采用 Z 变换的方法来获得。Z 变换是从拉普拉斯变换直接引申出来的一种变换方法，它实际上是采样函数拉普拉斯变换的变形。因此，Z 变换又称为采样拉普拉斯变换，是研究线性离散系统的重要数学工具。

在离散系统中利用 Z 变换，就像在连续系统中利用拉普拉斯变换一样，可以简化某些函数的表示，将差分方程转化为代数方程求解，同时将部件和系统的动态输入输出关系简化为脉冲传递函数。脉冲传递函数一般也是有理分式函数。在定义了零点、极点和频率特性后，可以得出用于系统分析与设计的方法。因此在离散系统中，Z 变换是非常有效的运算方法。

本节主要介绍 Z 变换的定义、方法、性质，以及求取 Z 反变换的常用方法。

7.3.1　Z 变换的定义

设连续函数 $e(t)$ 是可拉普拉斯变换的，则拉普拉斯变换定义为

$$E(s)=\int_{0}^{\infty}e(t)\mathrm{e}^{-st}\,\mathrm{d}t \tag{7.3-1}$$

由于 $t<0$，有 $e(t)=0$，故上式亦可写为

$$E(s)=\int_{-\infty}^{\infty}e(t)\mathrm{e}^{-st}\,\mathrm{d}t \tag{7.3-2}$$

对于采样信号 $e^*(t)$，其表达式为

$$e^*(t)=\sum_{n=0}^{\infty}e(nT)\delta(t-nT) \tag{7.3-3}$$

故采样信号 $e^*(t)$ 的拉普拉斯变换为

$$\begin{aligned}E^*(s)&=\int_{-\infty}^{\infty}\mathrm{e}^*(t)\mathrm{e}^{-st}\,\mathrm{d}t\\&=\int_{-\infty}^{\infty}\Big[\sum_{n=0}^{\infty}e(nT)\delta(t-nT)\Big]\mathrm{e}^{-st}\,\mathrm{d}t\\&=\sum_{n=0}^{\infty}e(nT)\int_{-\infty}^{\infty}\delta(t-nT)\mathrm{e}^{-st}\,\mathrm{d}t\end{aligned} \tag{7.3-4}$$

由广义脉冲函数的筛选性质 $\int_{-\infty}^{\infty}\delta(t-nT)f(t)\mathrm{d}t=f(nT)$ 得 $\int_{-\infty}^{\infty}\delta(t-nT)\mathrm{e}^{-st}\mathrm{d}t=\mathrm{e}^{-nsT}$，于是，采样拉普拉斯变换式(7.3-4)可以写为

$$E^*(s)=\sum_{n=0}^{\infty}e(nT)\mathrm{e}^{-nsT} \tag{7.3-5}$$

在上式中，各项均含有 e^{sT} 因子，故上式为 s 的超越函数。为便于应用，令变量

$$z = e^{sT} \tag{7.3-6}$$

式中，T 为采样周期，z 是在复数平面上定义的一个复变量，通常称为 Z 变换算子。

将式(7.3-6)代入式(7.3-5)，则采样信号 $e^*(t)$ 的 Z 变换定义为

$$E(z) = E^*(s)\big|_{s=\frac{1}{T}\ln z} = \sum_{n=0}^{\infty} e(nT) z^{-n} \tag{7.3-7}$$

记作

$$E(z) = Z[e^*(t)] \tag{7.3-8}$$

应当指出，Z 变换仅是一种在采样拉普拉斯变换中取 $z=e^{sT}$ 的变量置换。通过这种置换，可将 s 的超越函数转换为 z 的幂级数或 z 的有理分式。

7.3.2 Z 变换的方法

求离散时间函数的 Z 变换有多种方法，主要包括级数求和法和部分分式法两种。

常用时间函数的 Z 变换表如表 7-2 所示。由表可见，这些函数的 Z 变换都是 Z 的有理分式。

表 7-2 常用时间函数 Z 变换表

序号	时间函数 $e(t)$	拉普拉斯变换 $E(s)$	Z 变换 $E(z)$
1	$\delta(t-nT)$	e^{-nsT}	z^{-n}
2	$\delta(t)$	1	1
3	$1(t)$	$\frac{1}{s}$	$\frac{z}{z-1}$
4	t	$\frac{1}{s^2}$	$\frac{Tz}{(z-1)^2}$
5	$\frac{t^2}{2!}$	$\frac{1}{s^3}$	$\frac{T^2 z(z+1)}{2(z-1)^3}$
6	$a^{\frac{t}{T}}$	$\frac{1}{s-(1/T)\ln a}$	$\frac{z}{z-a}$
7	e^{-at}	$\frac{1}{s+a}$	$\frac{z}{z-e^{-aT}}$

7.3.3 Z 变换的性质

Z 变换有一些基本定理，可以使 Z 变换的应用变得简单和方便，其内容在许多方面与拉普拉斯变换的基本定理有相似之处。

1. 线性定理

若 $E_1(z)=Z[e_1(t)]$，$E_2(z)=Z[e_2(t)]$，a 为常数，则

$$Z[e_1(t) \pm e_2(t)] = E_1(z) \pm E_2(z) \tag{7.3-9}$$

$$Z[ae(t)] = aE(z) \tag{7.3-10}$$

2. 实数位移定理

实数位移定理又称平移定理。实数位移的含意是指整个采样序列在时间轴上左右平移若干采样周期，其中向左平移为超前，向右平移为滞后。实数位移定理如下：

如果函数 $e(t)$ 是可拉普拉斯变换的，其 Z 变换为 $E(z)$，则有

$$Z[e(t-kT)]=z^{-k}E(z) \tag{7.3-11}$$

$$Z[e(t+kT)]=z^{k}\left[E(z)-\sum_{n=0}^{k-1}e(nT)z^{-n}\right] \tag{7.3-12}$$

其中，k 为正整数。

例 7-2　试用实数位移定理计算滞后一个采样周期的指数函数 $e^{-a(t-T)}$ 的 Z 变换，其中 a 为常数。

解　由式(7.3-12)可知，

$$Z[e^{-a(t-T)}]=z^{-1}Z[e^{-at}]=z^{-1}\cdot\frac{z}{z-e^{-aT}}=\frac{1}{z-e^{-aT}}$$

3. 复数位移定理

如果函数 $e(t)$ 是可拉普拉斯变换的，其 Z 变换为 $E(z)$，则有

$$Z[e^{\pm at}e(t)]=E(ze^{\pm aT}) \tag{7.3-13}$$

例 7-3　试用复数位移定理计算函数 te^{-aT} 的 Z 变换。

解　令 $e(t)=t$，由表 7-2 知

$$E(z)=Z[t]=\frac{Tz}{(z-1)^2}$$

根据复数位移定理(7.3-13)，有

$$E(ze^{aT})=Z[te^{-aT}]=\frac{T(ze^{aT})}{(ze^{aT}-1)^2}=\frac{Tze^{-aT}}{(z-e^{-aT})^2}$$

4. 终值定理

如果函数 $e(t)$ 的 Z 变换为 $E(z)$，函数序列 $e(nT)$ 为有限值($n=0, 1, 2, \cdots$)，且极限 $\lim\limits_{n\to\infty}e(nT)$ 存在，则函数序列的终值为

$$\lim_{n\to\infty}e(nT)=\lim_{z\to 1}(z-1)E(z) \tag{7.3-14}$$

例 7-4　设 Z 变换函数为

$$E(z)=\frac{0.792z^2}{(z-1)(z^2-0.416z+0.208)}$$

试利用终值定理确定 $e(nT)$ 的终值。

解　由终值定理即式(7.3-14)得

$$e_{ss}(\infty)=\lim_{z\to 1}(z-1)\cdot\frac{0.792z^2}{(z-1)(z^2-0.416z+0.208)}$$

$$=\lim_{z\to 1}\frac{0.792z^2}{z^2-0.416z+0.208}=1$$

5. 卷积定理

设 $x(nT)$ 和 $y(nT)$ 为两个采样函数，其离散卷积定义为

$$x(nT)*y(nT)=\sum_{k=0}^{\infty}x(kT)y[(n-k)T] \tag{7.3-15}$$

则卷积定理如下：

若

$$g(nT)=x(nT)*y(nT)$$

则

$$G(z)=X(z)\cdot Y(z) \tag{7.3-16}$$

卷积定理指出，两个采样函数卷积的Z变换就等于这两个采样函数相应Z变换的乘积。在离散系统分析中，卷积定理是沟通时域与z域的桥梁。

7.3.4 Z反变换

在连续系统中，应用拉普拉斯变换的目的是把描述系统的微分方程转换为s的代数方程，然后写出系统的传递函数，即可用拉普拉斯反变换法求出系统的时间响应，从而简化系统的研究。与此类似，在离散系统中应用Z变换，也是为了把s的超越方程或者描述离散系统的差分方程转换为z的代数方程，然后写出离散系统的脉冲传递函数(Z传递函数)，再用Z反变换法求出离散系统的时间响应。

所谓Z反变换，就是已知Z变换表达式$E(z)$，求相应离散序列$e(nT)$的过程，记为

$$e(nT)=Z^{-1}[E(z)]$$

进行Z反变换时，信号序列仍是单边的，即当$n<0$时，$e(nT)=0$。常用的Z反变换法有如下三种。

1. 部分分式法

部分分式法又称查表法，其基本思想是根据已知的$E(z)$，通过查找Z变换表找出相应的$e^*(t)$或者$e(nT)$。然而，Z变换表的内容毕竟是有限的，不可能包含所有的复杂情况，因此需要把$E(z)$展开成部分分式以便查表。考虑到Z变换表中，所有Z变换函数$E(z)$在其分子上普遍都有因子z，所以应将$E(z)/z$展开为部分分式，然后将所得结果的每一项都乘以z，即得$E(z)$的部分分式展开式。

设已知的Z变换函数$E(z)$无重极点，先求出$E(z)$的极点z_1，z_2，…，z_n，再将$\dfrac{E(z)}{z}$展开成如下部分分式之和：

$$\frac{E(z)}{z}=\sum_{i=1}^{n}\frac{A_i}{z-z_i}$$

其中A_i为$\dfrac{E(z)}{z}$在极点z_i处的留数，再由上式写出$E(z)$的部分分式之和

$$E(z)=\sum_{i=1}^{n}\frac{A_i z}{z-z_i}$$

然后逐项查Z变换表，得到

$$e_i(nT)=Z^{-1}\left(\frac{A_i z}{z-z_i}\right)\ (i=1,\ 2,\ \cdots,\ n)$$

例7-5 设Z变换函数为

$$E(z)=\frac{(1-\mathrm{e}^{-aT})z}{(z-1)(z-\mathrm{e}^{-aT})}$$

试求其Z反变换。

解 因为

$$\frac{E(z)}{z}=\frac{1-\mathrm{e}^{-aT}}{(z-1)(z-\mathrm{e}^{-aT})}=\frac{1}{z-1}-\frac{1}{z-\mathrm{e}^{-aT}}$$

所以

$$E(z)=\frac{z}{z-1}-\frac{z}{z-e^{-aT}}$$

查 Z 变换表可知，其采样序列相应的信号序列为

$$e(nT)=1-e^{-anT}$$

2. 幂级数法

幂级数法又称综合除法。由表 7-2 知，Z 变换函数 $E(z)$ 通常可以表示为按 z^{-1} 升幂排列的两个多项式之比，即

$$E(z)=\frac{b_0+b_1z^{-1}+b_2z^{-2}+\cdots+b_mz^{-m}}{1+a_1z^{-1}+a_2z^{-2}+\cdots+a_nz^{-n}}\ (m\leqslant n) \tag{7.3-17}$$

其中 $a_i(i=1, 2, \cdots, n)$ 和 $b_j(j=0, 1, \cdots, m)$ 均为常系数。通过对式(7.3-17)直接作综合除法，得到按 z^{-1} 升幂排列的幂级数展开式为

$$E(z)=c_0+c_1z^{-1}+c_2z^{-2}+\cdots+c_nz^{-n}+\cdots=\sum_{n=0}^{\infty}c_nz^{-n} \tag{7.3-18}$$

若所得到的无穷幂级数是收敛的，则按 Z 变换定义可知，式(7.3-18)中的系数 $c_n(n=0, 1, \cdots, \infty)$ 就是采样脉冲序列 $e^*(t)$ 的脉冲强度 $e(nT)$。因此，根据式(7.3-18)可以直接写出 $e^*(t)$ 的脉冲序列表达式为

$$e^*(t)=\sum_{n=0}^{\infty}c_n\delta(t-nT) \tag{7.3-19}$$

在实际应用中，常常只需要计算有限的几项就够了。因此用幂级数法计算 $e^*(t)$ 最简便，这是 Z 变换法的优点之一。但是要从一组 $e(nT)$ 值中求出通项表达式，一般是比较困难的。

例 7-6　设 Z 变换函数

$$E(z)=\frac{z^3+2z^2+1}{z^3-1.5z^2+0.5z}$$

试用幂级数法求 $E(z)$ 的 Z 反变换。

解　将给定的 $E(z)$ 表示为

$$E(z)=\frac{1+2z^{-1}+z^{-3}}{1-1.5z^{-1}+0.5z^{-2}}$$

利用综合除法得

$$E(z)=1+3.5z^{-1}+4.75z^{-2}+6.375z^{-3}+\cdots$$

由式(7.3-19)得采样函数为

$$e^*(t)=\delta(t)+3.5\delta(t-T)+4.75\delta(t-2T)+6.375\delta(t-3T)+\cdots$$

应当指出，只要表示函数 Z 变换的无穷幂级数 $E(z)$ 在 z 平面的某个区域内是收敛的，则在应用 Z 变换法解决离散系统问题时，就不再需要指出 $E(z)$ 在什么 z 值上收敛。

3. 反演积分法

反演积分法又称留数法。采用反演积分法求取 Z 反变换的原因是：在实际问题中遇到的 Z 变换函数 $E(z)$，除了有理分式外，也可能是超越函数，此时无法应用部分分式法及幂级数法来求 Z 反变换，而只能采用反演积分法。当然，反演积分法对 $E(z)$ 为有理分式的情况也是适用的。由于 $E(z)$ 的幂级数展开形式为

$$E(z) = \sum_{n=0}^{\infty} e(nT)z^{-n}$$
$$= e(0) + e(T)z^{-1} + e(2T)z^{-2} + \cdots + e(nT)z^{-n} + \cdots \quad (7.3-20)$$

所以函数 $E(z)$ 可以看成是 z 平面上的劳伦级数。级数的各系数 $e(nT)(n=0, 1, \cdots)$ 可以由积分的方法求出。因为在求积分值时要用到柯西留数定理，故也称之为留数法。

为了推导反演积分公式，用 z^{n-1} 乘上式两端，得到

$$E(z)z^{n-1} = e(0)z^{n-1} + e(T)z^{n-2} + \cdots + e(nT)z^{-1} + \cdots \quad (7.3-21)$$

设 Γ 为 z 平面上包围 $E(z)z^{n-1}$ 全部极点的封闭曲线，且设沿 Γ 反时针方向对式(7.3-21)的两端同时积分，可得

$$\oint_{\Gamma} E(z)z^{n-1}\mathrm{d}z = \oint_{\Gamma} e(0)z^{n-1}\mathrm{d}z + \oint_{\Gamma} e(T)z^{n-2}\mathrm{d}z + \cdots + \oint_{\Gamma} e(nT)z^{-1}\mathrm{d}z + \cdots \quad (7.3-22)$$

由复变函数论可知，对于围绕原点的积分闭路 Γ，有如下关系式：

$$\oint_{\Gamma} z^{k-n-1}\mathrm{d}z = \begin{cases} 0 & (k \neq n) \\ 2\pi \mathrm{j} & (k = n) \end{cases}$$

故在式(7.3-22)右端中，除

$$\oint_{\Gamma} e(nT)z^{-1}\mathrm{d}z = e(nT) \cdot 2\pi \mathrm{j}$$

外，其余各项均为零。

由此得到反演积分公式为

$$e(nT) = \frac{1}{2\pi \mathrm{j}} \oint_{\Gamma} E(z)z^{n-1}\mathrm{d}z \quad (7.3-23)$$

根据柯西留数定理，设函数 $E(z)z^{n-1}$ 除有限个极点 z_1，z_2，…，z_k 外，在域 G 上是解析的，如果有闭合路径 Γ 包含了这些极点，则有

$$e(nT) = \frac{1}{2\pi \mathrm{j}} \oint_{\Gamma} E(z)z^{n-1}\mathrm{d}z \sum_{i=1}^{k} \underset{z\to z_i}{\mathrm{Res}}[E(z)z^{n-1}] \quad (7.3-24)$$

式中，$\underset{z\to z_i}{\mathrm{Res}}[E(z)z^{n-1}]$ 表示函数 $E(z)z^{n-1}$ 在极点 z_i 处的留数。

例 7-7　设 Z 变换函数

$$E(z) = \frac{z^2}{(z-1)(z-0.5)}$$

试用留数法求其 Z 反变换。

解　因为函数

$$E(z)z^{n-1} = \frac{z^{n+1}}{(z-1)(z-0.5)}$$

有 $z_1=1$ 和 $z_2=0.5$ 两个极点，极点处的留数

$$\underset{z\to 1}{\mathrm{Res}}\left[\frac{z^{n+1}}{(z-1)(z-0.5)}\right] = \lim_{z\to 1}\left[\frac{(z-1)z^{n+1}}{(z-1)(z-0.5)}\right] = 2$$

$$\underset{z\to 0.5}{\mathrm{Res}}\left[\frac{z^{n+1}}{(z-1)(z-0.5)}\right] = \lim_{z\to 0.5}\left[\frac{(z-0.5)z^{n+1}}{(z-1)(z-0.5)}\right] = -(0.5)^n$$

所以由式(7.3-24)得

$$e(nT)=2-(0.5)^n$$

相应的采样函数为

$$\begin{aligned} e^*(t) &= \sum_{n=0}^{\infty} e(nT)\delta(t-nT) = \sum_{n=0}^{\infty}[2-(0.5)^n]\delta(t-nT) \\ &= \delta(t)+1.5\delta(t-T)+1.75\delta(t-2T)+1.875\delta(t-3T)+\cdots \end{aligned}$$

7.4　离散系统的数学模型

为了研究离散系统的性能，需要建立离散系统的数学模型。与连续系统的数学模型类似，线性离散控制系统的数学模型有差分方程、脉冲传递函数和离散状态空间表达式三种。本节主要介绍离散系统的定义、差分方程及其求解方法、脉冲传递函数的基本概念以及开环脉冲传递函数和闭环传递函数的建立方法。

7.4.1　离散系统的数学定义

在离散时间系统理论中，所涉及的数字信号总是以序列的形式出现的。因此，可以把离散系统抽象为如下数学定义：

将输入序列 $r(n)(n=0, \pm1, \pm2, \cdots)$ 变换为输出序列 $c(n)$ 的一种变换关系，称为离散系统，记作

$$c(n) = F[r(n)] \tag{7.4-1}$$

其中，$r(n)$ 和 $c(n)$ 可以理解为 $t=nT$ 时，系统的输入序列 $r(nT)$ 和输出序列 $c(nT)$，T 为采样周期。

若式(7.4-1)所示的变换关系是线性的，则称为线性离散系统；若该变换关系是非线性的，则称为非线性离散系统。

1. 线性离散系统

线性离散系统具有如下关系式：

若 $c_1(n)=F[r_1(n)]$，$c_2(n)=F[r_2(n)]$，且有 $r(n)=ar_1(n)\pm br_2(n)$，其中 a 和 b 为任意常数，则

$$\begin{aligned} c(n) &= F[r(n)]=F[ar_1(n)\pm br_2(n)] \\ &= aF[r_1(n)]\pm bF[r_2(n)] \\ &= ac_1(n)\pm bc_2(n) \end{aligned}$$

2. 线性定常离散系统

输入与输出关系不随时间而改变的线性离散系统称为线性定常离散系统。例如：当输入序列为 $r(n)$ 时，输出序列为 $c(n)$；如果输入序列变为 $r(n-k)$，相应的输出序列为 $c(n-k)$，其中 $k=0, \pm1, \pm2, \cdots$，则这样的系统称为线性定常离散系统。

本章所研究的离散系统为线性定常离散系统，它可以用线性定常(常系数)差分方程来描述。

7.4.2　线性常系数差分方程及其解法

对于一般的线性定常离散系统，k 时刻的输出 $c(k)$ 不但与 k 时刻的输入 $r(k)$ 有关，而

且与 k 时刻以前的输入 $r(k-1)$、$r(k-2)$ 等有关，同时还与 k 时刻以前的输出 $c(k-1)$、$c(k-2)$ 有关。这种关系一般可以用下列 n 阶后向差分方程来描述：

$$c(k) + \sum_{i=1}^{n} a_i c(k-i) = \sum_{j=0}^{m} b_j r(k-j) \tag{7.4-2}$$

式中，$a_i(i=1, 2, \cdots, n)$ 和 $b_j(j=0, 1, \cdots, m)$ 为常系数，$m \leqslant n$。式(7.4-2)称为 n 阶线性常系数差分方程，它在数学上代表一个线性定常离散系统。

线性常系数差分方程的求解方法有经典法、迭代法和Z变换法。与微分方程的经典解法类似，差分方程的经典解法也要求求出齐次方程的通解和非齐次方程的一个特解，非常不便。利用迭代法可以得到解序列的前几拍数值，利用Z变换法可以获得解函数的解析表达式。这里仅介绍工程上常用的后两种解法。

1. 迭代法

若已知差分方程(7.4-2)，并且给定输出序列的初值，则可以利用递推关系，在计算机上一步一步地算出输出序列。

例 7-8 已知差分方程

$$c(k)=r(k)+5c(k-1)-6c(k-2)$$

输入序列 $r(k)=1$，初始条件为 $c(0)=0$，$c(1)=1$，试用迭代法求输出序列 $c(k)$，$k=0, 1, 2, \cdots, 6$。

解 根据初始条件及递推关系，得

$$c(0)=0,\ c(1)=1$$

$$c(2)=r(2)+5c(1)-6c(0)=6$$

$$c(3)=r(3)+5c(2)-6c(1)=25$$

$$c(4)=r(4)+5c(3)-6c(2)=90$$

$$c(5)=r(5)+5c(4)-6c(3)=301$$

$$c(6)=r(6)+5c(5)-6c(4)=966$$

2. Z变换法

用Z变换法解差分方程的实质，是对差分方程两端取Z变换，并利用Z变换的实数位移定理，得到以 z 为变量的代数方程，然后对代数方程的解 $c(z)$ 取Z反变换，求得输出序列 $c(k)$。

例 7-9 试用Z变换法解下列二阶差分方程

$$c(k+2)+3c(k+1)+2c(k)=0$$

设初始条件 $c(0)=0$，$c(1)=1$。

解 对差分方程的每一项进行Z变换，根据实数位移定理得

$$Z[c(k+2)]=z^2C(z)-z^2c(0)-zc(1)=z^2C(z)-z$$

$$Z[3c(k+1)]=3zC(z)-3zc(0)=3zC(z)$$

$$Z[2c(k)]=2C(z)$$

于是，差分方程变换为如下 z 代数方程：

$$(z^2+3z+2)C(z)=z$$

解得

$$C(z)=\frac{z}{z^2+3z+2}=\frac{z}{z+1}-\frac{z}{z+2}$$

查 Z 变换表，得出 Z 反变换为

$$c(k)=(-1)^k-(-2)^k(k=0,1,2,\cdots)$$

差分方程的解可以提供线性定常离散系统在给定输入序列作用下的输出序列响应特性，但不便于研究系统参数变化对离散系统性能的影响。因此，需要研究线性定常离散系统的另一种数学模型——脉冲传递函数。

7.4.3 脉冲传递函数

如果把 Z 变换的作用仅仅理解为求解线性常系数差分方程，显然是不够的。Z 变换更为重要的意义在于导出线性离散系统的脉冲传递函数，给线性离散系统的分析带来极大的方便。

1. 脉冲传递函数的定义

众所周知，利用传递函数研究线性连续系统的特性有公认的方便之处。对于线性连续系统，传递函数定义为在零初始条件下，输出量的拉普拉斯变换与输入量的拉普拉斯变换之比。对于线性离散系统，脉冲传递函数的定义与线性连续系统传递函数的定义类似。

设开环离散系统如图 7-8 所示。系统的输入信号为 $r(t)$，采样后 $r^*(t)$的 Z 变换函数为 $R(z)$，系统连续部分的输出为 $c(t)$，采样后 $c^*(t)$的 Z 变换函数为 $C(z)$，线性定常离散系统的脉冲传递函数定义为在零初始条件下，系统输出采样信号的 Z 变换与输入采样信号的 Z 变换之比，记作

$$G(z)=\frac{C(z)}{R(z)} \tag{7.4-3}$$

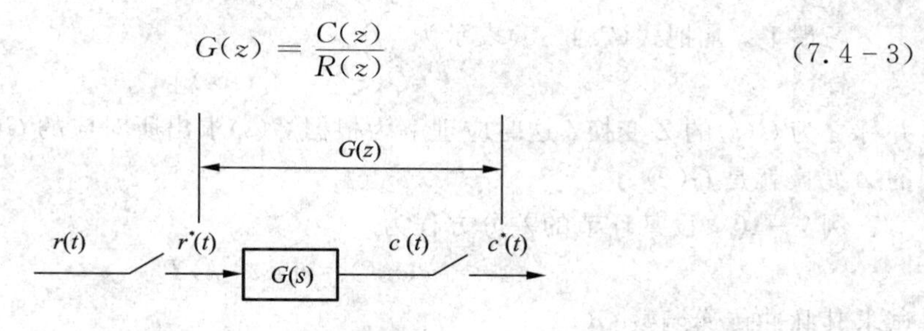

图 7-8　开环离散系统

所谓零初始条件，是指在 $t<0$ 时，输入脉冲序列各采样值 $r(-T)$，$r(-2T)$，…，以及输出脉冲序列各采样值 $c(-T)$，$c(-2T)$，…均为零。

类似连续系统的传递函数，$G(z)$通常是一个关于 z 的有理函数，其分母多项式又称为特征多项式，特征多项式的根称为系统的极点，分子多项式的根则称为系统的零点。

式(7.4-3)表明，如果已知 $R(z)$和 $G(z)$，则在零初始条件下，线性定常离散系统的输出采样信号为

$$c^*(t)=Z^{-1}[C(z)]=Z^{-1}[G(z)R(z)]$$

由于 $R(z)$是已知的，因此求 $c^*(t)$的关键在于求出系统的脉冲传递函数 $G(z)$。

对于线性定常离散系统，如果输入为单位序列，即

$$r(nT)=\delta(nT)=\begin{cases}1, & n=0\\0, & n\neq 0\end{cases}$$

则系统输出称为单位脉冲响应序列，记作

$$c(nT)=K(nT)$$

而

$$c(nT)=K(nT)*r(nT)$$

若令加权序列的Z变换

$$K(z)=\sum_{n=0}^{\infty}K(nT)z^{-n}$$

则由Z变换的卷积定理

$$C(z)=K(z)R(z)$$

或者

$$K(z)=\frac{C(z)}{R(z)}$$

可知

$$G(z)=K(z)=\sum_{n=0}^{\infty}K(nT)z^{-n} \tag{7.4-4}$$

因此，脉冲传递函数的含义是：系统脉冲传递函数 $G(z)$ 就等于该系统加权序列 $K(nT)$ 的Z变换。

2. 脉冲传递函数的求法

连续系统或元件的脉冲传递函数 $G(z)$ 可以通过其传递函数 $G(s)$ 来求取，记作

$$G(z)=Z[G^{*}(s)] \tag{7.4-5}$$

习惯上，常把式(7.4-5)表示为

$$G(z)=Z[G(s)] \tag{7.4-6}$$

并称之为 $G(s)$ 的Z变换，这时应理解为根据 $G(s)$ 求出所对应的 $G(z)$，但不能理解为 $G(s)$ 的Z变换就是 $G(z)$。

例 7-10 设某环节的差分方程为

$$c(nT)=r[(n-k)T]$$

试求其脉冲传递函数 $G(z)$。

解 对差分方程取Z变换，并由实数位移定理得

$$C(z)=z^{-k}R(z)$$
$$G(z)=z^{-k}$$

当 $k=1$ 时，$G(z)=z^{-1}$，在离散系统中其物理意义是代表一个延迟环节，它把其输入序列右移一个采样周期后再输出。

例 7-11 设某开环系统中的

$$G(s)=\frac{a}{s(s+a)}$$

试求相应的脉冲传递函数 $G(z)$。

解 将 $G(s)$ 展开成部分分式

$$G(s)=\frac{1}{s}-\frac{1}{s+a}$$

查Z变换表得

$$G(z)=\frac{z}{z-1}-\frac{z}{z-\mathrm{e}^{-aT}}=\frac{z(1-\mathrm{e}^{-aT})}{(z-1)(z-\mathrm{e}^{-aT})}$$

7.4.4　开环离散系统脉冲传递函数

当开环离散系统由几个环节串联组成时，其脉冲传递函数的求法与连续系统的情况不完全相同。即使两个开环离散系统的组成环节完全相同，但由于采样开关的数目和位置不同，求出的脉冲传递函数也会截然不同。为了便于求出开环离散系统的脉冲传递函数，需要了解采样函数拉普拉斯变换 $G^*(s)$ 的有关性质。

1. 采样拉普拉斯变换的两个重要性质

（1）采样函数的拉普拉斯变换具有周期性，即

$$G^*(s) = G^*(s + \mathrm{j}k\omega_s) \tag{7.4-7}$$

其中，ω_s 为采样角频率。

（2）若采样函数的拉普拉斯变换 $E^*(s)$ 与连续函数的拉普拉斯变换 $G(s)$ 相乘后再离散化，则 $E^*(s)$ 可以从离散符号中提出来，即

$$[G(s)E^*(s)]^* = G^*(s)E^*(s) \tag{7.4-8}$$

2. 有串联环节的开环离散系统脉冲传递函数

若开环离散系统由两个串联环节构成，则开环离散系统脉冲传递函数的求法与连续系统的情况不完全相同。这是因为在两个环节串联时，有以下两种不同的情况。

（1）串联环节之间有采样开关。

设开环离散系统如图 7-9(a)所示，在两个串联连续环节 $G_1(s)$ 和 $G_2(s)$ 之间，有理想采样开关隔开。根据脉冲传递函数的定义，由图 7-9(a)可得

$$G(z) = \frac{C(z)}{R(z)} = G_1(z)G_2(z) \tag{7.4-9}$$

式(7.4-9)表明，有理想采样开关隔开的两个线性连续环节串联的脉冲传递函数，等于这两个环节各自的脉冲传递函数之积。这一结论可以推广到类似的 n 个环节串联的情况。

（2）串联环节之间无采样开关。

设开环离散系统如图 7-9(b)所示，在两个串联连续环节 $G_1(s)$ 和 $G_2(s)$ 之间，没有理想采样开关隔开。根据脉冲传递函数的定义，由图 7-9(b)可得

$$G(z) = \frac{C(z)}{R(z)} = G_1G_2(z) \tag{7.4-10}$$

式(7.4-10)表明，没有理想采样开关隔开的两个线性连续环节串联的脉冲传递函数，等于这两个环节传递函数乘积的相应的 Z 变换。这一结论也可以推广到类似的 n 个环节相串联的情况。

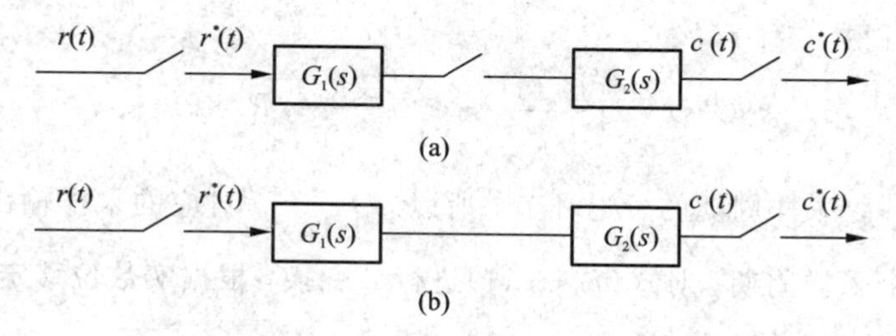

图 7-9　有串联环节的开环离散系统

显然，式(7.4-9)和式(7.4-10)是不相等的，即

$$G_1(z)G_2(z) \neq G_1G_2(z)$$

从这种意义上说，Z 变换无串联性。

例 7-12 设开环离散系统如图 7-9(a)、(b)所示，其中 $G_1(s)=\dfrac{1}{s}$，$G_2(s)=\dfrac{a}{s+a}$，输入信号 $r(t)=1(t)$，试求系统图 7-9(a)、(b)的脉冲传递函数 $G(z)$ 和输出的 Z 变换 $C(z)$。

解 查 Z 变换表，输入 $r(t)=1(t)$ 的 Z 变换为

$$R(z)=\frac{z}{z-1}$$

对于图 7-9(a)所示的系统

$$G_1(z)=\frac{z}{z-1}$$

$$G_2(z)=\frac{az}{z-e^{-aT}}$$

因此

$$G(z)=G_1(z)G_2(z)=\frac{az^2}{(z-1)(z-e^{-aT})}$$

$$C(z)=G(z)R(z)=\frac{az^3}{(z-1)^2(z-e^{-aT})}$$

对于图 7-9(b)所示的系统

$$G_1(s)G_2(s)=\frac{a}{s(s+a)}$$

$$G(z)=G_1G_2(z)=\frac{z(1-e^{-aT})}{(z-1)(z-e^{-aT})}$$

$$C(z)=G(z)R(z)=\frac{z^2(1-e^{-aT})}{(z-1)^2(z-e^{-aT})}$$

显然，在串联环节之间有无同步采样开关隔离，其总的脉冲传递函数和输出的 Z 变换是不相同的。但是不同之处仅表现在其零点不同，极点仍然一样。这也是离散系统特有的现象。

3. 有零阶保持器时的开环离散系统脉冲传递函数

设有零阶保持器的开环离散系统如图 7-10 所示。图中，$G_h(s)$ 为零阶保持器传递函数，$G_0(s)$ 为连续部分传递函数，两个串联环节之间无同步采样开关隔离。

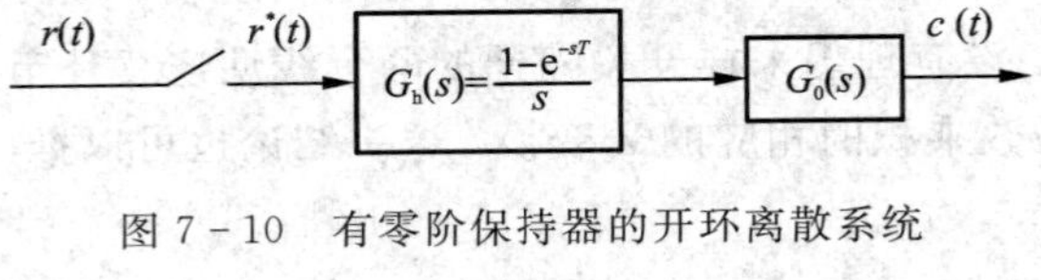

$r(t)$ → $r^*(t)$ → $G_h(s)=\dfrac{1-e^{-sT}}{s}$ → $G_0(s)$ → $c(t)$

图 7-10 有零阶保持器的开环离散系统

由图 7-10 可得

$$C(s)=\left[\frac{G_0(s)}{s}-e^{-sT}\frac{G_0(s)}{s}\right]R^*(s) \tag{7.4-11}$$

因为 e^{-sT} 为延迟一个采样周期的延迟环节，所以 $e^{-sT}\dfrac{G_0(s)}{s}$ 对应的采样输出比 $\dfrac{G_0(s)}{s}$ 对应的采样输出延迟一个采样周期。对式(7.4-11)进行 Z 变换，根据实数位移定理及采样拉普拉斯变换性质，可得

$$C(z)=Z\left[\frac{G_0(s)}{s}\right]R(z)-z^{-1}Z\left[\frac{G_0(s)}{s}\right]R(z)$$

于是，有零阶保持器时，开环离散系统的脉冲传递函数为

$$G(z)=\frac{C(z)}{R(z)}=(1-z^{-1})Z\left[\frac{G_0(s)}{s}\right] \tag{7.4-12}$$

例 7-13　设离散系统如图 7-10 所示，已知

$$G_0(s)=\frac{a}{s(s+a)}$$

试求系统的脉冲传递函数 $G(z)$。

解　因为

$$\frac{G_0(s)}{s}=\frac{a}{s^2(s+a)}=\frac{1}{s^2}-\frac{1}{a}\left(\frac{1}{s}-\frac{1}{s+a}\right)$$

查 Z 变换表，可知

$$Z\left[\frac{G_0(s)}{s}\right]=\frac{Tz}{(z-1)^2}-\frac{1}{a}\left(\frac{z}{z-1}-\frac{z}{z-\mathrm{e}^{-aT}}\right)$$

$$=\frac{\frac{1}{a}z[(\mathrm{e}^{-aT}+aT-1)z+(1-aT\mathrm{e}^{-aT}-\mathrm{e}^{-aT})]}{(z-1)^2(z-\mathrm{e}^{-aT})}$$

因此，有零阶保持器的开环离散系统的脉冲传递函数为

$$G(z)=(1-z^{-1})Z\left[\frac{G_0(s)}{s}\right]=\frac{\frac{1}{a}[(\mathrm{e}^{-aT}+aT-1)z+(1-aT\mathrm{e}^{-aT}-\mathrm{e}^{-aT})]}{(z-1)(z-\mathrm{e}^{-aT})}$$

将上述结果与例 7-11 所得结果做比较。在例 7-11 中，连续部分的传递函数与本例相同，但是没有零阶保持器。比较两例的开环系统脉冲传递函数可知，两者极点完全相同，仅零点不同。因此，零阶保持器不影响离散系统脉冲传递函数的极点。

7.4.5　闭环离散系统脉冲传递函数

由于采样器在闭环系统中可以有多种配置的可能性，因此闭环离散系统没有唯一的结构图形式。图 7-11 是一种比较常见的误差采样闭环离散系统结构图。图中所有理想采样开关都同步工作，采样周期为 T。

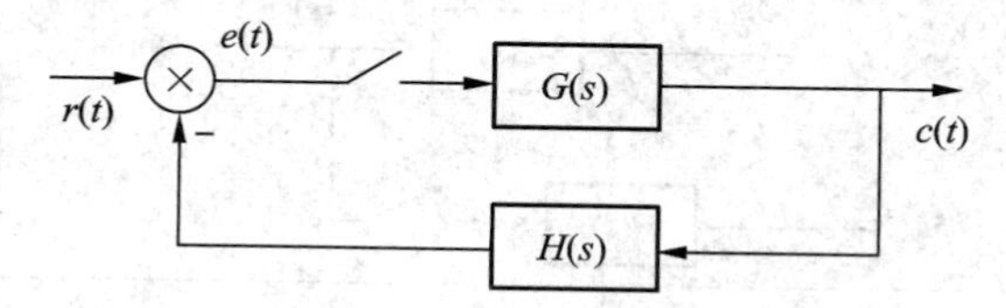

图 7-11　闭环离散系统结构图

由图 7-11，定义

$$\Phi(z)=\frac{C(z)}{R(z)}=\frac{G(z)}{1+HG(z)} \tag{7.4-13}$$

为闭环离散系统对于输入量的脉冲传递函数。

式(7.4-13)是研究闭环离散系统时经常用到的两个闭环脉冲传递函数。与连续系统类似，令 $\Phi(z)$ 的分母多项式为零，便可得到闭环离散系统的特征方程：

$$D(z)=1+HG(z)=0 \tag{7.4-14}$$

式中，$HG(z)$ 为闭环离散系统的脉冲传递函数。

通过与上面类似的方法，还可以推导出采样器为不同配置形式的其他闭环离散系统的脉冲传递函数。对于采样器在闭环系统中具有各种配置的闭环离散系统典型结构图及其输出采样信号的Z变换函数 $C(z)$，可参见表7-3。

表7-3　典型闭环离散系统及输出Z变换函数

序号	系统结构图	$C(z)$表达式
1	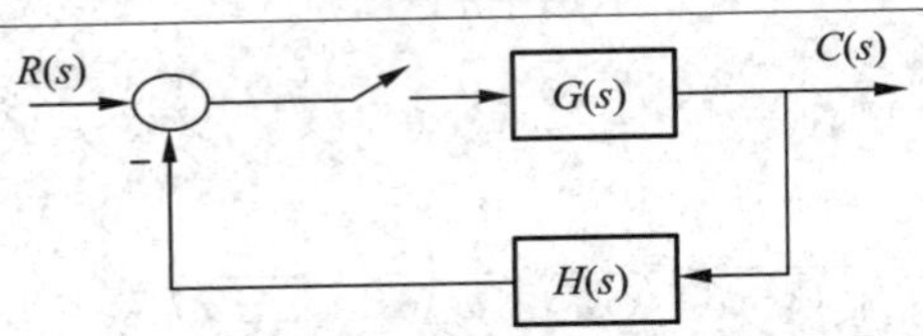 $R(s)$, $-$, $G(s)$, $C(s)$, $H(s)$	$\dfrac{G(z)R(z)}{1+GH(z)}$
2	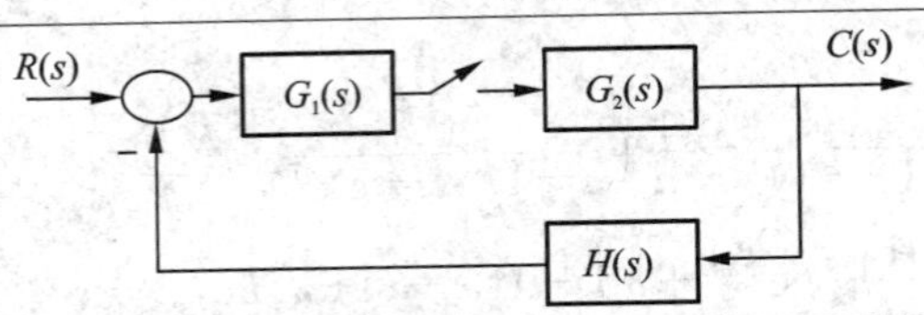 $R(s)$, $-$, $G_1(s)$, $G_2(s)$, $C(s)$, $H(s)$	$\dfrac{RG_1(z)G_2(z)}{1+G_2HG_1(z)}$
3	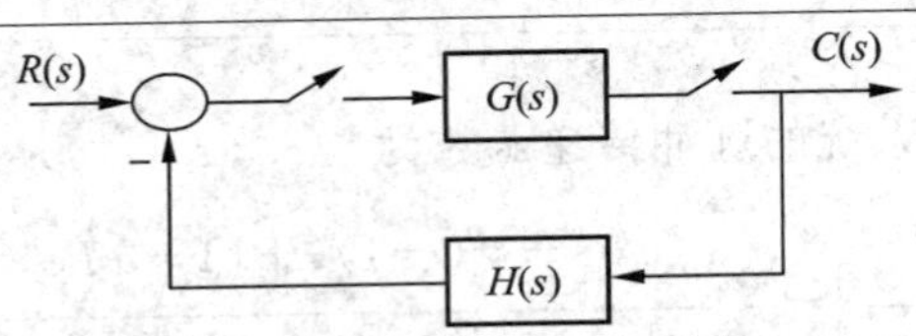 $R(s)$, $-$, $G(s)$, $C(s)$, $H(s)$	$\dfrac{G(z)R(z)}{1+G(z)H(z)}$
4	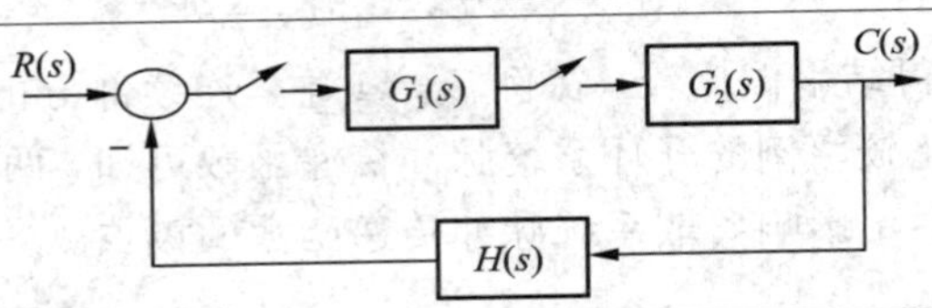 $R(s)$, $-$, $G_1(s)$, $G_2(s)$, $C(s)$, $H(s)$	$\dfrac{G_1(z)G_2(z)R(z)}{1+G_1(z)G_2H(z)}$
5	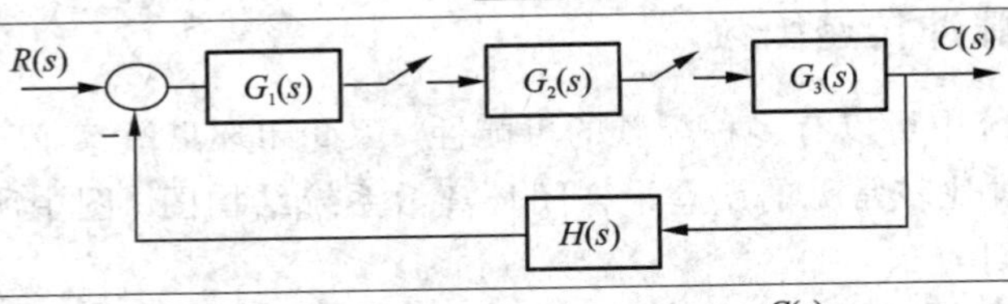 $R(s)$, $-$, $G_1(s)$, $G_2(s)$, $G_3(s)$, $C(s)$, $H(s)$	$\dfrac{RG_1(z)G_2(z)G_3(z)}{1+G_2(z)G_1G_3H(z)}$
6	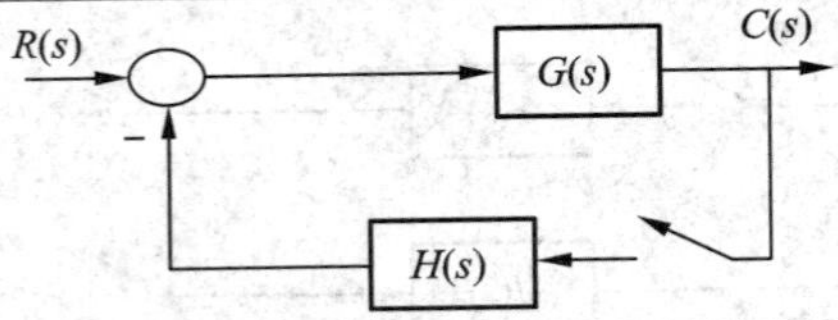 $R(s)$, $-$, $G(s)$, $C(s)$, $H(s)$	$\dfrac{RG(z)}{1+HG(z)}$
7	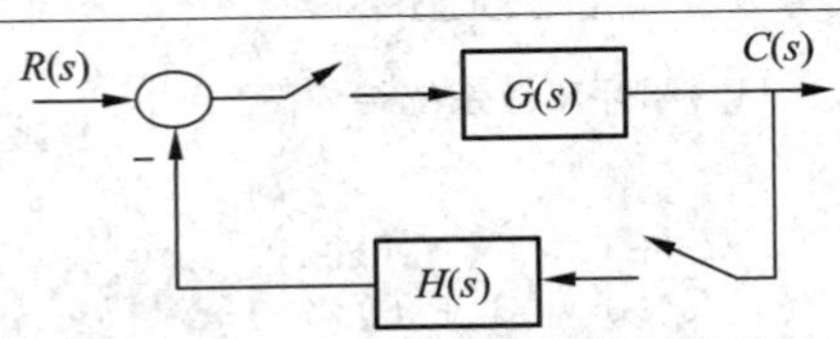 $R(s)$, $-$, $G(s)$, $C(s)$, $H(s)$	$\dfrac{R(z)G(z)}{1+G(z)H(z)}$
8	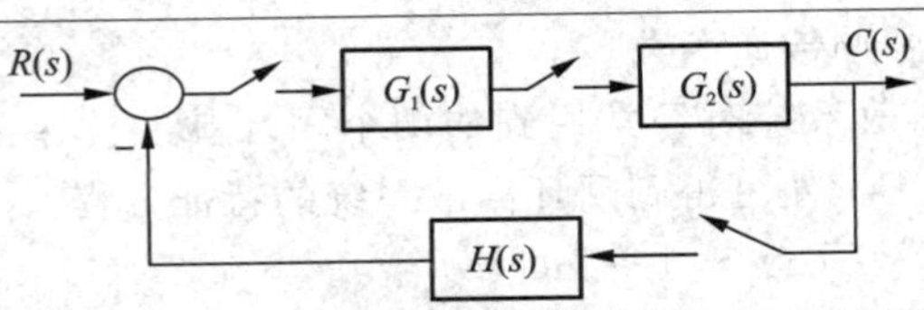 $R(s)$, $-$, $G_1(s)$, $G_2(s)$, $C(s)$, $H(s)$	$\dfrac{G_1(z)G_2(z)R(z)}{1+G_1(z)G_2(z)H(z)}$

由表 7-3 可知，由连续部件构成的闭环采样系统，由于采样的位置不同，从而具有不同的闭环脉冲传递函数。闭环脉冲传递函数没有统一的计算公式，只能根据具体结构来求取。在一张表格中不可能罗列出所有的离散系统结构及其输出，在遇到具体离散系统时要观察采样器的位置，并进行必要的推导来获得闭环脉冲传递函数或者输出函数的 Z 变换。

7.4.6　Z 变换法的局限性

Z 变换法是研究线性定常离散系统的一种有效工具，但是 Z 变换法也有其本身的局限性，应用 Z 变换法分析线性定常离散系统时，必须注意以下几方面问题：

(1) Z 变换的推导是建立在假定采样信号可以用理想脉冲序列来近似的基础上，每个理想脉冲的面积等于采样瞬时上的时间函数，这种假定只有当采样持续时间与系统的最大时间常数相比很小时才能成立。

(2) 输出 Z 变换函数 $C(z)$ 只确定了时间函数 $c(t)$ 在采样瞬时上的数值，不能反映 $c(t)$ 在采样间隔中的信息。因此对于任何 $C(z)$，Z 反变换 $c(nT)$ 只能代表 $c(t)$ 在采样瞬时 $t=nT(n=0, 1, 2, \cdots)$ 时的数值。

(3) 用 Z 变换法分析离散系统时，系统连续部分传递函数 $G(s)$ 的极点数至少要比其零点数多两个，即 $G(s)$ 的脉冲过渡函数 $K(t)$ 在 $t=0$ 时必须没有跳跃，或者满足 $\lim\limits_{s\to\infty} sG(s)=0$，否则，用 Z 变换法得到的系统输出 $c^*(t)$ 将与实际连续输出 $c(t)$ 差别较大，甚至完全不符。

7.5　离散系统的稳定性与稳态误差

正如在线性连续系统分析中的情况一样，稳定性和稳态误差也是线性定常离散系统分析的重要内容。一个可以正常工作的离散系统必须是稳定的，离散系统的稳定性是系统设计中首先要保证的条件。本节主要讨论如何在 z 域和 s 域中分析离散系统的稳定性，并给出离散系统稳定的时域和 z 域条件，以及各种判断闭环稳定性的方法，同时给出计算离散系统在采样瞬时稳态误差的方法。

为了把连续系统在 s 平面上分析稳定性的结果移植到在 z 平面上分析离散系统的稳定性，首先需要研究 s 平面与 z 平面的映射关系。

7.5.1　s 域到 z 域的映射

在 Z 变换定义中，$Z=e^{sT}$ 给出了 s 域到 z 域的关系。s 域中的任意点可表示为 $s=\sigma+j\omega$，映射到 z 域则为

$$Z=e^{sT}=e^{(\sigma+j\omega)T}=e^{\sigma T}e^{j\omega T} \tag{7.5-1}$$

于是，s 域到 z 域的基本映射关系式为

$$|Z|=e^{\sigma T},\ \angle Z=\omega T \tag{7.5-2}$$

在 σ 特定的情况下，可分为以下三种情形：

(1) 令 $\sigma=0$，相当于 s 平面的虚轴，当 ω 从 $-\infty$ 变到 ∞ 时，映射到 z 平面的轨迹是以原点为圆心的单位圆。

(2) 令 $\sigma<0$，相当于左半 s 平面，当 ω 从 $-\infty$ 变到 ∞ 时，映射到 z 平面的轨迹是以原

点为圆心的单位圆内部。

(3) 令 $\sigma>0$，相当于右半 s 平面，当 ω 从 $-\infty$ 变到 ∞ 时，映射到 z 平面的轨迹是以原点为圆心的单位圆外部。

在采样周期 T 特定的情况下，由式(7.5-2)可知，s 平面上的等 ω 水平线映射到 z 平面上的轨迹是一簇从原点出发的射线，其相角 $\angle Z=\omega T$ 从正实轴计量。

7.5.2　离散系统稳定的充分必要条件

定义　若离散系统在有界输入序列作用下，其输出序列也是有界的，则称该离散系统是稳定的。

在线性定常连续系统中，系统稳定的充分必要条件是指：系统齐次微分方程的解是收敛的，或者系统特征方程式的根均具有负实部，或者系统传递函数的极点均位于左半 s 平面。连续系统这种在时域或 s 域描述系统稳定性的方法同样可以推广到离散系统。对于线性定常离散系统，时域中的数学模型是线性定常差分方程，z 域中的数学模型是脉冲传递函数，因此，关于线性定常离散系统稳定的充分必要条件可以从以下两方面进行研究。

1. 时域中离散系统稳定的充分必要条件

设线性定常差分方程为

$$c(k)+\sum_{i=1}^{n} a_i c(k-i)=\sum_{j=0}^{m} b_j r(k-j)$$

系统稳定的充分必要条件是：

当且仅当差分方程所有特征根的模 $|\alpha_i|<1$ $(i=1, 2, \cdots, n)$时，相应的线性定常离散系统是稳定的。

2. z 域中离散系统稳定的充分必要条件

设典型离散系统结构图如图 7-11 所示，其特征方程式为(7.4-14)，即

$$D(z)=1+HG(z)=0$$

不失一般性，设特征方程式(7.4-14)的根或闭环系统脉冲传递函数(7.4-13)的极点为各不相同的 z_1，z_2，…，z_n。由 s 域到 z 域的映射关系知：左半 s 平面映射为 z 平面上单位圆内的区域，对应稳定区域；右半 s 平面映射为 z 平面上单位圆外的区域，对应不稳定区域；s 平面上的虚轴映射为 z 平面上的单位圆周，对应临界稳定的情况。因此，在 z 域中，线性定常离散系统稳定的充分必要条件是：

当且仅当离散系统特征方程(7.4-14)的全部特征根均分布在 z 平面上的单位圆内，或者所有特征根的模均小于 1，即 $|z_i|<1(i=1, 2, \cdots, n)$时，相应的线性定常离散系统是稳定的。

注意　上述稳定条件虽然是从特征方程无重特征根的情况下推导出来的，但是对于有重根的情况也是正确的。此外，在实际系统中，不存在临界稳定的情况，若 $|z_i|=1$ 或 $|\alpha_i|=1$，则在经典控制理论中，系统也属于不稳定范畴。

例 7-14　设离散系统如图 7-11 所示，其中 $G(s)=\dfrac{10}{s(s+1)}$，$H(s)=1$，$T=1$。试分析该系统的稳定性。

解　由已知 $G(s)$ 可求出开环脉冲传递函数

$$G(z)=\frac{10(1-e^{-1})z}{(z-1)(z-e^{-1})}$$

根据式(7.4-14)，本例闭环特征方程为

$$1+HG(z)=1+\frac{10(1-e^{-1})z}{(z-1)(z-e^{-1})}=0$$

即

$$z^2+4.952z+0.368=0$$

解出特征方程的根

$$z_1=-0.076,\ z_2=-4.876$$

因为$|z_2|>1$，所以该离散系统不稳定。

注意　当例7-14中无采样器时，二阶离散系统总是稳定的，但是引入采样器后，二阶离散系统却有可能变得不稳定，这说明采样器的引入一般会降低系统的稳定性。如果提高采样频率(减小采样周期)，或者降低开环增益，离散系统的稳定性将得到改善。

当离散系统阶数较高时，直接求解差分方程或z特征方程的根总是不方便的，所以人们还是希望有间接的稳定判据可供利用，这对于研究离散系统结构、参数和采样周期等对系统稳定性的影响也是必要的。

7.5.3　离散系统的稳定性判据

连续系统的劳斯稳定判据是通过系统特征方程的系数及其符号来判别系统稳定性的。这种对特征方程系数和符号以及系数之间满足某些关系的判据，实质是判断系统特征方程的根是否都在左半ω平面，但是在离散系统中需要判断系统特征方程的根是否都在z平面上的单位圆内。因此，连续系统中的劳斯判据不能直接套用，必须引入另一种z域到s域的线性变换，使z平面上的单位圆内区域映射成左半ω平面，这种新的坐标变换称为S变换，或称为双线性变换。

如果令

$$Z=\frac{S+1}{S-1} \tag{7.5-3}$$

则有

$$S=\frac{Z+1}{Z-1} \tag{7.5-4}$$

式(7.5-3)和式(7.5-4)表明，复变量Z与S互为线性变换，故S变换又称双线性变换。

令复变量

$$Z=x+jy,\ S=u+jv$$

代入式(7.5-4)，得

$$u+jv=\frac{(x^2+y^2)-1}{(x-1)^2+y^2}-j\frac{2y}{(x-1)^2+y^2}$$

显然

$$u=\frac{(x^2+y^2)-1}{(x-1)^2+y^2}$$

由于上式的分母$(x-1)^2+y^2$始终为正，因此$u=0$等价为$x^2+y^2=1$，表明s平面的虚

轴对应于 z 平面上的单位圆周；$u<0$ 等价为 $x^2+y^2<1$，表明左半 s 平面对应于 z 平面上单位圆内的区域；$u>0$ 等价为 $x^2+y^2>1$，表明右半 s 平面对应于 z 平面上单位圆外的区域。z 平面和 s 平面的这种对应关系如图 7-12 所示。

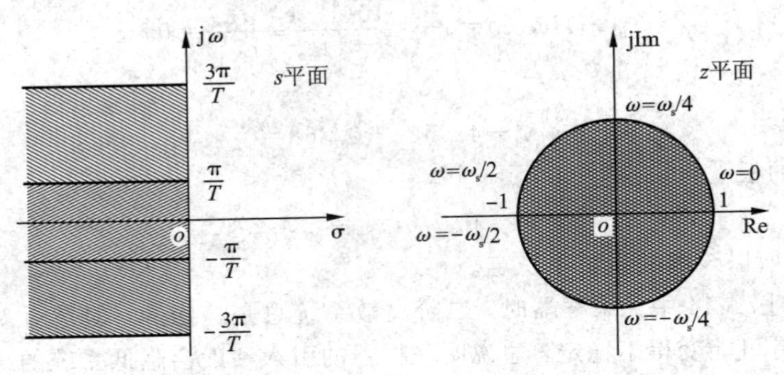

图 7-12　z 平面与 s 平面的对应关系

由 S 变换可知，通过式(7.5-3)，可将线性定常离散系统在 z 平面上的特征方程 $1+HG(z)=0$，转换为在 s 平面上的特征方程 $1+HG(s)=0$。于是离散系统稳定的充分必要条件由特征方程 $1+HG(z)=0$ 的所有根位于 z 平面上的单位圆内，转换为特征方程 $1+HG(s)=0$ 的所有根位于左半 s 平面。后一种情况正好与连续系统应用劳斯稳定判据的情况一样，所以根据 s 域中的特征方程系数可以直接应用劳斯表判断系统的稳定性。

例 7-15　设闭环离散系统如图 7-13 所示，其中采样周期 $T=0.1$ s，试求系统稳定时 K 的临界值。

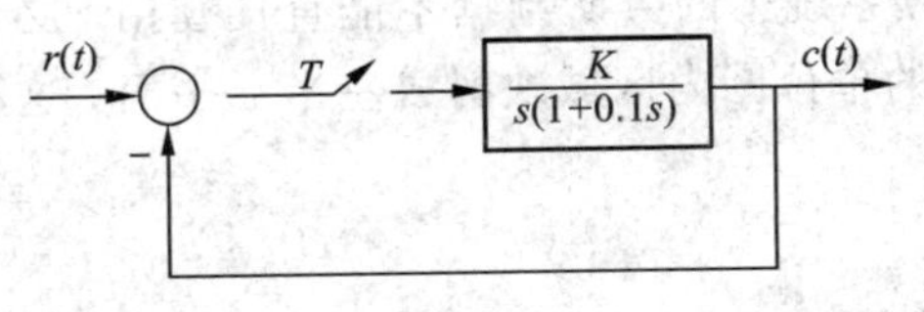

图 7-13　闭环离散系统

解　求出 $G(s)$ 的 Z 变换

$$G(z)=\frac{0.632Kz}{z^2-1.368z+0.368}$$

由于闭环脉冲传递函数为

$$\Phi(z)=\frac{G(z)}{1+G(z)}$$

故闭环特征方程为

$$1+G(z)=z^2+(0.632K-1.368)z+0.368=0$$

令 $z=\dfrac{s+1}{s-1}$，得

$$\left(\frac{s+1}{s-1}\right)^2+(0.632K-1.368)\left(\frac{s+1}{s-1}\right)+0.368=0$$

化简得 s 域特征方程为

$$0.632Ks^2+1.264s+(2.736-0.632K)=0$$

列出劳斯表

s^2	$0.632K$	$2.736-0.632K$
s	1.264	0
s^0	$2.736-0.632K$	0

从劳斯表第一列系数可以看出，为保证系统稳定，必须使 $K>0$ 和 $2.736-0.632K>0$，即 $K<4.33$。故系统的临界增益 $K_c=4.33$。

7.5.4 离散系统的稳态误差

在连续系统中，可以利用建立在拉普拉斯变换终值定理基础上的计算方法求出系统的稳态误差，这种计算稳态误差的方法在一定条件下可以推广到离散系统。

因为离散系统没有唯一的典型结构图形式，所以误差脉冲传递函数 $\Phi_e(z)$ 也无法给出一般的计算公式。离散系统的稳态误差需要针对不同形式的离散系统来求取。这里仅介绍利用 Z 变换的终值定理方法求取误差采样的离散系统在采样瞬时的稳态误差。

设单位反馈误差采样系统如图 7-14 所示，其中 $G(s)$ 为连续部分的传递函数，$e(t)$ 为系统连续误差信号，$e^*(t)$ 为系统采样误差信号，其 Z 变换函数为

$$E(z)=\Phi_e(z)R(z)$$

其中

$$\Phi_e(z)=\frac{E(z)}{R(z)}=\frac{1}{1+G(z)}$$

为系统误差脉冲传递函数。

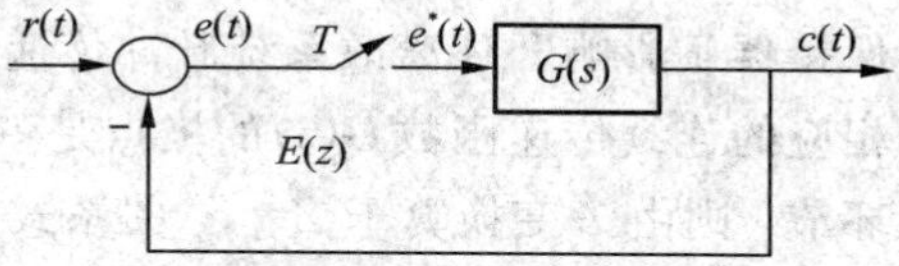

图 7-14　单位反馈离散系统

如果 $\Phi_e(z)$ 的极点全部位于 z 平面上的单位圆内，即若离散系统是稳定的，则可用 Z 变换的终值定理求出采样瞬时的稳态误差为

$$\begin{aligned}e_{ss}(\infty)&=\lim_{z\to1}(1-z^{-1})E(z)=\lim_{z\to1}(z-1)E(z)\\&=\lim_{z\to1}\frac{(z-1)R(z)}{1+G(z)}\end{aligned}\tag{7.5-5}$$

式(7.5-5)表明，线性定常离散系统的稳态误差不但与系统本身的结构和参数有关，而且与输入序列的形式及幅值有关。除此以外，由于 $G(z)$ 还与采样周期 T 有关，以及多数的典型输入 $R(z)$ 也与 T 有关，因此离散系统的稳态误差数值与采样周期的选取有关。

例 7-16　设离散系统如图 7-14 所示，其中 $G(s)=\frac{1}{s(0.1s+1)}$，$T=0.1$ s，输入连续信号 $r(t)$ 分别为 $1(t)$ 和 t，试求离散系统相应的稳态误差。

解　不难求出 $G(s)$ 相应的 Z 变换为

$$G(z)=\frac{z(1-e^{-1})}{(z-1)(z-e^{-1})}$$

因此，系统的误差脉冲传递函数为

$$\Phi_e(z)=\frac{1}{1+G(z)}=\frac{(z-1)(z-0.368)}{z^2-0.736z+0.368}$$

由于闭环极点 $z_1=0.368+j0.482$ 和 $z_2=0.368-j0.482$ 全部位于 z 平面上的单位圆内，因此可以应用终值定理求稳态误差。

当 $r(t)=1(t)$时，$R(z)=\frac{z}{z-1}$，于是由式(7.5-5)求得

$$e_{ss}(\infty)=\lim_{z\to 1}\frac{(z-1)(z-0.368)}{z^2-0.736z+0.368}=0$$

当 $r(t)=t$ 时，$R(z)=\frac{Tz}{(z-1)^2}$，于是由式(7.5-5)求得

$$e_{ss}(\infty)=\lim_{z\to 1}\frac{T(z-0.368)}{z^2-0.736z+0.368}=0.1$$

若希望求出其他结构形式离散系统的稳态误差，或者希望求出离散系统在扰动作用下的稳态误差，则只要求出系统误差的 Z 变换函数 $E(z)$，在离散系统稳定的前提下，同样可以应用 Z 变换的终值定理求出系统的稳态误差。

式(7.5-5)只是计算单位反馈误差采样离散系统的基本公式，当开环脉冲传递函数 $G(z)$比较复杂时，求 $e_{ss}(\infty)$仍有一定的计算量，因此希望把线性定常连续系统中的系统型别及静态误差系数的概念推广到线性定常离散系统，以简化稳态误差的计算过程。

7.5.5　离散系统的型别与静态误差系数

在前面讨论零阶保持器对开环离散系统脉冲传递函数 $G(z)$的影响时曾经指出，零阶保持器不影响开环离散系统脉冲传递函数的极点。因此，开环脉冲传递函数 $G(z)$的极点与相应的连续传递函数 $G(s)$的极点是一一对应的。如果 $G(s)$有 ν 个 $s=0$ 的极点，即 ν 个积分环节，则由 Z 变换算子 $Z=e^{sT}$ 关系式可知，与 $G(s)$相应的 $G(z)$必有 ν 个 $z=1$ 的极点。在连续系统中，把开环传递函数 $G(s)$具有 $s=0$ 的极点数作为划分系统型别的标准，并分别把 $\nu=0, 1, 2, \cdots$的系统称为 0 型、Ⅰ型和Ⅱ型离散系统等。因此，在离散系统中，也可以把开环脉冲传递函数 $G(z)$具有 $z=1$ 的极点数 ν 作为划分离散系统型别的标准，类似地把 $G(z)$中 $\nu=0, 1, 2, \cdots$的系统称为 0 型、Ⅰ型和Ⅱ型离散系统等。

下面讨论图 7-14 所示的不同型别的离散系统在三种典型输入信号作用下的稳态误差，并建立离散系统静态误差系数的概念。

1. 单位阶跃输入时的稳态误差

当系统输入为单位阶跃函数 $r(t)=1(t)$时，其 Z 变换函数为 $R(z)=\frac{z}{z-1}$，因此，由式(7.5-5)知稳态误差为

$$e_{ss}(\infty)=\lim_{z\to 1}\frac{1}{1+G(z)}=\frac{1}{\lim\limits_{z\to 1}[1+G(z)]}=\frac{1}{K_p} \tag{7.5-6}$$

上式代表离散系统在采样瞬时的稳态位置误差，式中

$$K_p=\lim_{z\to 1}[1+G(z)] \tag{7.5-7}$$

称为静态位置误差系数。若 $G(z)$没有 $z=1$ 的极点，则 $K_p\neq\infty$，从而 $e_{ss}(\infty)\neq 0$，这样的系统称为 0 型离散系统；若 $G(z)$有一个或一个以上 $z=1$ 的极点，则 $K_p=\infty$，从而 $e_{ss}(\infty)=0$，这样的系统相应地称为Ⅰ型或Ⅰ型以上的离散系统。

因此，在单位阶跃函数作用下，0 型离散系统在采样瞬时存在位置误差，Ⅰ型或Ⅰ型以上的离散系统在采样瞬时没有位置误差。这与连续系统十分相似。

2. 单位斜坡输入时的稳态误差

当系统输入为单位斜坡函数 $r(t)=t$ 时，其 Z 变换函数为 $R(z)=\frac{Tz}{(z-1)^2}$，因而稳态误差为

$$e_{ss}(\infty)=\lim_{z\to 1}\frac{T}{(z-1)[1+G(z)]}=\frac{T}{\lim\limits_{z\to 1}(z-1)G(z)}=\frac{T}{K_v} \qquad (7.5-8)$$

上式也是离散系统在采样瞬时的稳态速度误差。式中

$$K_v=\lim_{z\to 1}(z-1)G(z) \qquad (7.5-9)$$

称为静态速度误差系数。因而 0 型系统的 $K_v=0$，Ⅰ型系统的 K_v 为有限值，Ⅱ型及Ⅱ型以上系统的 $K_v=\infty$，所以有如下结论成立：

在单位斜坡函数作用下，0 型离散系统不能承受单位斜坡函数作用，Ⅰ型离散系统在单位斜坡函数作用下存在速度误差，Ⅱ型及Ⅱ型以上离散系统在单位斜坡函数作用下不存在稳态误差。

3. 单位加速度输入时的稳态误差

当系统输入为单位加速度函数 $r(t)=\frac{t^2}{2}$ 时，其 Z 变换函数 $R(z)=\frac{T^2z(z+1)}{2(z-1)^3}$，因而稳态误差为

$$e_{ss}(\infty)=\lim_{z\to 1}\frac{T^2(z+1)}{2(z-1)^2[1+G(z)]}=\frac{T^2}{\lim\limits_{z\to 1}(z-1)^2G(Z)}=\frac{T^2}{K_a} \qquad (7.5-10)$$

当然，式(7.5 - 10)也是系统的稳态加速度误差，式中

$$K_a=\lim_{z\to 1}(z-1)^2G(z) \qquad (7.5-11)$$

称为静态加速度误差系数。由于 0 型及Ⅰ型系统的 $K_a=0$，Ⅱ型系统的 K_a 为常值，Ⅲ型及Ⅲ型以上系统的 $K_a=\infty$，因此有如下结论成立：

0 型及Ⅰ型离散系统不能承受单位加速度函数作用，Ⅱ型离散系统在单位加速度函数作用下存在加速度误差，只有Ⅲ型及Ⅲ型以上的离散系统在单位加速度函数作用下，才不存在采样瞬时的稳态误差。

不同型别单位反馈离散系统的稳态误差见表 7 - 4。

表 7 - 4　单位反馈离散系统的稳态误差

系统型别	位置误差 $r(t)=1(t)$	速度误差 $r(t)=t$	加速度误差 $r(t)=\frac{1}{2}t^2$
0 型	$\frac{1}{K_p}$	∞	∞
Ⅰ型	0	$\frac{T}{K_v}$	∞
Ⅱ型	0	0	$\frac{T^2}{K_a}$
Ⅲ型	0	0	0

7.5.6　离散系统的动态性能分析

应用 Z 变换法分析线性定常离散系统的动态性能，通常有时域分析法、根轨迹法和频

域法，其中时域法最简便。在离散系统中，采样器和保持器对动态性能产生影响。前面曾经指出，采样器和保持器不影响开环脉冲传递函数的极点，仅影响开环脉冲传递函数的零点。但是对闭环离散系统而言，开环脉冲传递函数零点的变化必然引起闭环脉冲传递函数极点的改变，因此采样器和保持器会影响闭环离散系统的动态性能。具体来说，采样器和保持器对离散系统的动态性能有如下影响：

(1) 采样器可使系统的峰值时间和调节时间略有减小，但使超调量增大，故采样造成的信息损失会降低系统的稳定程度。然而，在某些情况下，如在具有大延迟环节的系统中，误差采样反而会提高系统的稳定程度。

(2) 零阶保持器使系统的峰值时间和调节时间都加长，超调量和振荡次数也增加。这是因为除了采样造成的不稳定因素外，零阶保持器的相角滞后降低了系统的稳定程度。

注意　离散系统在各种典型输入作用下的时间响应和动态性能，可应用 MATLAB 软件包方便地获得。

7.6　离散系统分析的 MATLAB 方法

1. 连续系统的离散化

用 c2d 命令和 d2c 命令可以实现连续系统模型和离散系统模型之间的转换。c2d 命令用于将连续系统模型转换成离散系统模型，d2c 命令用于将离散系统模型转换为连续系统模型。

离散系统分析方法的 MATLAB 实验

命令格式：

```
sysd=c2d(sys, Ts,'zoh')
sys=d2c(sysd, 'zoh')
```

其中：sys 表示连续系统模型；sysd 表示离散系统模型；Ts 表示离散化采样时间；'zoh'表示采用零阶保持器，默认缺省。

案例分析_离散系统 MATLAB 应用

2. 离散系统模型描述

(1) 系统脉冲传递函数模型描述。

命令格式：

```
sys=tf(num, den, Ts)
```

其中：num、den 分别为分子分母多项式降幂排列的系数向量；Ts 表示采样时间，缺省时描述的是连续函数。

(2) 系统零点、极点模型描述。

命令格式：

```
sys=zpk(z, p, k, Ts)
```

其中：z、p、k 分别表示系统的零点、极点及增益，若无零、极点，则用[]表示；Ts 表示采样时间，缺省时描述的是连续系统。

3. 离散系统时域分析

Impulse 命令、step 命令、Isim 命令和 initial 命令可以用来仿真计算离散系统的响应。这些命令的使用与连续系统的相关仿真没有本质差异，只是它们用于离散系统时的输出为 $y(kT)$，而且具有阶梯函数的形式。

例7-17　已知闭环离散系统如图7-15所示，其中零阶保持器(ZOH)的传递函数为$G_{\rm h}(s)=\dfrac{1-{\rm e}^{-Ts}}{s}$，$T=0.25$ s。当$r(t)=2+t$时，欲使稳态误差小于0.1，试求K值。

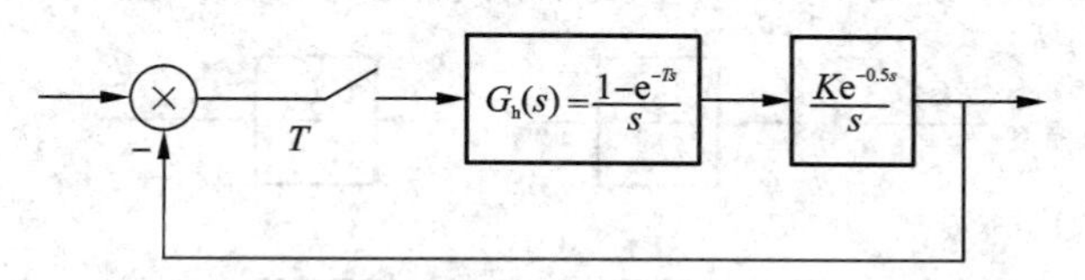

图7-15　闭环离散系统

解　本题的关键是选择合适的稳定判据对闭环系统进行稳定性分析，选取的K值应同时满足稳定性及稳态误差要求。

MATLAB程序如下：

```
K=[10 2.4]; Ts=0.25
for i=1: 2
G=tf(K(i), [1 0], 'inputdelay', 0.5);
Gz=c2d(G, Ts, 'zoh')
sys=feedback(Gz, 1)
T=[2.5 10]
t=0:Ts:T(i); u=2+t;                    %定义系统的输入
figure(i); Isim(sys, u, t, 0); grid;   %绘制输出响应曲线
end
```

习　题

7-1　计算机数字控制系统由哪几部分组成？试说明各组成部分在系统中的作用。

7-2　写出信号采样的数学表达式，并简述香农采样定理。

7-3　求下列函数的Z变换。

(1) $x(t)=\delta(t-3T)$；　　(2) $x(t)=\sin(10t)$；

(3) $x(t)=(4+{\rm e}^{-3t})u(t)$；　　(4) $x(t)=t$；

(5) $x(t)=a^n$；　　(6) $F(s)=\dfrac{1}{s^2(s+a)}$；

(7) $F(s)=\dfrac{a}{s(s+a)}$；　　(8) $F(s)=\dfrac{s+1}{s^2}$。

7-4　求下列函数的终值。

(1) $X(z)=\dfrac{z^2}{(z-0.8)(z-0.1)}$；　　(2) $X(z)=\dfrac{10z^{-1}}{(1-z^{-1})^2}$；

(3) $X(z)=\dfrac{4z^2}{(z-1)(z-2)}$。

7-5　用部分分式法求下列函数的Z反变换。

(1) $X(z)=\dfrac{10z}{(z-1)(z-2)}$；(2) $X(z)=\dfrac{z}{z-0.2}$；(3) $X(z)=\dfrac{-3+z^{-1}}{1-2z^{-1}+z^{-2}}$。

7-6　已知差分方程为

$$c(k)-4c(k+1)+c(k+2)=0$$

初始条件为 $c(0)=0$，$c(1)=1$。试用迭代法求输出序列 $c(k)$，$k=0, 1, 2, 3, 4$。

7－7　设开环离散系统如图 7－16 所示，试求开环脉冲传递函数 $G(z)$。

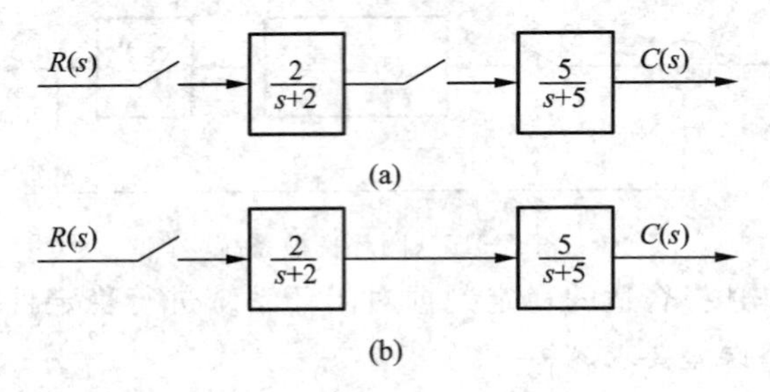

图 7－16　题 7－7 的系统结构图

7－8　判断下列系统的稳定性：

(1) 已知闭环系统的特征方程为

$$z^2+3z+2=0$$

(2) 已知系统的特征方程为

$$z^2-0.632z+0.368=0$$

7－9　具有零阶保持器的线性离散系统如图 7－17 所示，采样周期 $T=0.1$ s，$a=1$，判断系统稳定的 K 值范围。

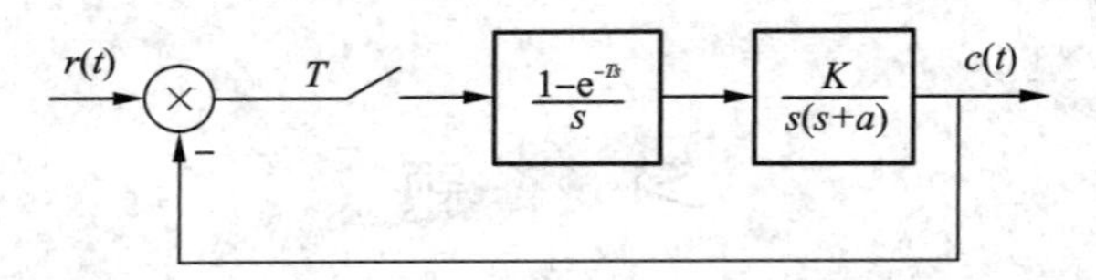

图 7－17　题 7－9 的系统结构图

7－10　在图 7－16 所示的系统中，若 $a=1$，$K=1$，$T=1$ s，试求系统在单位阶跃、单位速度和单位加速度输入时的稳态误差。

习题答案

附录　常用函数的拉氏变换和 Z 变换表

序号	$e(t)$	$E(s)$	$E(z)$
1	$\delta(t-nT)$	e^{-nsT}	z^{-n}
2	$\delta(t)$	1	1
3	$1(t)$	$\frac{1}{s}$	$\frac{z}{z-1}$
4	t	$\frac{1}{s^2}$	$\frac{Tz}{(z-1)^2}$
5	$\frac{t^2}{2}$	$\frac{1}{s^3}$	$\frac{T^2 z(z+1)}{2(z-1)^3}$
6	$\frac{t^n}{n!}$	$\frac{1}{s^{n+1}}$	$\lim\limits_{a\to 0}\frac{(-1)^n}{n!}\frac{\partial^n}{\partial a^n}\left(\frac{z}{z-\mathrm{e}^{-aT}}\right)$
7	e^{-at}	$\frac{1}{s+a}$	$\frac{z}{z-\mathrm{e}^{-aT}}$
8	$t\mathrm{e}^{-at}$	$\frac{1}{(s+a)^2}$	$\frac{Tz\mathrm{e}^{-aT}}{(z-\mathrm{e}^{-aT})^2}$
9	$1-\mathrm{e}^{-at}$	$\frac{a}{s(s+a)}$	$\frac{(1-\mathrm{e}^{-aT})z}{(z-1)(z-\mathrm{e}^{-aT})}$
10	$\mathrm{e}^{-at}-\mathrm{e}^{-bt}$	$\frac{b-a}{(s+a)(s+b)}$	$\frac{z}{z-\mathrm{e}^{-aT}}-\frac{z}{z-\mathrm{e}^{-bT}}$
11	$\sin\omega t$	$\frac{\omega}{s^2+\omega^2}$	$\frac{z\sin\omega T}{z^2-2z\cos\omega T+1}$
12	$\cos\omega t$	$\frac{s}{s^2+\omega^2}$	$\frac{z(z-\cos\omega T)}{z^2-2z\cos\omega T+1}$
13	$\mathrm{e}^{-at}\sin\omega t$	$\frac{\omega}{(s+a)^2+\omega^2}$	$\frac{z\mathrm{e}^{-aT}\sin\omega T}{z^2-2z\mathrm{e}^{-aT}\cos\omega T+\mathrm{e}^{-2aT}}$
14	$\mathrm{e}^{-at}\cos\omega t$	$\frac{s+a}{(s+a)^2+\omega^2}$	$\frac{z^2-z\mathrm{e}^{-aT}\cos\omega T}{z^2-2z\mathrm{e}^{-aT}\cos\omega T+\mathrm{e}^{-2aT}}$

参考文献

[1] 胡寿松. 自动控制原理.6版. 北京：科学出版社，2013.

[2] 胡寿松. 自动控制原理(同步辅导及习题全解).5版. 北京：科学出版社，2009.

[3] 杨叔子. 机械工程控制基础.6版.武汉：华中科技大学出版社，2013.

[4] 王华. 控制工程基础.北京：北京航空航天大学出版社，2011.

[5] 董景新，赵长德，郭美凤，等. 控制工程基础.3版.北京：清华大学出版社，2009.

[6] 多尔夫，毕晓普. 现代控制系统.11版.谢红卫，等译.北京：高等教育出版社，2011.

[7] 梅晓榕. 自动控制原理学习与考研指导.5版. 北京：科学出版社，2005.

[8] 林海鹏. 机械控制工程基础. 北京:中国电力出版社，2012.

[9] 柳洪义. 机械控制工程基础. 北京:科学出版社，2006.

[10] 李少康. 控制工程基础. 西安:西北大学出版社，2005.

[11] 王益群，钟毓宁. 机械控制工程基础. 武汉：武汉理工大学出版社，2001.

[12] 董玉红，徐莉萍. 机械控制工程基础. 北京：机械工业出版社，2007.

[13] 胡寿松. 自动控制原理简明教程.2版. 北京：科学出版社，2008.

[14] 王划一，杨西侠. 自动控制原理.2版. 北京：国防工业出版社，2012.

[15] 薛定宇. 控制系统仿真与计算机辅助设计. 2版. 北京：机械工业出版社，2009.

[16] 刘金琨.先进PID控制MATLAB仿真. 3版. 北京：电子工业出版社，2011.

[17] 钱学森.工程控制论：新世纪版. 上海：上海交通大学出版社，2007.

[18] 王划一，杨西侠. 自动控制原理习题详解与考研辅导. 北京：国防工业出版社，2014.

[19] 王仲民. 机械控制工程基础. 2版. 北京：国防工业出版社，2014.

[20] 王积伟. 控制工程基础学习指导与习题详解. 北京：高等教育出版社，2004.

[21] 王积伟. 控制工程基础. 北京：高等教育出版社，2001.